Peter F. Weber
Der domestizierte Affe

Peter F. Weber

Der domestizierte Affe

Die Evolution
des menschlichen Gehirns

Walter

Bibliografische Information der Deutschen Bibliothek

Die Deutsche Bibliothek verzeichnet diese Publikation in der
Deutschen Nationalbibliografie; detaillierte bibliografische Daten
sind im Internet über http://dnb.ddb.de abrufbar.

Druck und Bindung: fgb freiburger graphische betriebe
ISBN 3-530-42189-8
www.patmos.de

Inhalt

Für Anja und Jenny

Vorbemerkung

Der Mensch ist eine reichlich merkwürdige Spezies. *Wie* merkwürdig er ist, fiel mir das erste Mal zu Beginn der neunziger Jahre im Gombe-Nationalpark in Tansania auf, als ich zufällig auf den Schimpansen-Mann *Wilkie* traf. Wilkie löste damals in mir eine Art »Selbstfindungskomplex« aus, der mich in den folgenden 10 Jahren Antworten auf die Frage suchen ließ: Warum ist der Mensch eigentlich so wie er ist?

Dieses Buch ist der Versuch, die Evolution des menschlichen Geistes zu skizzieren, von seinen Ursprüngen vor mehreren Millionen Jahren bis zur Gegenwart. Es geht mir nicht darum, die Entwicklung unseres Gehirns aus anatomischer Sicht aufzuzeigen. Vielmehr interessiert mich die Frage: Wie konnte es passieren, dass aus einem ganz gewöhnlichen Affen, der wir vor 6 Millionen Jahren waren, eine Kreatur hervorging, die nicht mehr grunzt, sondern spricht, die sich nicht mehr im Urwald laust, sondern in Großstädten wohnt und ihre nackte Haut mit parfümierter Seife wäscht, die ihre Kinder in Mathematik, Philosophie und Religion unterweist, die Moral und Frieden predigt – und die trotz so viel Kultur permanent Kriege führt?

Ich habe versucht, mich dieser Frage nach dem Ursprung und dem Wesen unseres Geistes aus unterschiedlichen Perspektiven zu nähern: aus der anthropologischen, ethnologischen, evolutionsbiologischen, neurobiologischen, psychologischen und aus der Perspektive der Alternsforschung. Letzteres mag für den Leser überraschend klingen. Was hat die Entwicklung des menschlichen Gehirns, unseres Bewusstseins und der Sprache mit *Altern* zu tun? Tatsächlich ist aber die maximale Lebenserwartung einer Tierart eng mit ihrer Hirngröße verknüpft, und beim Menschen ganz besonders: Unser Denkapparat ist von so gigantischem Ausmaß, als gehörte er einem 500 Kilogramm schweren Riesenaffen und nicht dem 50-Kilo-Zwerg, der wir sind.[1] Und ich möchte dem Leser zeigen, dass Frauen bei dieser Entwicklung eine besondere Rolle gespielt haben.

Natürlich kann niemand bis in die letzte Konsequenz erklären, warum der Mensch so ist wie er ist. Aber ich habe während meiner vielen Interviews mit Wissenschaftlern, die ihre eigenen Erkenntnisse großzügig mit mir teilten, und meiner zahlreichen Reisen nach Afrika immer wieder das Gefühl gehabt, einen weiteren Puzzlestein zu einem großen, viele Forscher seit je beschäftigenden Rätsel in Händen zu halten – das Rätsel von unserer eigenen Herkunft und dem Wesen unseres Geistes. Treten wir also einen Schritt zurück, um das Bild, das sich vor uns auftut, besser betrachten zu können.

I

Was Menschenaffen
so denken

1

Als ich Wilkie kennen lernte, war er gerade der »Häuptling« der Schimpansenhorde in Gombe in Tansania. In dem bewaldeten Gebiet an den Ufern des Tangajika-Sees hatte die berühmte Zoologin Jane Goodall in den sechziger Jahren des vergangenen Jahrhunderts begonnen, das Leben der Schimpansen zu erforschen. Jane Goodall ist heute nur noch selten in Gombe, aber glücklicherweise werden die Beobachtungen an Schimpansen auch ohne die Grande Dame der Primatenforschung weitergeführt, von tansanischen Forschungsassistenten und Studenten aus aller Herren Länder. So kam es, dass ich im August 1991 auf einer Waldlichtung in Gombe saß, neben mir Ken Rowling, ein junger australischer Entwicklungshelfer, der »endlich Jane Goodalls Schimpansen« sehen wollte, wie er sagte, und unser tansanischer Guide George. Von Zaire her rollte lauter Donner heran, der in der Trockenzeit nicht mehr abgab als eine geräuschvolle Kulisse. In mein Tagebuch notierte ich stenografieartig:

> *Fifi liegt keine 5 Meter vor uns; wird von ihrem übermütigen Sprössling Faustino gepiesackt; ist im Östrus, Genitalien leuchten wie ein rosa Ballon; die jugendlichen Brüder Pax und Prof balgen wild im Geäst umehr.*

Plötzlich hörten wir *pant hoots*. Wir horchten, Schimpansen wie Menschen gleichermaßen, wo diese Rufe herkamen. Und schon drangen die nächsten Schreie aus dem Wald. Pax, der vom Baum geklettert war, richtete sich auf, schürzte seine Lippen und stieß ein kolossal lautes Gebrüll aus. Augenblicklich folgten neue Rufe auf diese Antwort. Schließlich fühlten sich auch Prof und Fifi bemüßigt, in die »Unterhaltung« einzusteigen. So gingen die Schreie hin und her wie die Bälle am Center Court von Wimbledon. Die Schimpansen wussten offenbar, mit wem sie sich unterhielten. Denn je näher die Rufe der anderen kamen, desto unruhiger wurden sie – vor allem Fifi.

Kurz darauf trat ein Trio mächtiger Schimpansenmännchen auf die Lichtung: Goblin, Wilkie und Frodo. Die drei zogen nicht gemeinsam umher, weil sie Freunde waren, sondern um ein wachsames Auge aufeinander zu haben. In meinem Notizbuch merkte ich an:

Die Männchen wirken sehr erregt. Fifi springt auf und
gibt ein unterwürfiges Quieken von sich. Faustino schneidet
im Hintergrund ängstlich Grimassen. Pax und Prof haben
sich aus dem Staub gemacht. Eigentor von Pax ... er hätte
besser den Mund gehalten und nicht so laut gebrüllt.

Wilkie hatte langes, schwarzes, glänzendes Haar, war groß und kräftig gebaut und hatte ein hübsches Gesicht (wie zumindest ich fand). Vor allem war er kein Schlägertyp, so wie der jüngere Frodo, was ihn sympathisch und innerhalb der Schimpansengruppe beliebt machte. Wilkie war zu diesem Zeitpunkt auf dem Höhepunkt seiner Macht, und die wusste er zu nutzen: Er sträubte seine Schulterhaare, um auf seine Rivalen möglichst Furcht einflößend zu wirken, und wankte, die Arme erhoben und den erigierten Penis zur Schau stellend, aufrecht zu Fifi hinüber.

»Ein sexuell erregtes Schimpansenmännchen wirkt schon komisch«, grummelte Ken. Der Penis sah aus wie ein roter Buntstift, die Hoden hatten dagegen die Ehrfurcht gebietende Größe von Boule-Kugeln.

Die alte, wiewohl offenkundig attraktive Fifi streckte Wilkie ihr rosa Hinterteil entgegen; dann begann das kurzes Begattungsspiel. Auf dem Höhepunkt verzog Fifi das Gesicht und kreischte leise auf; nach 20 Sekunden war der Paarungsakt beendet.

Damals wurde mir zum ersten Mal klar, dass auch Schimpansen einen Orgasmus bekommen. Um ehrlich zu sein, das kam für mich ein wenig überraschend. Denn ich erinnerte mich, noch in den achtziger Jahren an der Universität eine Vorlesung zum Thema »Sexualität im Tierreich« gehört zu haben, in welcher der Professor behauptet hatte, dass nur Menschen einen Orgasmus bekommen können – nicht aber Tiere.

Ach ja, ... nur der Mensch!

Eine Ansicht, die man heute noch in den verschiedensten Varianten von Philosophen, Psychologen und Neurowissenschaftlern zu hören bekommt: Nur der Mensch kann Freude empfinden, nur der Mensch spürt Schmerz, nur der Mensch verfügt über Bewusstsein. Tiere sind sich ihrer selbst nicht *bewusst* – ergo spüren sie keinen Schmerz, empfinden keine Freude und damit keinen Orgasmus. Meine Erlebnisse mit Fifi und Wilkie straften diese Wissenschaftler Lügen.

Schimpansen haben am Selbstbild des Menschen stärker gekratzt als die meisten Philosophen. Drei Beispielen mögen das belegen: Berühmt ist Louis S. B. Leakeys Antwort an die junge Jane Goodall aus dem Jahr 1960. Nachdem Goodall dem angesehenen Anthropologen berichtet hatte, dass Schimpansen Zweige manipulierten, um sie als Werkzeug zu benutzen, schrieb Leakey zurück: »Jetzt müssen wir entweder den Menschen neu definieren oder Werkzeug neu definieren oder Schimpansen per definitionem als Menschen akzeptieren!«[2] Ein zweites Beispiel: Im Jahr 1974 berichtete Goodall von einem Krieg, der zwischen zwei benachbarten Schimpansengruppen in Gombe ausgebrochen war. Dass eine Gruppe scheinbar vorsätzlich eine benachbarte Gruppe ausrottet, war nach gängiger Meinung der Natur des Menschen vorbehalten – schließlich musste die Menschheit selbst noch zwei Weltkriege verarbeiten. Doch die Schimpansen von Gombe belehrten uns eines Besseren: Im Laufe von 4 Jahren hatte die Kasakela-Gemeinschaft die benachbarte Kahama-Gemeinschaft komplett ausgelöscht. Ein drittes Beispiel: Bis vor kurzem bezeichneten Anthropologen ausschließlich den Menschen und seine Vorfahren als *Hominiden,* und zwar bis zum letzten mit dem Schimpansen gemeinsamen Ahnen, der nach verbreiteter Ansicht vor 7 bis 6 Millionen Jahren gelebt hat. Doch wie molekularbiologische Studien nun zeigen, ist die Verwandtschaft zwischen den afrikanischen Menschenaffen und dem Menschen so eng, dass viele Forscher dazu neigen, Schimpanse, Gorilla und Mensch gemeinsam in der Gruppe der Hominiden aufzuführen.

Viel ist also nicht übrig geblieben von dem, was man noch vor wenigen Jahrzehnten für Charakteristika der menschlichen Art hielt. Wenn man Schimpansen beobachtet, bemerkt man schnell, dass diese »Menschen-Affen« – die Bezeichnung lässt es schon vermuten – zumindest in rudimentärer Form die gleichen geistigen Fähigkeiten aufweisen wie wir Menschen.

Nehmen wir als Beispiel die Sprache, die vielen Menschen als das charakteristischste Merkmal unserer Spezies überhaupt gilt. Wenn Sie schon einmal einen Film über *Kanzi* gesehen haben, ist Ihnen bestimmt klar, was ich meine, wenn ich von »rudimentärer Sprache« rede. Dieser Bonobo, eine spezielle Schimpansenart, lernt am Sprachforschungszentrum der Georgia State University in Atlanta eine Symbolsprache. Und er kann damit tatsächlich mit Menschen kommunizieren. Duane Rumbaugh, Direktor des Forschungszentrums, ist überzeugt, dass Kanzi über sprachliche Fähigkeiten verfügt, die jenen von drei- bis vierjährigen Kindern entsprechen.[3]

Folgt daraus, dass Kanzi per definitionem ein Mensch ist?

Sie sehen schon: Sobald man einen einzelnen Aspekt herausgreift und sagt: »*Nur der Mensch verfügt über …*«, sitzt man schnell wieder in der Klemme des Definitionsdschungels; genau wie mit dem Werkzeuggebrauch und dem Krieg. Und mit dem Bewusstsein ist es nicht anders: Was wissen Schimpansen über sich selbst, was über ihre Gruppenmitglieder? Können Kanzi und Wilkie im Geist in die Vergangenheit zurückblicken und Pläne für die Zukunft schmieden?

Kurz nachdem Wilkie sich mit Fifi gepaart hatte, war der Schimpansenmann allein in Richtung *Sleeping Buffalo* aufgebrochen. Frodo und Goblin hatten es vorgezogen, Fifi Gesellschaft zu leisten, die noch in Paarungsstimmung war. (Zumindest Goblin spürte offenbar seine Hormone. Frodo, der Sohn Fifis, würde seiner Mutter keinesfalls zu nahe kommen; er hatte sich vielmehr mit Goblin verbündet.) Ken, George und ich hatten uns an Wilkies Fersen geheftet, und schon bald musste ich feststellen, dass es der *Sleeping Buffalo* ganz schön in sich hat. Der steile Hügel war nichts für eine lahme Großstadtente wie mich, und schließlich war ich froh, als uns Wilkie auf einer Lichtung eine Pause gönnte. Er setzte sich nahe am Abhang in die sonnenverbrannte Wiese und starrte über den Tangajika-See in Richtung Zaire. So verstrichen die Minuten. Wilkie saß mit angewinkelten Beinen da, seine Arme lagen verschränkt auf den Knien, ab und zu legte er sein Kinn auf die Arme und starrte in die Ferne. Ich konnte mich des Eindrucks nicht erwehren, dass er *nachdachte*.

Ich beobachtete Wilkie aus den Augenwinkeln. Vielleicht hatte er ja die Augen geschlossen und döste vor sich hin. Aber das war nicht der Fall. Wilkie wirkte tief in seine Gedanken versunken. Nur einmal schien er von einem am linken Oberarm hinaufkrabbelnden Ungeziefer abgelenkt. Er zog das Insekt zwischen Zeigefinger und Daumen aus seinem Haarkleid, so wie unsereins Fusseln vom dunklen Anzug zupft, aber nach dieser kurzen Unterbrechung starrte er wieder über den Tangajika-See. Merkwürdig! Ihn direkt anzustarren wagte ich nicht. Wer weiß, vielleicht hätte er das als Affront aufgefasst und wäre zu mir herübergekommen, um mich anzupöbeln. Ich habe einmal gelesen, dass Schimpansen die sechsfache Kraft von Menschen haben, und Wilkie war ein ausgesprochener Muskelprotz – diese Geschichte wollte ich keinesfalls auf ihren Wahrheitsgehalt hin überprüfen.

»Ich würde zu gerne wissen, was der Kerl denkt«, wandte ich mich an George.

Aber George blödelte nur: »Vielleicht denkt er an seine Jugendliebe in Zaire? Wer weiß?«

Eine halbe Stunde später stand Wilkie – *wortlos* möchte man beinahe sagen – auf und marschierte schnurstracks durch das verwachsene Unterholz den *Sleeping Buffalo* talwärts, sodass es uns unmöglich war, ihm zu folgen.

Während wir zum Seeufer zurückgingen, wo unsere Unterkünfte lagen, grübelte ich immer weiter darüber nach, was Wilkie da oben wohl gedacht hatte.

Einige Monate später, wieder zurück in Wien, hörte ich, dass Wilkie gestürzt worden war. Der neue Herrscher in Gombe hieß Frodo – seine Allianz mit Goblin hatte sich offensichtlich ausgezahlt.

Ich fragte mich, ob Wilkie, als er damals am *Sleeping Buffalo* saß und in Gedanken versunken über den Tangajika-See starrte, wusste, was auf ihn zukam. War ihm klar, dass Frodo ihn stürzen wollte? Grübelte er vielleicht über eine Strategie nach, wie er diesen Putsch verhindern konnte?

Zugegeben, diese Überlegungen klingen stark nach einer Vermenschlichung von Tieren. Aber wie ich schon erwähnt habe, weisen Schimpansen zumindest in rudimentärer Form die gleichen geistigen Fähigkeiten auf wie wir Menschen. Ich werde daher in den folgenden Kapiteln noch mehrfach von Schimpansen berichten, denn diese Menschenaffen können uns als eine Art »evolutionärer Spiegel« helfen, unsere eigene Evolution und die Entwicklung unseres Geistes besser zu verstehen.

Was erwartet Sie noch in diesem Buch? Jedenfalls keine kurze Geschichte über die Hirnforschung und über die Anthropologie. Sie werden nicht erfahren, in welchen anatomischen Merkmalen sich *Australopithecus anamensis* von *Australopithecus afarensis* und *Australopithecus africanus* unterscheiden. Was uns im folgenden II. Kapitel interessiert, sind vielmehr *Prototypen* und Antworten auf die Fragen, wann und warum sich der Vormensch zum Menschen entwickelt hat. Dazu werden wir eine Zeitreise durch 6 Millionen Jahre Menschheitsgeschichte unternehmen – von den ersten Vormenschen über Urmenschen bis zum modernen Menschen.

Die wissenschaftliche Disziplin, die sich mit der Herkunft des Menschen beschäftigt, heißt *Anthropologie* und zählt, genau wie die Neurowissenschaft, zu jenen Fächern, die mit ihrer Fachsprache dem interessierten Leser das Leben schwer machen. Für unsere Zwecke, nämlich um die Entwicklung des menschlichen Gehirns zu verstehen, lässt sich die komplizierte Terminologie auf ein einfaches, leicht überschaubares Maß reduzieren. Wenn sich daraus gewisse »Unschärfen« ergeben, die das Gesamtbild aber keineswegs verzerren, werden mir das die Experten hoffentlich verzeihen.

Wir werden zu klären versuchen, wann der Mensch (*Homo*) die Bühne der Welt betrat und was die möglichen Auslöser dafür waren. Antworten auf die Frage, *warum* der Mensch so ein großes Gehirn entwickelt hat, gleichen oft Rudyard Kiplings »Just-so-Storys«. Eine gängige These geht davon aus, dass ökologische Veränderungen zur Erfindung von Werkzeugen geführt haben und diese zur Entwicklung eines großen Gehirns. Eine zweite einflussreiche These hebt die sozialen Anforderungen hervor, wonach die komplexen Sozialstrukturen von Vormenschen von deren Denkmaschinerie eine immer höhere »Rechenleistung« erforderten. Man kann annehmen, dass ein leistungsstarkes Gehirn grundsätzlich hilfreich ist, um mit den Anforderungen des Lebens fertig zu werden. Das Problem mit dieser Feststellung ist allerdings, dass das wohl auch für andere Menschenaffen gilt. Folglich müssen wir uns fragen: Warum sperren nicht Gorillas Menschen in ein Zoogehege und warum machen Schimpansen nicht mit Menschen »Tierversuche«? Die Antwort auf diese Frage hat mit der Energieversorgung zu tun. Denn mit Gehirnen ist es nicht anders als mit Automotoren: Je mehr PS, desto höher der Spritverbrauch. Aber natürlich stellt sich sofort die Frage: Warum konnte sich dann der Mensch ein so teures Gehirn leisten und warum nicht Schimpansen und Gorillas?

Woher Vormenschen und Urmenschen ihren »Sprit« bezogen, darauf gehen wir im III. Kapitel ein. Viele Forscher glauben, dass erst der Konsum von Fleisch und anderem tierischen Eiweiß unseren Vorfahren ausreichend Energie zur Verfügung gestellt hat, um dieses leistungsstarke Gehirn entwickeln zu können. In der zweiten Hälfte des 20. Jahrhunderts kam in diesem Zusammenhang die These auf, dass Urmenschen bereits Arbeitsteilung praktizierten: Die Mütter blieben demnach zurück im Lager und versorgten die Kinder, während die Väter das Fleisch anschleppten. Dieser Chauvinismus war nicht nur für emanzipierte Anthropologinnen ein Gräuel, er hatte darüber hinaus auch einen praktischen Haken: Ethnologische Forschungen bei modernen afrikanischen Jäger-und-Sammler-Völkern zeigen, dass Männer, was die Fleischbeschaffung durch die Jagd betrifft, ziemliche Versager sind. Wären die ersten *Homo*-Frauen wirklich von den Fleischlieferungen der Männer abhängig gewesen, wäre die Menschheit wahrscheinlich gleich zu Beginn ihrer Karriere vor 2,5 Millionen Jahren verhungert.

Es bedurfte einiger Anthropologinnen, um einen Ausweg aus diesem Dilemma zu finden. Vielleicht stammte die nötige Energie nicht von Fleisch, so ihre Argumentation«, sondern von Wurzeln und Knollen – und diese wurden und werden bei Naturvölkern in aller Regel von Frauen gesammelt. Der Motor für die Evolution des Menschen waren demnach nicht die Männer, sondern die Frauen. Diese Sichtweise beantwortet uns eine weitere Frage, der wir im IV. Kapitel nachgehen werden: Warum gibt es Großmütter? Diese Frage klingt zunächst höchst merkwürdig, zumal jeder von uns Großeltern hat. Doch bei genauerer Betrachtung ist diese Frage nicht so absurd, wie es im ersten Moment den Anschein hat. Evolutionsbiologen haben seit langer Zeit darauf hingewiesen, dass nahezu alle Tiere bis ans Ende ihrer Tage Nachwuchs bekommen können. Nicht aber der Mensch. Frauen kommen um ihr 50. Lebensjahr herum in die Menopause, ohne dass sie unmittelbar danach sterben. Aber warum nicht, könnte man provozierend fragen. Dieser Umstand verlangt nach einer naturwissenschaftlichen Erklärung. Warum stellen Frauen, anders als alle anderen Tiere, mit etwa 50 Jahren ihre Fortpflanzung ein, obwohl sie danach noch – zumindest potenziell – eine Lebenserwartung von 70 Jahren haben? (Sie denken jetzt wahrscheinlich, dass dies ein Druckfehler ist. Keineswegs. Die älteste Frau der Welt starb im Alter von 122,5 Jahren, und dass Jeanne Calment keine Extraterrestrische war, belegen andere »Supercentenariens«, die ähnlich alt geworden sind.[4] Die so genannte *Großmutterhypothese* bietet eine mögliche Antwort, warum Menschen so alt werden. Nicht nur das: Sie stellt zudem einen Zusammenhang her zwischen der Evolution der Großmütter und der Evolution des menschlichen Gehirns.

Im V. Kapitel untersuchen wir, wie das Gehirn des Menschen in seinen Grundzügen aufgebaut ist und funktioniert. Es geht darum, zu verstehen, wie unser Gehirn Erfahrungen abspeichert und Erinnerungen abruft, wie wir »denken«, unser Verhalten steuern, moralische Bewertungen treffen und Pläne für die Zukunft schmieden. Und wir werden uns mit der Frage beschäftigen, wie viel Gehirn ein Mensch zum Leben überhaupt braucht und was passiert, wenn einzelne Teile ausfallen. Auch in diesem Kapitel werde ich Sie mit Fachbegriffen so weit wie möglich verschonen, was nicht immer ganz einfach ist. Aber Sie werden sehen, es gibt vielfach verständliche deutsche Begriffe, die es auch einem Laien erlauben, die grundsätzlichen Mechanismen zu verstehen.

Aufbauend auf diesem Wissen, gilt es im letzten Kapitel eine Synthese herbeizuführen. Wir werden zu klären versuchen, worin sich das Gehirn des Menschen vom Gehirn anderer Tiere unterscheidet. Das Stirnhirn spielt dabei eine besondere Rolle: Es macht beim Menschen rund ein Drittel seines Großhirns aus, und manche Neuropsychologen bezeichnen diesen Teil des Gehirns als »Regisseur« oder »Dirigenten«, der unsere Geisteswelt dirigiert.[5] Wir werden sehen, dass Eigenschaften, die wir als für den Menschen charakteristisch einschätzen, wie das *Ich*, Moral, Sprache, stark vom Stirnhirn abhängen. Bedeutet das, dass wir uns in neurobiologischer Hinsicht von Schimpansen und Gorillas völlig unterscheiden? Haben wir Menschen infolge einer Mutation (einer Veränderung im Erbgut) sozusagen ein qualitativ anderes Gehirn als Menschenaffen? Besitzen wir gar ein »Modul«, das andere Tiere nicht haben – wie es der Linguist Noam Chomsky zum Beispiel für Sprache annimmt?

Ein entscheidender Punkt in der Evolution des modernen Menschen war der Moment, als unsere Ahnen lernten, »die Gedanken anderer zu lesen«. Bei Kindern tritt diese Fähigkeit, zu verstehen, dass andere Menschen ein anderes Wissen haben als man selbst, etwa im Alter von 4 Jahren auf. Psychologen sprechen dann davon, dass Kinder eine *Theory of Mind* entwickelt haben. Diese Fähigkeit, die Perspektive anderer zu verstehen, muss also buchstäblich heranreifen. Und wie wir sehen werden, ist damit die Evolution von Sprache und Kultur aufs Engste verknüpft.

II

Zeitreise durch 6 Millionen Jahre
Menschheitsgeschichte

2

Der Mensch ist ohne jeden Zweifel in Afrika entstanden. Es waren dramatische geologische, klimatische und ökologische Veränderungen, die ihn hervorgebracht haben.

Um diese Entwicklung zu verstehen, müssen wir das Who's who unserer Ahnengalerie kennen lernen. Wie versprochen, werde ich Sie nicht mit den unverständlichen Gattungs- und Artnamen überhäufen, für unsere Zwecke reicht es, wenn wir uns die *Prototypen* merken. Ein Anthropologe vom Mars brauchte schließlich auch nicht allen 6 Milliarden Menschen die Hand zu schütteln, um als Beschreibung unserer Spezies nach Hause funken zu können: aufrecht auf Hinterläufen gehend, ohne Fell und mit variierendem Farbschlag, Fortpflanzungsstrategie: versteckt promiskuitiv; großes Gehirn ermöglicht, andere Erdenbewohner zu unterjochen, anmaßend – bezeichnet sich selbst als weiser Mensch (*Homo sapiens*). Zugegeben, das ist keine besonders liebevolle Beschreibung, aber lesen Sie mal in der Literatur nach, wie irdische Anthropologen in den vergangenen 150 Jahren den Neandertaler beschrieben haben!

Wie in Abbildung 1 zu sehen, hat der letzte gemeinsame Vorfahre von Schimpanse und Mensch vor 7 bis 6 Millionen Jahren gelebt. Daraus entwickelte sich eine Linie, die zum Schimpansen führt; eine zweite Linie führt zum modernen Menschen. Sämtliche Vertreter dieser Linie, also alle Vormenschen und Menschen, zählen zu den *Hominiden;* auch jene Arten, die ausgestorben sind und nicht zu unseren unmittelbaren Ahnen zählen. Den Begriff *Hominiden* müssen wir uns merken, da er uns noch häufig begegnen wird. (Immer mehr Wissenschaftler zählen aufgrund der engen Verwandtschaftsverhältnisse auch Schimpansen zu den Hominiden. Daher findet sich in der Literatur für die menschliche Linie immer öfter die Bezeichnung *Homininen.*)

In diesem Kapitel möchte ich Sie auf eine Expedition mitnehmen, die uns durch 6 Millionen Jahre Menschheitsgeschichte führt. Beginnen wir etwa in der geografischen Mitte Äthiopiens, um zu erfahren, wie Hominidenjäger an mehrere Millionen Jahre alte Fossilien gelangen.

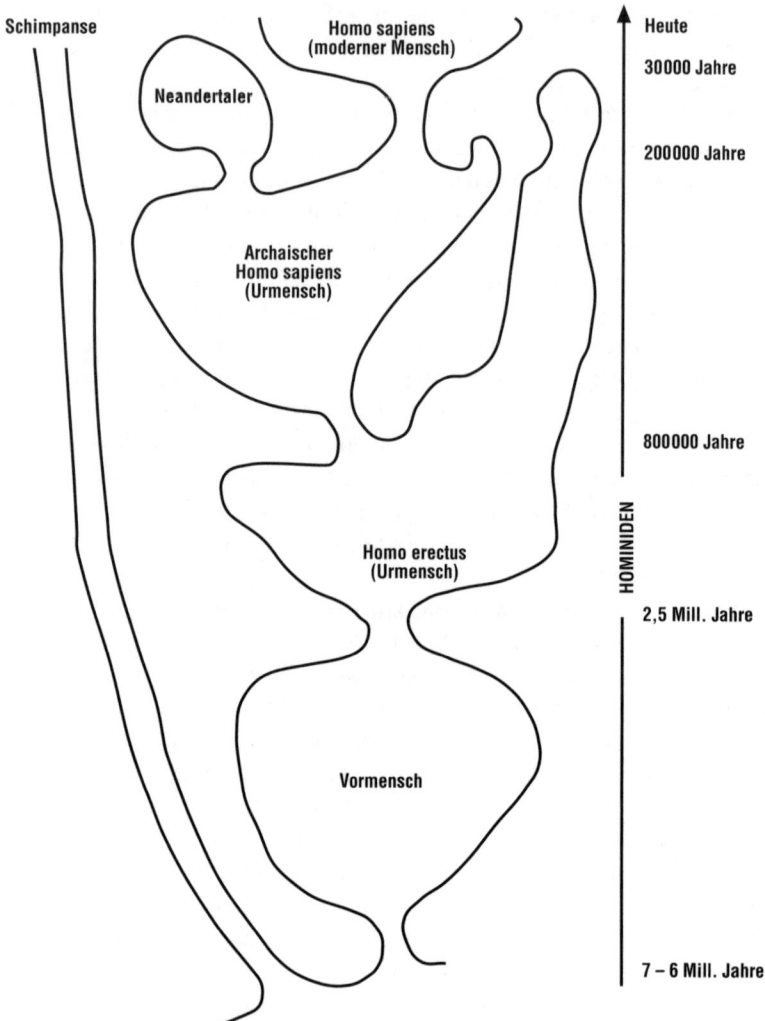

Schimpanse

Homo sapiens
(moderner Mensch)

Neandertaler

Archaischer
Homo sapiens
(Urmensch)

Homo erectus
(Urmensch)

Vormensch

Heute

30000 Jahre

200000 Jahre

800000 Jahre

HOMINIDEN

2,5 Mill. Jahre

7 – 6 Mill. Jahre

Abbildung 1: Der Stammbaum des Menschen

3

Es ist Samstagabend, und die Nachricht ist denkbar schlecht. Horst ist aus Addis Abeba zurückgekommen und erzählt von kilometerlangen Militärkonvois, in denen tausende Soldaten nach Norden transportiert werden. Äthiopien hat im Krieg gegen Eritrea die Buri-Front eröffnet. Auf der Straße gibt es kaum noch ein Durchkommen bis zu unserem Camp, das etwa 20 Kilometer östlich des Dörfchens Gadamaitu liegt, mitten in der Wildnis. Im Osten steht der Himmel in Flammen, nachts hören wir nur unweit unseres Zeltlagers Lastwagen durch die Wüste fahren. Ich mache mir ernsthaft Sorgen um unsere Sicherheit. Der Krieg zwischen Äthiopien und Eritrea dauert nun schon 2 Jahre, Zeitungsberichten zufolge sind allein auf äthiopischer Seite 50 000 Menschen umgekommen, unter den Einheimischen wird gar von 200 000 gemunkelt.

Horst Seidler ist Anthropologe an der Universität Wien, er hat viele Jahre versucht, von der äthiopischen Regierung eine Grabungsgenehmigung zu bekommen. Dass ausgerechnet in diesen Februartagen des Jahres 2000 der Krieg mit Eritrea eskaliert, ist für ihn Pech, für die Bevölkerung ist es eine Tragödie.

Am nächsten Morgen bin ich früh wach. Ich liege noch eine Weile in meinem Schlafsack, lausche dem heiseren Gekläff der Goldschakale und stelle mir vor, wie sich die Landschaft draußen vor dem Zelt in diesen Minuten verändert: Gerade noch war sie vom Mantel der Nacht umhüllt, und jetzt gibt sie unter den ersten Sonnenstrahlen ihre ganze Schönheit preis. Unser Camp liegt am Rande einer Senke, die 10 oder 15 Meter tief abfällt und sich 4 Kilometer nach Norden und 2 Kilometer in Ost-West-Richtung erstreckt, gefüllt mit grauer vulkanischer Erde; aus dem Flugzeug muss diese Landschaft aussehen wie ein riesiger Trog. In der Ferne durchschneidet ein 300 Meter hoher rotbrauner Tafelberg den Horizont, den die Nomaden vom Stamm der Somali *Galili* nennen; und so nennen auch wir unser gesamtes Grabungsgebiet nach diesem Tafelberg – *Galili.* Als ich Stimmen höre, klettere ich aus dem Zelt. Horst sitzt mit unserem Expeditionsgeologen Peter Faupl und den Anthropologen Gerhard Weber, Luca Bondioli und Roberto Macchiarelli bereits beim Frühstück. Ich spaziere zu einem klapprigen roten Campingsessel, der am Rand der Senke steht. Ich sitze gerne hier, nahezu jeden Morgen, und lasse meine Augen über

Galili gleiten. Dann überlege ich, was die Anmut und Kraft dieser Landschaft ausmacht, denn in dieser Wildnis liegt eine unbeschreibliche Schönheit. Ich habe lange darüber nachgedacht und keine Antwort gefunden. Irgendwann bin ich zu der Einsicht gelangt, dass diese Schönheit nur in meinem Kopf existiert – es ist das Wissen, dass mir Galili wie ein Fenster einen Blick in die ferne Vergangenheit der Menschheit gewährt.

Da es am Morgen mit jedem Zentimeter, den die Sonne höher steigt, schnell wärmer wird, brechen wir früh auf. Um 6 Uhr sind wir meist schon unterwegs. Der graue Tuffsand ist zu 5 oder 6 Meter hohen Dünen aufgeworfen, die wir mühsam hinaufsteigen und auf der anderen Seite wieder hinunterstolpern. Oft geht es stundenlang so dahin. Den meisten Menschen würde es hier wohl bald langweilig werden, aber ich liebe diese Monotonie, der ein Flair von Ewigkeit anhaftet. Vor allem weiß man nie, ob man nicht auf der anderen Seite der Düne auf Fossilien stößt.

So verrinnen die Tage – ein halb zerbröseltes Stück fossiles Elfenbein hier, ein zerbrochener Schweineknochen da, ein versteinertes Stück Baum dort. Manchmal entdecken wir herzförmige Hammersteine, als ob es die normalste Sache der Welt wäre, dass 1 Million Jahre alte Werkzeuge am Boden herumliegen, die von Urmenschen hergestellt wurden. Aber zumeist finden wir nichts. Tagelang vor uns nichts als heißer Sand, flirrende Luft und lautlose Stille. Und mit *Stille* meine ich *richtige* Stille, eine *heilige* Stille, die durch absolut nichts gestört wird. Plötzlich ein aufgeregtes Geschrei von Abdillahi Idle Libah, einem unserer Guides. Als ich mich umdrehe, deutet Abdillahi wild gestikulierend vor sich auf den Boden. Augenblicklich wächst die Spannung. Horst Seidler hat die Order ausgegeben, dass nichts, was wichtig erscheint, aufgehoben werden darf, sodass das Fossil im Fundkontext erhalten bleibt.

Ottmar Kullmer, ein erfahrener Paläontologe vom Senckenberg Museum in Frankfurt am Main, ist als Erster bei Abdillahi. Kaum hat er sich gebückt und den Fund am Boden begutachtet, ruft er die Namen seiner Kollegen: »Gerhard!, Kathi!, Olli!, Luca!, Roberto!, Dean!, Glenn!« Und alle sind sofort zur Stelle.

Abdillahi war sofort klar, was da vor ihm liegt: »Ein Zahn wie von einem Menschen«, erzählt er später, »nur viel größer«.

Und die Wissenschaftler nicken und grinsen. Ja, ein Zahn wie von einem Menschen, nur viel größer. Ein *Australopithecus afarensis*, ein Vormensch. Grob geschätzt, 4 Millionen Jahre alt.

4

»Warum findet man eigentlich so oft Zähne?«, frage ich. »Ich finde den ganzen Tag über fossile Krokodilzähne und fossiles Elfenbein, und jetzt haben wir den Zahn eines Vormenschen. Warum finden wir nie die *Knochen* der Tiere?«

»Weil Zähne aus einem extrem harten Material bestehen«, antwortet Roberto. »Vergiss nicht, dass Knochen eine organische Substanz sind, die leicht zersetzt wird.«

»Man findet ja auch von Hominiden am häufigsten Zähne«, ergänzt Gerhard.

»Und warum findet man überhaupt so selten Hominiden?«

»Weil sie sehr selten waren«, sagt Gerhard.

Man braucht sich nur die Situation der großen Menschenaffen heute anzuschauen: Schimpansen, Gorillas, Orang-Utans – alle stehen sie am Rande des Abgrunds. Auch unserer Spezies ging es zeitweise hundeelend; wir waren als Art vor zirka 200 000 Jahren vom Aussterben bedroht. Aber eigentlich ist damit noch etwas anderes gemeint: Im Tierreich besteht ganz allgemein die Tendenz, dass große Tiere seltener sind als kleine. So kommen Insekten häufiger vor als Säugetiere, Mäuse häufiger als Elefanten und kleine Affenarten häufiger als Menschenaffen. Dass die meisten Affen – und damit auch Hominiden – die längste Zeit im dichten Wald lebten, macht die Sache für Fossilienjäger nur noch schwieriger. Denn wo Blätter vermodern und sich Säuren bilden, erübrigt sich die Suche nach Knochen.

Selbst *Lucy,* der wahrscheinlich berühmteste Vormensch, ist nur zu 20 Prozent erhalten. Manchmal findet man in der Literatur andere Zahlen, was mit der Spitzfindigkeit einiger Wissenschaftler zusammenhängt. Da (Vor-)Menschen einen symmetrischen Körperbau aufweisen, kann man davon ausgehen, dass das linke Schienbein ähnlich aussieht wie das rechte, der linke Oberarm ähnlich wie der rechte etc. Insgesamt besteht ein menschliches Skelett aus 207 Knochen, ein halbes Skelett aus 120 Knochen. (Dass die Hälfte von 207 in diesem Fall nicht 103,5 ergibt, liegt daran, dass viele Knochen eben nicht doppelt vorkommen; denken Sie nur an Wirbel, Unterkiefer, Oberkiefer etc.) Rechnet man nur das halbe Skelett, dann wurden von *Lucy* 28 Prozent entdeckt. Donald Johanson, ihr Entdecker, gibt allerdings 40 Prozent an,

was damit zusammenhängt, dass er einfach die Arm- und Fuß-
knochen überhaupt nicht mitrechnet. Sie sehen also: Anthropologie kann ganz schön verwirrend sein.

Das für viele Anthropologen wichtigste Fossil überhaupt wird
nach seinem Fundort im nördlichen Kenia zumeist als *Turkana-
Junge* bezeichnet. Durch ihn haben Forscher mehr über den frühen Urmenschen gelernt als durch alle anderen Funde zusammen.
Und das, obwohl das Skelett dieses *Homo erectus* aus nicht mehr
als 33 Prozent seines ganzen Skeletts besteht bzw. aus 40 Prozent
seines halben Skeletts.

Wie gesagt, diese Funde werden bereits als »fast vollständig«
angesehen. Sie können sich also ungefähr vorstellen, was Forscher
sonst aus dem Boden holen: ein Knöchelchen hier, ein Zähnchen
dort und mit viel, viel Glück vielleicht einmal ein zerbrochenes
Unterkieferstück. Es liegt nicht zuletzt an diesen Bruchstücken,
dass die Schlussfolgerungen mancher Anthropologen oft einer
Kaffeesatz-Leserei gleichen und vermeintliche Fakten über die
Evolution des Menschen sich nach wenigen Jahren als falsch
herausstellen. (Gar nicht zu sprechen von der Rolle, welche sensa-
tionslüsterne Journalisten bei der Verbreitung dieser Geschichten
spielen.)

Ich möchte an dieser Stelle mit ein paar weiteren Irrtümern auf-
räumen, die mir in Gesprächen immer wieder begegnen. Einer
rührt von dem Begriff *Grabung* her, mit dem eine derartige Expedition gleichgesetzt wird. Aber das ist Unsinn. Den Großteil der Zeit
verbringt man damit, gesenkten Hauptes durch die Gegend zu trot-
ten und nach Fossilien Ausschau zu halten. Das klingt wiederum
gemütlicher, als es ist, denn allein die Temperatur, die in Galili in
der kühlen Jahreszeit mittags auf 50 °C steigt, macht das ganze
Unternehmen zu einer Qual. Hinzu kommen stundenlange Wande-
rungen und hunderte Kniebeugen am Tag.

Kniebeugen? Ganz recht! Das hat mit den Fossilienfunden zu
tun. Denn die Chance, einen Hominiden zu finden, ist so gering
wie, sagen wir, mitten in der Sahara zufällig auf den Papst zu treffen. Was man also normalerweise entdeckt, sind Zähne, Knochen-
splitter und Knochenteile von irgendwelchen meist ausgestorbenen Tieren: Urpferden, Urrindern, Urschweinen, Urgazellen,
Urelefanten, Urraubkatzen … von was für Urviechern auch immer.
Für die Wissenschaftler sind diese Knochen von großem Interesse,
nicht nur, weil sie damit die Evolution der jeweiligen Tierart bes-

ser verstehen lernen, sondern auch, weil sie damit die Umwelt rekonstruieren können, in der unsere eigenen Vorfahren lebten. Beispielsweise lassen Krokodilzähne und Fischknochen darauf schließen, dass man inmitten eines ehemaligen Süßwassersees steht; Gazellenüberreste lassen eine Graslandschaft wahrscheinlich erscheinen; Knochen von Kolobus-Affen deuten auf ein bewaldetes Gebiet und Skelettreste von Pavianen auf Savanne hin. Tierische Fossilien aufzuheben – und zu diesem Zweck macht man die zuvor erwähnten zahllosen Kniebeugen –, ist also keineswegs vergebliche Mühe, in der Regel sind sie der Lohn einer solchen Expedition.

Natürlich spielt der Zufall mit, wenn man doch ein bedeutendes Fossil findet. Ich erinnere mich, dass unsere ganze Gruppe einmal an einer Stelle vorbeilief, an welcher der schönste Schädel eines Urschweins lag, den man sich vorstellen kann. Ein wunderbares Exemplar, der Traum eines jeden Museumskurators. Wir hätten ihn nie entdeckt, wäre Oliver Sandrock, ein Paläontologe vom Hessischen Landesmuseum in Darmstadt, nicht hinter uns hergetrödelt. Olli sah die schwarzen Zähne im hellen Sand leuchten, bückte sich, rief die vielsagenden Worte »He, guck mal!« – und jeder von uns wusste, dass er soeben auf etwas *ganz* Großes gestoßen war. Nach wenigen Stunden war der komplett erhaltene Schädel des Urschweins mit dem klangvollen wissenschaftlichen Namen *Nyanzachoerus* für den Abtransport bereit.

Ottmar interessieren Urschweine! Ottmar Kullmer ist der »Schweinepapst« im deutschsprachigen Raum, niemand sonst weiß so viel über ausgestorbene Schweine wie er. Wenn Sie Ottmar den Zahnsplitter irgendeines urzeitlichen Schweins in die Hand drücken, antwortet er wie aus der Pistole geschossen: »*Notochoerus, Nyanzachoerus*«, oder es folgt irgendein anderer unaussprechlicher Name. Es ist eine geradezu unglaubliche Abstraktionsleistung, aus einem winzigen Stück *Nichts* ein ganzes Tier, das längst ausgestorben ist, im Geist zusammenzusetzen. Und, um den Bogen zu schließen, die Schweinespezies interessiert Anthropologen. Nehmen wir als Beispiel *Nyanzachoerus*: Dieses mit heutigen Warzenschweinen verwandte Urschwein lebte in Afrika nur während eines geologischen Zeitfensters vor 5 bis 2,7 Millionen Jahren. Wenn man das weiß, kann man als Anthropologe entscheiden, ob man in diesem Areal nach menschlichen Fossilien weiter suchen will oder nicht. Wer auf einen *Homo erectus-*

Urmenschen aus ist, der vor rund 1,8 Millionen Jahren erstmals auftaucht, sucht hier am falschen Ort.

5

In Büchern von berühmten Anthropologen liest man häufig die bedeutungsschwangeren Worte: »Habe heute ein gutes Gefühl«. Stunden später machen die Forscher in der Regel die Entdeckung ihres Lebens. Auch Donald Johanson hatte so ein *gutes Gefühl*, als er das weltberühmt gewordene Skelett *Lucy* fand. Da dieser Vormensch unser Bild über die Entstehung des Menschen revolutionierte, möchte ich auf diese Geschichte etwas genauer eingehen.

Am 30. November 1974 sah Johanson, als er gerade mit seinem Kollegen Tom Gray zurück ins Camp fahren wollte, an einem Hang etwas liegen. Die weitere Geschichte liest sich in Johansons Buch *Lucy – Die Anfänge der Menschheit* wie eine Parodie:[6]

> »›Das ist das Fragment eines Hominiden-Arms‹, sagte ich.
> ›Das kann nicht sein. Es ist zu klein. Es muss von irgendeinem Affen stammen.‹
> Wir knieten uns hin, um den Knochen genauer anzusehen.
> ›Viel zu klein‹, sagte Gray noch einmal.
> Ich schüttelte den Kopf. ›Es ist ein Hominide. Sehen Sie doch das Stück rechts neben Ihrer Hand. Auch das ist hominid.‹
> ›Mein Gott!‹, rief Gray. Er hob es auf. Es war die Rückseite eines kleinen Schädels. In unmittelbarer Nähe lag ein Teil eines Oberschenkelknochens, ein Hüftknochen.
> ›Mein Gott!‹, rief er wieder.«

In den folgenden Minuten entdeckten Donald Johanson und Tom Gray auf dem Hang noch 2 Rückenwirbel und das Bruchstück eines Beckenknochens. Und alle Knochenbruchstücke gehörten zu einem einzigen Hominidenskelett. Zurück im Camp genehmigten sich die jungen Hitzköpfe ein Bier nach dem anderen, drehten ihr batteriebetriebenes Tonbandgerät auf und hörten die ganze Nacht hindurch den Beatles-Song *Lucy in the Sky with Diamonds.* So weit die Legende, wie es zu dem Namen »Lucy« kam.

Was ist nun so bemerkenswert an Lucy? Als diese *Australopithecus*-Frau Mitte der siebziger Jahre entdeckt wurde, gab es kein anderes Skelett eines Vormenschen, das auch nur annähernd so vollständig gewesen wäre. Darüber hinaus war an Hüfte, Oberschenkelknochen und Schienbein deutlich zu erkennen, dass sich Lucy aufrecht gehend fortbewegt haben musste. Anhand der fossilen Urschweine und Urpferde, welche die Forscher im Verbund mit Lucy fanden, konnten sie ihr Alter auf rund 3 Millionen Jahre festlegen; neuere Datierungen gehen von einem Alter von 3,2 Millionen Jahren aus.

Das Skelett liegt heute, gut verwahrt, in einem bombensicheren Tresor im Nationalmuseum von Addis Abeba, und so gut wie jeder Äthiopier kennt Lucy unter dem amharischen Namen »Dinquinesh«, was soviel bedeutet wie »wunderbares Ding«. Was am meisten beeindruckt, wenn man vor dem Skelett steht, ist, wie winzig Lucy war, gerade mal 1 Meter groß, vergleichbar einem modernen fünfjährigen Mädchen – nur dass Dinquinesh eine ausgewachsene Vormenschen-Frau war.

6

Als ich Galili zum ersten Mal sehe, denke ich sofort an *Hadar,* jenen für Anthropologen so magischen Ort, an dem Lucy gefunden wurde: die graue Landschaft aus Tuff, die Dünen und die schwarzen Basaltbrocken, die vor vielen Jahrtausenden von mächtigen Vulkanen wie dem Ayelu hierher geschleudert wurden.

Manchmal gerät Luca Bondioli, ein kleiner, stämmiger römischer Anthropologe, ins Schwärmen, wenn er über Galili blickt: »Es ist das schönste Gebiet, das ich je gesehen habe; so habe ich mir immer Eldorado vorgestellt.«

Wir lachen dann, aber in gewissem Sinne hat er mit dem Vergleich Recht. Nicht nur, dass in Anthropologenkreisen fossile Menschenknochen zumindest den gleichen Wert wie Gold haben, eher mehr. Auch die Grabungsgebiete sind zwischen den Forschergruppen abgesteckt wie Claims. Was ich damit sagen will: Man kann aus den verschiedensten Gründen nicht einfach in die Wüste fahren und losbuddeln. Wer in Äthiopien nach Hominidenknochen suchen will, braucht Genehmigungen, Genehmigungen und nochmals Genehmigungen: von der Regierung, den Landesbehörden, Bürgermeistern, örtlichen Fürsten, Polizeichefs und sonstigen Honorationen. (Und nicht wenige verdienen daran.) Wer es dennoch probiert, einfach durch die Wildnis zu stapfen und nach dem Motto »Ich gehe ja nur spazieren« nach Fossilien Ausschau zu halten, wird sehr schnell feststellen, dass in der Wildnis die Buschtrommeln schnell und effektiv arbeiten.

Insofern überrascht es mich nicht, als sich uns ein grüner Jeep nähert, kaum dass wir das Zeltlager aufgeschlagen haben. Spätestens als der Wagen anhält und ein äthiopischer Offizier aussteigt, ist uns klar: Es gibt Ärger.

Unter den Nomaden kursiere das Gerücht, sagt der Major mit bedeutungsvoller Mine, dass wir nach Gold suchten.

»Gold?!«, ruft Gerhard aus. »Wir suchen Fossilien, verstehen Sie? *Versteinerte Knochen.*«

Der Major zuckt mit den Schultern: »Die Nomaden behaupten, Sie suchen Gold.«

Wir sind verblüfft! Da der Major eine Pistole am Gürtel trägt, wollen wir nicht unfreundlich sein. Aber wie, zum Teufel, konnte er überhaupt wissen, wo er uns findet? Nach stundenlangem Palaver, einer kleinen Menge Bakschisch, die beide Verhandlungspartner akzeptabel finden, und einer größeren Menge Benzin, die wir dem Major wohlwollend überlassen, steigt er wieder in sein Fahrzeug und zieht beim Wegfahren eine riesige Staubwolke hinter sich her.

In den folgenden Tagen pilgert Issa, unser äthiopischer Mitarbeiter, von einer Nomadengruppe zur nächsten und erzählt überall, dass die *firenji*, die Fremden, nach Wasser suchen. In der Wüste nach Wasser zu suchen, das macht mehr Sinn für die Nomaden. Wer kommt schon von so weit her, nur um nach alten Knochen zu stöbern?

Wer eine solche Expedition plant, fährt also nicht ins Blaue hinein und sucht die Gegend nach Verwertbarem ab. Man muss schon wissen, wo man sucht, und dazu braucht man Experten. Könnte ich nur einen einzigen Wissenschaftler auf eine Expedition mitnehmen, würde ich einen Geologen wählen, denn dieser ist anfangs der wichtigste Mann, wenn man menschliche Fossilien finden will. Ein Geologe studiert zu Hause alte Berichte, Karten, Satellitenfotos, also alles, was ihm über das potenzielle Grabungsgebiet in die Hände fällt. Vor Ort macht er sich dann ein genaueres Bild und entscheidet, wo mit der Suche begonnen werden soll.

Im Rift Valley, wie der ostafrikanische Grabenbruch genannt wird, ist diese Entscheidung alles andere als einfach. Ich habe einmal gelesen, dass das Rift Valley aus großer Höhe aussieht, als hätte der liebe Gott den Osten Afrikas mit einer Axt bearbeitet. Dieser tiefe Riss in der Erdkruste erstreckt sich vom Toten Meer im Norden über das Rote Meer, Äthiopien, Kenia und Tansania bis nach Mosambik im Süden. Die Erdkruste reißt hier buchstäblich auseinander, wodurch das Rift zu den instabilsten geologischen Regionen der Erde zählt, in der Vulkanausbrüche und Erdbeben keine Seltenheit sind.

Der Geologe unserer Expedition heißt Peter Faupl. Manchmal begleite ich ihn als eine Art Caddy, nur dass ich keine Golfschläger trage, sondern einen schweren Eisenhammer, ein 30 Meter langes Maßband und Plastikbeutel voll Erd- und Gesteinsproben, die im Laufe des Tages meinen Rucksack schwerer und schwerer machen. Peter gehört zu jenen Menschen, die selbst nach mehreren Wochen in der Wüste noch adrett ausschauen, während wir anderen bereits vor Dreck starren. Er ist von seinem ganzen Auftreten her ein Gentleman. Die meiste Zeit über marschiert er mit Zeichenblock und Bleistift in der Hand herum, stoisch und konzentriert, und wandert die eine Düne hinauf, wieder hinunter, die nächste Düne hinauf ... oft den ganzen heißen Tag lang. Von Zeit zu Zeit bleibt er stehen, regungslos, und betrachtet die Landschaft so lange, dass ich mitunter nervös werde. In seinem Gehirn läuft dann vermutlich ein ähnlich kreativer Prozess ab wie bei einem Bildhauer, vor dessen geistigem Auge sukzessive die Statue des David entsteht. Manchmal, wenn ich Glück habe, sagt Peter schon am Mittag: »Jetzt hab ich's.« Dann klappt er zufrieden seinen Zeichenblock zu, und wir gehen zurück ins Camp, um der drückenden Mittagshitze zu entkommen.

Es sind diese Zeichnungen, die der Landschaft sozusagen Sinn geben. Anhand dieser geologischen Skizzen können die Anthropologen abschätzen, wie alt die jeweiligen Erdschichten sind und wo genau sie mit der Suche beginnen sollen. Zusammen mit den tierischen und pflanzlichen Fossilien ergibt sich daraus ein komplexes Bild von jener Landschaft, in der sich unsere Vorfahren entwickelten. Im Falle von Galili ist das ein buntes Mosaik aus dichtem Wald, einer offenen Graslandschaft, Flüssen mit begleitenden Galeriewäldern, Seen und Sümpfen. Hier ließ es sich gut leben – damals. Heute ist das Rift Valley ein geologischer Trümmerhaufen und der äthiopische Teil zählt zu den heißesten Regionen der Erde.

Vor rund 9 Millionen Jahren kam es auf der Erde zu großen tektonischen Verschiebungen mit weitreichenden Folgen. In Europa wurden damals die Alpen weiter aufgeschoben, in Asien der Himalaja und in Ostafrika die Gebirgszüge entlang des Grabenbruchs. Als sich daraufhin die Meeresströmungen verlagerten, wuchsen an den Polen mächtige Eiskappen; der Meeresspiegel sank dramatisch, die Winde veränderten sich, in Asien entstanden die heute noch vorherrschenden Monsunzyklen, in Europa wurde das Klima kühler und in Ostafrika trockener.

Peter hebt kleine weiße Muschelschalen vom Sandboden auf und murmelt einen unverständlichen Gattungsnamen. »Hier muss vor ein paar Millionen Jahren ein Süßwassersee gewesen sein«, sagt er, überlegt und starrt auf seine Skizze. »Und irgendwo dort muss ein Zufluss gewesen sein.«

Das ist schwer vorstellbar, wenn man in einem Meer aus Sand steht. Aber wir stoßen tatsächlich die ganze Zeit auf Krokodilzähne, Schildkrötenpanzer und Fischknochen. Hier, wo wir stehen, muss also einmal Wasser gewesen sein.

7

Es waren die dramatischen geologischen, klimatischen und ökologischen Veränderungen, die den Menschen hervorgebracht haben. Darauf wies der französische Anthropologe Yves Coppens, der im Jahr 1974 an der Entdeckung *Lucys* beteiligt war, als einer der Ersten hin. Ihm war zu Beginn der achtziger Jahre aufgefallen, dass alle damals bekannten ostafrikanischen Vormenschen aus den heute trockenen Ländern Äthiopien, Kenia, Tansania und Südafrika stammten. Schimpansen und Gorillas leben heute dagegen in den feuchttropischen Regenwäldern westlich des Grabenbruchs. Der Gedanke dahinter war: Als Afrika vor 9 Millionen Jahren aus-

einander riss, wurden gleichzeitig mächtige Gebirgszüge empor-
gehoben, die eine klimatische Barriere bildeten. Hier regneten die
vorherrschenden Westwinde ab, während der Osten leer ausging.
Die Folge war, dass westlich des Rift Valley, also in Zentralafrika,
die ausgedehnten Regenwälder erhalten blieben, worin sich
Schimpansen und Gorillas entwickelten. Östlich des Grabenbruchs
breitete sich dagegen die Savanne aus, und in dieser Savanne entstand der Mensch. Coppens bezeichnete die These als *East-Side-
Story*, und diese fand nicht nur wegen ihres theatralischen Namens
schnell Anerkennung, sie bot darüber hinaus auch eine einfache
Erklärung für die Evolution des Menschen.

Bis Ende der neunziger Jahre war der älteste bekannte Vormensch 4,5 Millionen Jahre alt und damit noch sehr weit vom Ursprung der Hominiden entfernt, den die meisten Anthropologen
vor 7 bis 6 Millionen Jahren erwarteten. Doch dann ging es Schlag
auf Schlag: Im August 2000 berichteten Brigitte Senut und Martin
Pickford von der Entdeckung eines 6 Millionen Jahre alten Fossils
mit dem wissenschaftlichen Namen *Orrorin tugenensis*. Der
Millenium-Mensch, wie die Forscher die Knochen- und Gebissfrag-
mente ihres Jahrtausendfundes salopp bezeichneten, hatte im heutigen Kenia gelebt. Hände und Arme waren die eines Kletterers, die
Oberschenkelknochen die eines aufrecht gehenden Hominiden.
Nur wenige Monate später gab der Anthropologe Yohannes Haile-
Selassie bekannt, in Äthiopien Skelettteile eines 5,5 Millionen Jahre
alten Vormenschen entdeckt zu haben. Die Bezeichnung dieses
Fossils, *Ardipithecus ramidus kadabba* – zu Deutsch: *Bodenaffe
von der Wurzel der Menschheit* –, deutet auf die Hoffnung seines
Entdeckers hin, auf den frühesten Ahnen des Menschen gestoßen
zu sein. Den großen Coup landete aber der französische Anthropologe Michel Brunet, als er im Juli 2002 berichtete, den komplett
erhaltenen Schädel eines 7 bis 6 Millionen Jahre alten Vormenschen gefunden zu haben. *Toumai* ist äußerlich eine Mixtur aus
Schimpanse und Mensch und damit genau das, was man vom ersten Hominiden erwarten würde. Dass *Sahelanthropus tschadensis*,
so der wissenschaftliche Name, inmitten der Sahara im Tschad gefunden wurde, also westlich des Rift Valley, spricht nicht gegen die
Richtigkeit der East-Side-Story, wie häufig behauptet wurde. Allerdings wäre Toumai mit seinen fast 7 Millionen Jahren tatsächlich
der »Allerälteste«, wovon Michel Brunet auch überzeugt ist.[7] Ob
und welcher dieser drei Funde (Toumai, Millenium-Mensch und

Ardipithecus) tatsächlich unser ferner Urahn ist, werden wir wohl nie erfahren, einfach weil die anatomischen Unterschiede »zum letzten gemeinsamen Vorfahren« von Schimpanse und Mensch umso kleiner werden, je mehr man sich diesem nähert.

Zusammengefasst liest sich der Aufstieg und Niedergang der Familie der Hominiden nach heute verbreiteter Lehrmeinung jedenfalls wie folgt: Vor etwa 20 Millionen Jahren zog es frühe Menschenaffen aus Afrika ins damals tropische Eurasien. Der Beginn eines dramatischen Klimawandels vor rund 9 Millionen Jahren führte dazu, dass es in Eurasien kühler wurde und die meisten der dort lebenden großen Menschenaffen ausstarben. Eine Linie jedoch zog sich in die Regenwälder Südostasiens zurück, woraus sich Orang-Utans entwickelten. Eine andere Linie wich nach Afrika aus, woraus Gorillas, Schimpansen und Menschen entstanden. Nach Ansicht des kanadischen Paläontologen David Begun war der letzte gemeinsame Vorfahre von Schimpanse und Mensch in seiner Lebensweise dem heutigen Schimpansen durchaus ähnlich:[8] ein afrikanischer Waldbewohner, der im Knöchelgang (das heißt schon mehr oder weniger aufrecht) lief und sich hauptsächlich von Früchten ernährte, gelegentlich kleine Tiere jagte, einfache Werkzeuge benutzte und in komplexen Horden lebte. Als sich die Wälder immer weiter zurückzogen und sich die Savannen ausbreiteten, blieben die Vorfahren der Schimpansen im Wald. Die Vormenschen eroberten – vor etwa 4,5 Millionen Jahren – von den Waldrändern aus die offene Savanne und entwickelten sich dort zu perfekten Zweibeinern.*

8

Wie sahen diese Vormenschen überhaupt aus? Was waren das für Geschöpfe: Tiere? Menschen? Irgendetwas auf halber Evolutionsstufe dazwischen?

---

* Eine andere starke Schule, der die französische Paläontologin Brigitte Senut zuzurechnen ist (die Entdeckerin des Millenium-Menschen), ist überzeugt, dass sich auch die Vorfahren von Gorillas, Schimpansen und Menschen in Afrika entwickelten. Darüber hinaus bleibt die Geschichte gleich: Aufrecht zu gehen lernten unsere Vorfahren bereits im Wald. Doch die Menschwerdung vollzog sich in der Savanne.

Ich beschließe, diese Frage einem Mitglied unseres Äthiopien-teams zu stellen: Dean Falk von der Universität Tallahassee in Florida. Dean ist Spezialistin für die Evolution des menschlichen Gehirns und kennt sich mit Vormenschen aus wie kaum ein anderer.

Heute Morgen ist unsere ganze Forschergruppe zu einer 10 Kilometer weiten Wanderung aufgebrochen, um endlich den Tafelberg zu besteigen, der unserem Grabungsgebiet seinen Namen gegeben hat: Galili. Ich habe mir auf dem Weg dorthin den linken Fuß verstaucht, und Dean – eine Großmutter, die geflochtene Zöpfe wie Pippi Langstrumpf trägt – fühlt sich für den Aufstieg zu erschöpft. Also setzen wir uns am Fuße des Tafelberges ins staubige Geröll. Es ist später Vormittag und die Sonne brennt auf unser Hirn, weil weit und breit kein Strauch zu finden ist, der Schatten spendet. Wir schauen zu, wie der Rest der Gruppe die steile Wand des Tafelbergs hinaufklettert; oben sind angeblich Relikte einer neusteinzeitlichen Siedlung.

»Blöde Geschichte«, sage ich und taste meinen Knöchel ab, der inzwischen so stark geschwollen ist, als litte ich an Elefantiasis.

»Tja, das ist der Preis dafür, dass wir aufrecht gehen können«, tröstet mich Dean.

Ich denke mit Grauen an den Rückweg: Wird wohl eine schmerzhafte Humpelei werden.

Dean hat lange Zeit über die Folgen des aufrechten Gangs geforscht – nicht über die Tatsache, dass wir jetzt leichter stürzen, sondern über die anatomischen Konsequenzen für das Blutgefäßsystem und das Gehirn. Ich versuche also, das Beste aus dieser Situation zu machen.

»Was war deiner Meinung nach Lucy für ein Wesen: Tier oder Mensch?«

»Ich glaube, dass man sie am besten als zweibeinigen, aufrecht gehenden Schimpansen beschreibt, ähnlich wie Bonobos im Kongo«, antwortet Dean. »Sie hat vor etwa 3,2 Millionen Jahren gelebt und ein ziemlich kleines Gehirn gehabt.«

»Glaubst du, dass sie genauso aufrecht ging wie du und ich?«

Dean schüttelt den Kopf: »Nein, ich vermute, dass sie etwas gewatschelt ist; aber darüber gibt es in der Anthropologie sehr unterschiedliche Meinungen. Ich glaube, dass es überhaupt mehrere Formen des aufrechten Gangs gegeben hat. Wenn man sich Lucys Finger ansieht, sieht man deutlich, dass sie noch gut klettern konnte. Bestimmt hat sie in der Nähe von Bäumen gelebt, wo sie am Abend hinaufkletterte, ein Nest baute und sich darin schlafen legte, so wie es Schimpansen tun.«

Der Rückweg zu unserem Camp ist genauso, wie ich es erwartet habe: die letzten paar hundert Meter mache ich die evolutionäre Rückentwicklung vom Zweibeiner zum *Einbeiner* durch und hüpfe nur noch ins Lager. Ich möchte wirklich wissen, wer diesen Unfug mit dem aufrechten Gehen erfunden hat!

Kommen wir also zur entscheidenden Frage: Warum gehen wir Menschen eigentlich aufrecht? Wenn es bereits in Eurasien oder in den afrikanischen Wäldern bei den großen Menschenaffen die Anpassung an den aufrechten Gang gegeben hat, bedeutet das gar nichts. Schließlich sind auch Gorillas und Schimpansen deswegen keine Zweibeiner geworden. Warum also wir Menschen? Der aufrechte Gang hat ja nicht unbedingt Vorteile: Haben Sie schon einmal gehört, dass sich ein Schimpanse den Fuß verstaucht hat? Oder dass ein Gorilla einen Bandscheibenvorfall hatte? Oder dass ein Bonobo eine Hebamme gebraucht hat? Wie viele Menschen kennen Sie dagegen mit Meniskus- oder Hüftoperationen? Dieses aufrechte Getrappel ist wirklich zum Verzweifeln.

Warum also wir Menschen? Warum haben wir uns nicht »halb dazwischen« mit dem erreichten Status zufrieden gegeben und marschieren auf unseren Fingerknöcheln, so wie es Schimpansen und Gorillas tun?

9

Eine einleuchtende Antwort auf diese Frage kam in den achtziger Jahren von Peter Wheeler. Er nahm den Rechenstift zur Hand und begann, Kosten und Nutzen des aufrechten Ganges nachzurechnen. Obwohl er nicht zu den bekanntesten Anthropologen gehört, haben seine mathematisch geprägten Überlegungen weit reichenden Einfluss auf unsere Vorstellungen von der Evolution des Menschen gehabt.

Ich habe Peter Wheeler an der John Moores Universität in Liverpool besucht. Seine zentrale Aussage lautet: Ein aufrecht gehender Hominide bekommt in der Savanne weniger Sonnenstrahlung ab als ein vierbeiniger. Um das zu veranschaulichen, stellt Wheeler vor mir eine aus dunklem Holz geschnitzte Figur auf den Tisch und schaltet die Schreibtischlampe ein; danach hält er *Boris,* wie er das Holzmännchen nennt, in Schräglage, um zu zeigen, wie viel mehr Sonnenstrahlen ein Schimpanse auf dem Rücken abbekommt. Ich muss gestehen, es ist eine simple Vorstellung, aber sehr beeindruckend.

»Wir dürfen nicht vergessen, dass sich Vormenschen tagsüber in der Savanne viel bewegen mussten, um an ausreichend Nahrung zu gelangen«, gibt Wheeler zu bedenken.

»Das Problem haben doch auch Löwen«, unterbreche ich.

»Die jagen vor allem nachts und in der Dämmerung«, entgegnet er.

»Aber Gazellen und Savannenpaviane sind tagaktiv.«

»Okay, damit kommen wir zum Punkt«, sagt Wheeler und lehnt sich gemütlich in seinen Stuhl zurück. »Wenn wir von Sonneneinstrahlung reden, geht es darum, wie ein Tier verhindert, dass sein Gehirn überhitzt. Nervengewebe reagiert im Unterschied zu anderen Körpergeweben auf Hitze äußerst empfindlich. Wenn sich unser Gehirn um 1 °C oder 2 °C erwärmt, bekommen wir schon große Probleme. Und bei 3 °C oder 4 °C mehr treten irreversible Schäden auf beziehungsweise tritt wahrscheinlich sogar der Tod ein. Wenn wir also vom aufrechten Gang sprechen, geht es tatsächlich darum, wie wir verhindern, dass unser Gehirn überhitzt.«

»Dann komme ich mit meiner Frage auf Gazellen und Löwen zurück«, entgegne ich, »warum gehen die nicht aufrecht?«

Wheeler lacht: »Die hatten einen anderen Ausgangspunkt, diese Tiere waren *immer* Vierbeiner. Hingegen bewegten sich schon Menschenaffen in aufrechter Körperhaltung – ich will damit nicht sagen, dass sie aufrecht gingen, aber ihre Körperhaltung war aufrecht, so wie heute die von Schimpansen und Gorillas. Außerdem haben andere Tiere ein kleineres Gehirn. Viele haben mehr Muskelmasse am Kopf, die mehr Wärme abgibt, und ein eigenes Blutgefäßsystem, das der Hirnkühlung dient.«

»Haben alle Säugetiere außer dem Menschen diese *Hirnkühlung?*«

»Nein«, antwortet Wheeler. »Affen fehlt dieses spezielle Blutgefäßsystem. Das ist vermutlich auch der Grund, warum die meisten Affen im Wald leben und warum auch unsere Vorfahren dort lebten.«

Kommen wir zu den Vormenschen. Solange ihr Gehirn klein

war und sie nicht in der Savanne herumlaufen mussten, reichte die aufrechte Körperhaltung, um weniger Sonneneinstrahlung abzubekommen; darüber hinaus schützte das Fell vor den Sonnenstrahlen. Denken Sie nur daran, wie schnell ein Hund schlapp macht, wenn er in praller Sonne läuft.

»Aus diesem Grund haben unsere Vorfahren schließlich ihr Haarkleid verloren und Schweißdrüsen entwickelt. Aber das war erst viel später, ich schätze vor etwa 2,5 bis 2 Millionen Jahren«, sagt Wheeler.*

Das Holzmännchen Boris demonstriert also nicht, warum wir aufrecht gehen lernten, sondern warum Hominiden den aufrechten Gang *perfektioniert* haben. Wir dürfen nicht vergessen, dass der Übergang zur Zweibeinigkeit nicht über Nacht geschah, sondern vielmehr ein Prozess war, der viele Millionen Jahre gedauert hat. So lässt sich auch erklären, warum die frühesten Hominiden (Toumai, Millenium-Mensch, Ardipithecus) vor 6 Millionen Jahren möglicherweise schon aufrecht gehen konnten und dass Lucy vor 3,2 Millionen Jahre vielleicht trotzdem noch watschelte.

Anscheinend entstand irgendeine Form von Zweibeinigkeit, *bevor* es Hominiden gab. Diese Entwicklung stellte eine Anpassung an die schrumpfenden Wälder und die sich ausdehnenden Savannen dar. *Perfektioniert* wurde der aufrechte Gang allerdings erst viel später in der Savanne, und das hatte eine Menge mit der Sonneneinstrahlung zu tun.

10

Der aufrechte Gang in der offenen Savanne hatte für Aussehen und Skelett der Hominiden weitreichende Folgen. So zeigt zum Beispiel ein Vergleich des Beckens von Schimpanse und Mensch, dass Lucy ein Mischwesen war. Schimpansen haben hohe Beckenknochen, die der Muskulatur viel Ansatzfläche bieten. Beim Menschen

---

* Schwitzen ist eine sehr effiziente Methode zur Kühlung. Beim Marschieren in heißer Umgebung verliert man durchschnittlich 2 Liter Wasser pro Stunde. Ist man aber den ganzen Tag über in einer Wüstenregion unterwegs und macht mittags Pause, so wie wir es in Galili tun, muss man täglich bis zu 8 Liter »nachfüllen«. Der Zugang zu Wasser muss für unsere Vorfahren ein ziemlich limitierender Faktor gewesen sein im Hinblick auf ihren Aktionsradius.

dagegen sind die Beckenknochen zu runden »Schaufeln« geschrumpft, um darin die Gedärme wie in einer Schüssel zu halten und beim Gehen den Rumpf zu stützen. Bei Schimpansinnen ist der Geburtskanal oval geformt, bei Frauen hingegen rund, um dem großen Kopf eines Menschenbabys mehr Platz zu bieten. Lucys Becken trug bereits den Rumpf und stützte die Gedärme; ihr Geburtskanal war allerdings noch oval – das heißt: Lucy war ein Mischwesen, sozusagen auf halbem Weg vom Menschenaffen zum Menschen.

Oft wird von Problemen bei der Geburt menschlicher Babys gesprochen – infolge des engen Geburtskanals unserer Spezies. Aber wie wir in den folgenden Kapiteln noch sehen werden, war es für die Evolution des Menschen ein nicht zu überschätzender Vorteil, dass Babys aufgrund ihrer Hirngröße so frühreif zur Welt kamen. Denn im Unterschied zu anderen Tieren hat das heranreifende Gehirn eines Menschenbabys die Möglichkeit, sich an die immer komplexer werdenden Anforderungen seiner sozialen Umwelt anzupassen.

Weitere Anpassungen an den aufrechten Gang und das Leben in der Savanne waren, dass der Mensch – vor etwa 2 Millionen Jahren, vielleicht etwas früher oder später – Schweißdrüsen entwickelte: Um die Verdunstungsrate und damit die Kühlung zu erhöhen, verlor er auch sein Körperfell; und um sich vor Hautkrebs zu schützen, bekam er eine dunkle Hautfarbe. (Schimpansen sind unter ihrem Fell weiß.) Der frühe Mensch entwickelte lange Beine und wurde zum Energie sparenden Marschierer. Der Brustkorb formte sich tonnenförmig, um den Lungen mehr Raum zu bieten. Wenn Sie so wollen, bekam der Urmensch mehr »Hubraum« und wurde zum Ferrari unter den Hominiden. (Der Brustkorb von Schimpansen und Vormenschen erinnert an eine auf dem Kopf stehende Eistüte, nach oben hin schmaler.)

Die vielleicht folgenschwerste Auswirkung hatte der aufrechte Gang allerdings auf das Blutgefäßsystem im Gehirn. Dean Falk hat dazu die *Kühlertheorie* der Hirnevolution entwickelt, die sie mir einmal im Camp in Galili erklärt hat.

»Wenn du aufrecht gehst«, so Dean, »wirkt sich die Schwerkraft auf das Blutgefäßsystem anders aus als bei einem Vierbeiner. Dass sich die Druckverhältnisse ändern, spürt man ja auch, wenn man morgens zu schnell aus dem Bett steigt«.

»Es wird einem schwarz vor Augen«, sage ich.

»Die Evolution reagierte darauf, indem sie ein neues Venensystem hervorbrachte, und zwar ein *komplexes Gefäßsystem* an der Halswirbelsäule. Nur unter dieser Bedingung konnte das Gehirn größer werden.«

»Und dieses komplexe Gefäßsystem ist nur eine Reaktion auf die veränderte Schwerkraft infolge des aufrechten Gangs?«, frage ich.

»Genau, aber als sich unsere Vorfahren in die Savanne hinauswagten, kam die Hitze dazu. Du kennst ja Peter Wheeler und seine Hypothese: Durch den aufrechten Gang, den Verlust des Körperhaars und die Entwicklung der Schweißdrüsen bleibt der Körper kühl. Aber was ist mit dem Gehirn? Wie wird unser Gehirn gekühlt?«

»Über dieses komplexe Gefäßsystem«, vermute ich.

Dean schüttelt den Kopf und lacht: »Nicht ganz. Wahrscheinlich habe ich genauso einen roten Kopf wie du. Was denkst du, wie heiß es jetzt ist?«

Ich weiß nicht, wie *ich* jetzt aussehe, aber es ist fast Mittag und Deans Gesicht ist von der Hitze knallrot.

»Ich schätze, dass es 40 °C sind, hier in der Sonne sogar mehr.«

»Das hätte ich auch geschätzt«, antwortet Dean. »Wenn wir zwei das Gefäßsystem eines Vormenschen wie Lucy hätten, wären wir längst an einem Hitzekollaps gestorben. Denn mit diesem Blutgefäßkomplex konnten Hominiden nur ein Gehirn kühl halten, dass höchstens 600 Kubikzentimeter aufwies. Sobald aber der Mensch auftritt, können wir viele kleine Venen erkennen, die aus dem Schädelinneren an die Kopfaußenseite treten und unser Gehirn kühlen.«

»Wie bitte?«, sage ich erstaunt. »Diese Venen transportieren das Blut aus dem Schädelinneren nach außen, wie sollen die dann mein Gehirn kühlen?«

»Das ist ja der Trick des Menschen!«, ruft Dean begeistert aus. »Wenn es zu heiß wird, dreht sich die Fließrichtung um. So wie jetzt: Dein rotes Gesicht sagt mir, dass dein Körper durch Schwitzen Verdunstungskälte an der Kopfhaut erzeugt. Durch die Umkehrung der Fließrichtung kommt so gekühltes venöses Blut ins Gehirn. Ist das nicht eine geniale Erfindung?«

Ich nicke: »Wirklich genial.«

Natürlich hatte ich das irgendwann einmal in Deans Buch *Braindance* gelesen, aber erst als ich in der glühend heißen Mittagssonne Äthiopiens sitze, nur wenige Kilometer von Lucys

Fundstelle entfernt, wird mir der Sinn einer ordentlichen Kühlung bewusst.

»Und was ist mit Lucy?«, frage ich ungläubig. »Sie wäre hier tot umgefallen?«

»Natürlich nicht, ihr Gehirn maß ja nicht einmal 500 Kubikzentimeter, daher brauchte sie dieses moderne Kühlsystem nicht. *Deines* wiegt wahrscheinlich dreimal soviel.«

Wie gesagt: Diese Kopfhautvenen mit integriertem Umkehrfluss sind nicht der Grund, dass Menschen ein großes Gehirn haben, sondern sie haben es dem Menschen erst *ermöglicht*, ein großes Gehirn zu entwickeln. Ohne dieses Kühlsystem hätte sich einfach kein großes Gehirn über 600 Kubikzentimeter entwickeln können.

11

Die Hirngröße ist seit jeher das zentrale Thema der Anthropologie, denn der Mensch wird buchstäblich über sein Hirnvolumen definiert. Um das zu verstehen, sollten wir einen Blick auf die Anfänge der modernen Anthropologie werfen, als sich ein Jahrzehnte dauernder Streit abzeichnete zwischen dem unbekannten südafrikanischen Anatomen Raymond Dart und dem einflussreichsten Anatomen seiner Zeit, dem britischen Forscher Sir Arthur Keith. Ein Kampf zwischen David und Goliath, in dem es um das Wesen des Menschseins ging. Unmittelbarer Stein des Anstoßes war der fossilierte Schädel eines 2 Millionen Jahre alten Kindes. Ins Rollen gebracht hatte den Stein eine Studentin namens Josephine Salmons.

Die Aufmerksamkeit der zweiundzwanzigjährigen Josephine, die im Jahr 1924 mit ihren Eltern im Hause des Direktors der südafrikanischen Northern Lime Company zum Abendessen eingeladen war, wurde durch den Schädel einer ausgestorbenen Pavianart gefesselt, der verstaubt auf dem Kaminsims lag. Wie sie erfuhr, hatten Arbeiter den vollkommen erhaltenen Affenschädel nach Sprengarbeiten im Kalksteinbruch von Taung gefunden, einem Städtchen in der Nähe von Johannesburg. Josephine, die damals an der University of the Witwatersrand Biologie studierte, wusste vom unbändigen Interesse ihres Anatomieprofessors Raymond

Dart an Fossilien und bat ihren Gastgeber, jenem den Affenschädel zeigen zu dürfen. Als Dart am folgenden Tag das Fossil zu Gesicht bekam, war er davon so begeistert, dass er alle Hebel in Bewegung setzte, um weitere in Taung ausgebuddelte Fossilien in sein Büro geliefert zu bekommen. Und so sendete ihm Michelle de Bruyn, der Vorarbeiter des Steinbruchs, regelmäßig ein oder zwei Kisten voll mit Fossilien. In seiner Biografie *Adventures with the Missing Link* erinnert sich Dart, dass er Mitte Oktober an seinem Bürofenster stand und beobachtete, wie zwei Männer in der Uniform der South African Railway mühsam 2 Holzkisten ins Haus schleppten. »Nachdem ich den Deckel (der einen Kiste) abgenommen hatte, durchfloss mich eine Welle der Erregung. Zuoberst auf dem Gestein lag eindeutig ein (fossiler) Schädelabdruck. Selbst wenn es nur der fossile Hirnabdruck irgendeines Menschenaffen gewesen wäre, würde es sich um einen großartigen Fund handeln. (…) Doch mit einem einzigen Blick war mir klar, dass das, was ich in meinen Händen hielt, kein gewöhnliches Hirn eines Anthropoiden war. (…) Während ich noch da stand wie ein Geizkragen, der sein Gold voll Gier liebkost, schoss mir ein Gedanke von enormer Tragweite durch den Kopf: Ich war mir absolut sicher, einen der bedeutendsten Funde in der Geschichte der Anthropologie gemacht zu haben.«

Dart hatte keinerlei Ausbildung als Paläontologe und keine Erfahrung im Präparieren von Fossilien; so brauchte er mehr als 2 Monate, um die fossilen Knochen mit Hammer und Meißel von der harten Kalksteinkruste zu befreien. Am 23. Dezember des Jahres 1924 war es schließlich so weit: Er blickte in das fossile Antlitz eines Kindes. »Ich glaube, kaum ein Vater war je so stolz auf seinen Sprössling, wie ich es an jenem Weihnachtsabend auf mein *Taung-Baby* war«, erinnerte sich Dart in seiner etwa 3 Jahrzehnte später veröffentlichten Biografie noch immer voll Stolz.

Der fossile Schädel, den Dart nun in seinen Händen hielt, war kaum größer als der eines Pudels und einem solchen nicht unähnlich, bedingt durch die leicht vorspringende Mundpartie. Das Kind von Taung hatte aber auch zahlreiche menschliche Merkmale: eine hohe, runde Stirn, ausgeprägte Wangenknochen, Zähne, wie sie für Menschen typisch sind, nicht aber für Schimpansen und Gorillas, und vor allem ein tief liegendes großes Hinterhauptsloch – das ist jene Schädelöffnung, durch die das Rückenmark in den Schädel eintritt und in das Gehirn übergeht. Dieses *Foramen magnum,* wie es Anatomen bezeichnen, ist beim aufrecht gehenden Menschen gleichsam in die Tiefe gerutscht, auf die Unterseite des Schädels, sodass der Kopf auf der Wirbelsäule aufliegt. Bei vierbeinigen Tieren hingegen liegt das Hinterhauptsloch weiter hinten und der Kopf muss – wie bei einer Hängebrücke – durch starke Muskelstränge gehalten werden. Für die Anthropologen der damaligen Zeit – meist waren es Paläontologen, Anatomen und andere Naturkundler – war jedoch die Hirngröße des Taung-Kindes Anlass für einen zwei Jahrzehnte dauernden heftigen Streit: Dart berechnete anhand des Schädels für das Kind von Taung ein Hirnvolumen von 405 Kubikzentimeter, ausgewachsen hätte es 440 Kubikzentimeter erreicht. Im Vergleich zu Schimpansen, die durchschnittlich 380 Kubikzentimeter Hirnvolumen aufweisen, war das viel; für moderne Menschen mit rund 1400 Kubikzentimeter war es denkbar wenig. Mehr als 400 Kubikzentimeter Hirnvolumen sagten Raymond Dart, dass *sein Kind* ein Wesen war, dass bereits den Weg zum Menschentum beschritten hatte, noch dazu *aufrechten Hauptes,* wie ihm das tief liegende Hinterhauptsloch deutlich zeigte. Dart war daher überzeugt, dass *sein Kind* ein Hominide war und kein Menschenaffe wie Gorilla oder Schimpanse. Dennoch wagte er nicht, das Fossil als *Menschen* zu bezeichnen – und es zur Gattung *Homo* zu zählen.

Angespornt von seinem Erfolg, hatte sich Dart zunehmend zu einer Kämpfernatur entwickelt, und sicherlich wusste er, dass die Zahl seiner akademischen Feinde nicht kleiner würde, wenn er das Kind von Taung in den Rang einer neuen Gattung erhob. Er nannte es *Australopithecus africanus.*

Der Name ist aus dem lateinischen Wort für Süden (*australis*) und dem griechischen Wort für Affe (*pithekos*) zusammengesetzt und bedeutet demnach: der *südliche Affe aus Afrika.* Genau genommen war diese Namensgebung eine Frechheit, denn Dart bezeichnete damit diesen Australopithecus als *missing link* – ein Affront von Mister Nobody gegen die ganze damalige wissenschaftliche Elite. Der Mittelpunkt der anthropologischen Wissenschaften war in jenen Jahren das traditionsreiche England, sein leuchtender Stern trug den Namen Sir Arthur Keith, und um ihn herum kreisten einige sehr bedeutende Planeten wie die Anatomen Sir Arthur Woodward und Sir Elliot Smith. Raymond Dart war im Vergleich dazu, um im Bild zu bleiben, nicht einmal ein Mond, er war höchstens eine Sternschnuppe, die mit ihren befremdlichen Ideen im fernen Südafrika ihren eigenen Niedergang initiierte.

Das *missing link* war das von dem großen Naturforscher Charles Darwin geforderte Verbindungsglied zwischen dem primitiven Affen einerseits und dem hoch entwickelten Menschen andererseits. Eine Art evolutionäres Übergangsexemplar – nicht mehr Affe und noch nicht Mensch. Doch der Schönheitsfehler des Kindes von Taung lag darin, dass es das Beißwerkzeug eines Menschen hatte und das kleine Hirn eines Affen – also genau das umgekehrte Evolutionsmuster. Pech für Dart, den die Ablehnung der damaligen wissenschaftlichen Welt traf, indem Sir Arthur Keith das Kind von Taung als Schimpansen bezeichnete.

Schon Charles Darwin hatte in seinem im Jahr 1871 publizierten Werk *Die Abstammung des Menschen* darauf hingewiesen, dass der Mensch »eher auf dem afrikanischen Kontinent entstanden ist als anderswo«. Doch selbst 50 Jahre nach Darwin war die wissenschaftliche Elite Europas nicht bereit, diese Möglichkeit auch nur in Betracht zu ziehen. Die Evolution des Menschen auf dem »rückständigen« Schwarzen Kontinent war für sie kein Thema. Fairerweise sei erwähnt, dass England mit dem Piltdown-Menschen damals sein eigenes *missing link* hatte, das im Jahr 1912 in einer Kiesgrube nahe dem Dorf Piltdown im Süden des Königreiches entdeckt worden war. Der Piltdown-Mensch entsprach genau den Erwartungen an das *missing link:* ein großes Gehirn in einer Affengestalt, und nicht umgekehrt. (Erst 41 Jahre später sollte sich herausstellen, dass der Piltdown-Mensch ein von Fälschern zusammengestoppeltes Exemplar mit dem Unterkiefer eines Orang-Utans und dem Schädelknochen eines modernen Menschen war.)

Im Jahr 1931 trat Raymond Dart mit dem Schiff die lange Reise von Südafrika nach England an, um auf einem in London abgehaltenen anthropologischen Kongress noch einmal seine vehementesten Widersacher zu überzeugen. Doch wieder blitzte er ab.

»Der Mensch ist, was er ist, wegen seines Gehirns«, brachte es Sir Arthur Keith vor versammeltem Auditorium auf den Punkt. »Das Problem der menschlichen Evolution ist ein Problem der Hirnevolution.«

Und das Gehirn des Kindes von Taung war eindeutig zu klein, als dass es auf der Hominiden-Bank hätte Platz nehmen dürfen. Nach dieser Niederlage ging Dart mit Kollegen ins nächste Pub und schickte seine Frau Dora mit dem in Zeitungspapier gewickelten Taung-Baby ins Hotel zurück.

Unklar bleibt, ob es Rache war, weil sie von ihrem Mann wie ein kleines Mädchen nach Hause geschickt worden war, oder ob die Frau schlichtweg schusselig war, jedenfalls ließ sie den Australopithecus-Schädel auf der Rückbank des Taxis liegen. Der Fahrer, der das Bündel die ganze Nacht herumchauffierte und es schließlich am nächsten Morgen auf der Rückbank entdeckte, vermutete sofort einen Kindesmord und brachte die vermeintlichen Reste des Leichnams zur Polizei. Dart hatte aber bereits eine Verlustanzeige aufgegeben, sodass der »Mordfall« schnell geklärt werden konnte. Heute erzählt Phillip Tobias – Schüler und einer der Nachfolger Darts – diese Anekdote gerne im kleinen Kreis. Doch 1931 stellte dieser Vorfall für Darts Reputation eine Katastrophe dar. Er reiste unverrichteter Dinge nach Südafrika ab, im Gepäck eine wissenschaftliche Niederlage und ein Gefühl von Demütigung. Zurück in Johannesburg verschloss er sein »Taung-Baby« 2 Jahrzehnte lang in einem Schrank in seinem Büro. 5 Jahre nach diesem denkwürdigen Kongress ließ er sich von seiner Frau Dora scheiden – seine Widersacher munkelten, dass er ihr den Vorfall in dem Londoner Taxi nie verziehen habe.

Es sollte ein Vierteljahrhundert vergehen, bis Darts Schlussfolgerungen, dass *Australopithecus* ein früher Ahne in der Stammlinie des Menschen ist, vollends akzeptiert waren. Und noch einige Jahre mehr brauchte es, bis unsere eigene Gattung in Erscheinung trat: Im Januar 1964 stellten Louis Leakey, Phillip Tobias und John Napier der Fachwelt in einem Artikel des Wissenschaftsjournals *Nature* »eine neue Spezies der Gattung *Homo* von der Olduvaischlucht« vor. Damit war auch ein für allemal klar, dass Afrika und nicht Europa oder Asien die Wiege der Menschheit ist. Die in dem Journal beschriebene Art war rund 1,8 Millionen Jahre alt, bestand aus 14 Zähnen und 2 Dutzend Knochen. Phillip Tobias berechnete die Schädelkapazität mit 680 Kubikzentimeter; und das war zugleich eine gute Nachricht wie eine schlechte. Die gute: 680 Kubikzentimeter waren um die Hälfte mehr, als die südafrikanischen Vormenschen aufzuweisen hatten. Die schlechte: Sir Arthur Keith hatte das Mindestmaß für das Hirnvolumen von *Homo* – wohlklingend als »cerebraler Rubikon« bezeichnet – mit 700 bis 800 Kubikzentimeter festgelegt. Damit war per definitionem klar gewesen, dass ein Hominide, der weniger als 700 Kubikzentimeter Hirnvolumen aufwies, kein Mensch sein konnte. Louis Leakey, einen ungehobelten Haudegen, kümmerte das wenig. Gemeinsam mit Tobias und Napier zapfte er den Rubikon an und senkte den Pegel auf 600 Kubikzentimeter Hirnvolumen ab. Ihren Fund aus der Olduvaischlucht bezeichneten sie als *Homo habilis* – als »geschickten Menschen«.

12

Was macht also diesen Typus *Homo* aus? Was ist ein *Mensch*? Vor einigen Jahren moderierte ich eine Tagung, auf der berühmte Wissenschaftler aus dem Gebiet der Hirnevolution referierten. Einer von ihnen war Phillip Tobias – inzwischen der Doyen der Anthropologie. Wenn der Achtzigjährige über *seine* Fossilien spricht, leuchten seine Augen wie die eines Lausbuben.

»Bis vor 3 Millionen Jahren sehen wir kaum einen Unterschied zwischen dem Gehirn eines großen Menschenaffen und dem eines Vormenschen«, erklärt Tobias. »Erst vor 2,5 Millionen Jahren können wir den Beginn der cerebralen Explosion erkennen. Betrachten wir einfach unser eigenes Gehirn: Es ist dreimal größer als das eines Schimpansen, unser Körper ist aber nicht dreimal so groß. Ich denke, damals, vor 2,5 Millionen Jahren, begann unser Gehirn, *menschlich* zu werden.«

»Ist es das *Gehirn*, das uns Menschen zum Menschen macht?«, frage ich.

»Ja, das große Gehirn ist unser Gütesiegel. Es ist ganz plötzlich vor 2,5 Millionen Jahren mit *Homo habilis* da. Sein Gehirn war um 50 Prozent größer als das der Vormenschen.«[*]

---

[*] Diese Sichtweise ist nicht unumstritten. So weist der Wiener Anthropologe Gerhard Weber – der sozusagen Spezialist für die Innenansicht von Vormenschen-Schädeln ist – darauf hin, dass bereits das Gehirn von Vormenschen um bis zu 50 Prozent größer war als das von Schimpansen. Wahrscheinlich hatte also die Hirnexpansion schon ihren Lauf genommen, bevor die Gattung Homo in Erscheinung trat. Wichtig für uns ist, dass es vor 3 bis 2 Millionen Jahren ein Zweig aus dem »Stammbusch« der Vormenschen geschafft hat, sich in Richtung Mensch zu entwickeln. Außerdem scheinen auch schon Vormenschen primitive Werkzeuge verwendet zu haben, wie ein Fund aus Äthiopien zeigt.

»Aber es geht doch nicht nur um Quantität, unser Gehirn hat sich doch auch qualitativ verändert«, sage ich.

»Natürlich. Ich habe im Jahr 1973 an einem versteinerten Hirnabdruck von *Homo habilis*, einem so genannten *Endocast*, das Broca-Sprachzentrum und das Wernicke-Sprachzentrum entdeckt. Als ich diese Abdrücke sah, war ich unbeschreiblich überrascht, dass vor über 2 Millionen Jahren *Homo habilis* diese Strukturen aufwies.«

»Und was bedeutet das Ihrer Meinung nach? Verfügte *Homo habilis* bereits vor 2,5 Millionen Jahren über Sprache?«

»Ja!«, ruft Tobias aus und beginnt zu singen: »Lalalala … der Ursprung der Sprache ist ja ein sehr umstrittenes Forschungsgebiet. Ich kenne Wissenschaftler, die behaupten, dass Sprache aus dem Singen entstanden ist – ich habe da so meine Zweifel, wenn ich einen Pavarotti höre.«

»Sie glauben wirklich, dass *Homo habilis* vor 2,5 Millionen Jahren schon sprechen konnte so wie wir?«, frage ich nach.

»Vielleicht nicht wie wir – ich weiß nicht, wie sich die Anfänge der Sprache angehört haben. Jedenfalls betrachte ich diese Sprachzentren als deutlichen Hinweis darauf, dass sich diese ›tierischen Hominiden‹ weiterentwickelt haben zu ›menschlichen Hominiden‹. Es war Sprache, die uns fund Rituale ermöglichte.«

»Und warum kam es dazu?«

»Diese Entwicklung setzte zu einer Zeit ein, als das Überleben in Afrika sehr schwierig wurde. Es kam damals zu großen geologischen Veränderungen entlang des Rift Valley im Osten bis in den Süden Afrikas. Das Klima wurde kühler und trockener, die Vegetation veränderte sich«, erklärt Tobias.

Schon wieder das Klima, denke ich.

»Die unmittelbare Ursache war immer die klimatische Veränderung, die zu ökologischen Veränderungen führte. In der Folge starben viele Pflanzenarten aus, und neue Arten entwickelten sich. Ganz ähnlich erging es der Tierwelt; damals entstanden jene Tiere, die wir heute aus Afrika kennen. Und genau zu dieser Zeit erscheint – ich möchte fast sagen *plötzlich* – der Mensch (*Homo*) auf der Erde. Er war die erste Kreatur, die ein großes Gehirn hatte, die erste Kreatur mit Anzeichen für Sprache, die erste Kreatur, die Werkzeuge verwendete. Vergessen wir nicht, dass die ältesten Steinwerkzeuge 2,5 Millionen Jahre alt sind und mit *Homo habilis* auftreten.«

13

Bis zum Jahr 1984 wussten Anthropologen über Vormenschen mehr als über unsere eigene Gattung *Homo*. Am einen Ende des Fossilienspektrums tummelten sich Lucy und etliche andere Vormenschen, vor allem aus Äthiopien und Südafrika; am anderen Ende gab es so viele Knochen von Neandertalern und modernen Menschen in den Museen, dass Forscher genügend Material hatten, um darüber zu streiten, ob beide einer Art oder zwei Arten angehörten. Dazwischen lagen 2 Millionen Jahre und ein paar umstrittene Knochen.

Diese Lage änderte sich im August 1984. Kamoya Kimeu, Vorarbeiter von Richard Leakeys Team, stapfte durch die staubige, steinige Gegend am westlichen Ufer des Turkanasees im Norden Kenias, erschöpft und frustriert, weil er und sein Team seit 2 Wochen nichts gefunden hatten. Auf einem kleinen Hügel, um den ein Profi wie er üblicherweise einen Bogen macht, entdeckte Kimeu inmitten schwarzer Lavasteine ein Stück eines Schädelknochens. In den folgenden Monaten und Jahren holten Kimeu, Richard Leakey und der amerikanische Anthropologe Alan Walker das vollständigste bis dato gefundene Skelett eines *Homo erectus-Urmenschen* aus dem Boden. Für Anthropologen spielt dieser Fund etwa jene Rolle wie für Archäologen die Mumie von Ramses II. – man kann ihn einfach nicht genug würdigen.

In ihrer Biografie über den *Turkana-Jungen,* wie das Skelett in Anthropologenkreisen genannt wird, schreiben Alan Walker und Pat Shipman:

> »Im August 1988 war unser Junge erstaunlich komplett, ein Jugendlicher, der etwa 12 oder 13 Jahre alt gewesen sein mochte, (…) und dessen permanente Eckzähne drauf und dran waren durchzubrechen. Aber er starb zuvor, mit dem Gesicht nach unten lag er im Wasser des Teiches, der Kadaver von Hippos in den Schlamm gestampft, die Knochen von Welsen angeknabbert. Außer den Händen und Füßen, einigen Wirbeln und den zerbrechlichen Rippen war alles da – konserviert im Gestein, nur für uns.«[9]

Dass dieser Turkana-Junge irgendeine Art *Mensch* ist, sieht jeder.

Lucy dagegen würden die meisten Laien, ohne auch nur einen Moment zu zögern, sicherlich den Schimpansen zuordnen. Bei *Homo habilis* sind sich selbst Anthropologen nicht einig, ob das nun bereits ein Mensch ist, wie Phillip Tobias glaubt, oder noch ein Vormensch. Beim Turkana-Jungen käme niemand auf den Gedanken, diese Frage überhaupt anzuschneiden.

Was macht also diesen Jungen, der vor 1,6 Millionen Jahren durch den Osten Afrikas marschierte, so menschlich? Auf den ersten Blick seine Größe: Der Turkana-Junge war eine Bohnenstange, langgliedrig und dünn, sein ganzer Körper an die trockene Hitze angepasst – genau wie heute die Massai, Turkana und Nuba. Als Erwachsener hätte er eine Größe von 1,80 Metern erreicht, und mit seinen schmalen Hüften hätte er vermutlich jede Olympiade im Schnellgehen gewonnen. Er hatte sein Haarkleid verloren und Schweißdrüsen entwickelt, um seinen dunkelbraunen Körper durch Verdunstungskälte kühlen zu können. Und ein Merkmal, das ihn – zumindest oberflächlich betrachtet – im Vergleich zu all seinen Vorläufern menschlich aussehen ließ, war seine Nase. Der Turkana-Junge hatte zum ersten Mal in der Geschichte der Hominiden eine vorspringende, menschenartige Nase![10]

Vielleicht sitzen Sie jetzt zu Hause zurückgelehnt in einem bequemen Sofa und lächeln amüsiert vor sich hin: eine Nase, wie schön! Ob es wohl ein Stupsnäschen war wie das von Claudia Schiffer? Oder ein Kolben wie der von Karl Malden?

Natürlich geht es dabei nicht um Schönheit oder persönliche Vorlieben. Wie Alan Walker und Pat Shipman einleuchtend darlegen, wurde durch diese neue Form »ein größeres Volumen eingeatmeter Luft an den Nasenschleimhäuten befeuchtet, bevor sie in die Lunge gelangte«. Und umgekehrt – beim Ausatmen absorbierten die Schleimhäute die Feuchtigkeit. Die beiden Autoren folgern daraus, dass der Turkana-Junge auch während der heißesten Tageszeit auf Nahrungssuche gehen konnte. Er gewann so nicht nur Zeit im Vergleich zu Vormenschen und anderen Affen, welche die heiße Tageszeit im Schatten verbringen mussten, sondern er entging damit auch noch den Raubkatzen, die ja aus demselben Grund den Tag über im Schatten dösen.

Was du nicht sagst, lieber Alan, habe ich mir lange Zeit gedacht – bis ich selbst in Äthiopien war.

14

Der Februar zählt in Galili zur kühlen Jahreszeit. Gegen Mittag erreicht die Temperatur bis zu 50 °C bei nur 10 Prozent Luftfeuchtigkeit, und ich trinke in kurzer Zeit 3 Liter Wasser, manchmal auch mehr, ohne auch nur einmal pinkeln gehen zu müssen. Hier verdunsten die Schweißtropfen, noch bevor sie die Hautporen verlassen haben. Und das in der *kühlen* Jahreszeit! Du meine Güte, wie übersteht die Bevölkerung hier bloß die heiße Zeit des Jahres?

Wenn wir in dieser Hitze nach Fossilien suchen, träumen die beiden Paläontologen Olli und Ottmar manchmal laut von Schokoladen-Eis und Erdbeer-Eis. Gerhard wäre ein kaltes Bier lieber. Und irgendwer schreit: »Hört sofort mit dem Blödsinn auf!« Sicher, wir *firenji,* wir Europäer, sind verweichlicht. Die hier lebenden Afar- und Somali-Nomaden müssen schließlich auch oft den ganzen Tag ohne Wasser auskommen. Es ist auch nicht so, dass diese Wüstenbewohner irgendwelche physiologischen Anpassungen an die Hitze hätten und wir Europäer und Amerikaner nicht – nein: Menschen sind Menschen, egal, wo wir geboren sind, wir haben alle die gleiche biologische Ausstattung. Wenn aber die Hitze derart drückt, dass schon nach dem zweiten oder dritten Atemzug die Kehle vor Trockenheit schmerzt, dann beginnt man automatisch durch die Nase zu atmen, um die Luft anzufeuchten. Alan Walkers Vorstellung, dass der gesamte Körperbau des Turkana-Junge an die glühende afrikanische Hitze angepasst war, erscheint hier in Galili zwingend.

Einmal, als wir eine Pause einlegen und uns, im Sand sitzend, einen Schluck Wasser genehmigen, frage ich den Anthropologen Horst Seidler, ob er gerne den Turkana-Jungen treffen würde.

»Ich meine nicht das Skelett, sondern einen lebenden *Homo erectus!*«

Horst verdreht die Augen und lacht: »Nein, sicher nicht! Der muss unheimlich stark gewesen sein.«

»Wie würden Menschen reagieren, wenn so ein Urmensch in Anzug und Krawatte in der U-Bahn säße«, frage ich, »laut aufschreien und davonstürmen, oder würde es niemand merken?«

Horst überlegt kurz und streicht sich dabei mit der Hand über die Glatze: »Vom Intellekt her könnte er in einer modernen Gesellschaft bestimmt nicht überleben, dazu war sein Gehirn zu klein, als Erwachsener hätte er 900 Kubikzentimeter Hirnvolumen gehabt. Wahrscheinlich wäre er in unserer heutigen Welt desorientiert, und wir würden ihn in eine Klinik für geistig Behinderte sperren.«

Immerhin, denke ich. *Lucy wäre noch im Zoo gelandet.*

15

Mit dem Klima ist wirklich nicht zu spaßen. Vor 2 Millionen Jahren dehnte sich aufgrund einer neuerlichen Klimaerwärmung der Lebensraum des Urmenschen weit nach Norden aus, und der Urmensch verließ zum ersten Mal Afrika. Wahrscheinlich sollte man eher sagen: Er folgte seiner »ökologischen Nische«, oder einfacher gesagt: Er marschierte seiner Nahrung hinterher. Sicher ist, dass *Homo erectus* (der aufrecht gehende Mensch) bereits vor 1,75 Millionen Jahren über die Arabische Halbinsel bis nach Georgien vorgedrungen war und entlang der Küstenlinie bis nach Indonesien.

Manche Anthropologen stellen diese Ausbreitung dar, als wäre das eine intellektuelle Meisterleistung: *Homo erectus,* der Wunderknabe! Als hätte ein spätpubertärer Urmenschen-Junge seinen Dik-Dik-Lederbeutel gepackt und zu seiner Mutter gesagt:»Mama, ich wandere jetzt aus!« Aber man kann die Ausbreitung auch anders beschreiben, wie schon ein einfaches Rechenbeispiel zeigt: Veranschlagen wir eine Generation mit 20 Lebensjahren. Beginnend vor 2 Millionen Jahren, zieht jeder Urmensch im Laufe seines gesamten Lebens lediglich um einen einzigen Kilometer nach Norden, spätere Generationen folgen jeweils der Küstenlinie nach Osten und nach Süden. Demnach erreicht unser Globetrotter Java vor 1,8 Millionen Jahren. Passt perfekt! Würde nach unserer Berechnung jeder Urmensch 5 Kilometer von seinem Geburtsort entfernt sterben, was mir nicht zu viel erscheint, so hätte *Homo erectus* die Kaukasus-Republik Georgien schon nach 25 000 Jahren erreicht und Indonesien nach 50 000 Jahren. (Das liegt im Streuungsbereich der Datierungsmethoden.) Was ich damit sagen will: Entfernungen spielen bei diesen enormen Zeiträumen einfach keine Rolle, dazu braucht man weder Grips noch dicke Fußsohlen.

Die körperliche Leistungsfähigkeit dieses Weltenbummlers ist damit abgesteckt. Aber zu welchen geistigen Großtaten war *Homo erectus* fähig? Warum diese Frage so schwierig zu beantworten ist, zeigt ein Blick auf die Zahlen: Das Hirnvolumen von *Homo erectus* war mit bis zu 1000 Kubikzentimetern doppelt so groß wie das eines Vormenschen – eine ganze Menge also. Andererseits hat heute bereits ein einjähriges Babys so ein großes Gehirn – was nicht gerade dafür spricht, dass dieser Typ ein geistiger Überflieger war. Reichte diese Hirngröße aus, dass der Urmensch über Sprache verfügte? Viele Anthropologen meinen *ja* – zumindest über eine einfache Art von Sprache, eine *Protosprache*.

Als Alan Walker und seine Kollegen Mitte der achtziger Jahre das Skelett des Turkana-Jungen entdeckten, war er sicher, dass dieser clevere Junge sprechen konnte, oder genauer: über *Sprache* verfügte. Denn auf der Schädelinnenseite erkannte der Anthropologe Abdrücke der beiden Sprachzentren unseres Gehirns, des Broca-Areals und des Wernicke-Areals.

Das war nicht weiter verwunderlich. Erinnern wir uns, dass schon Phillip Tobias beim möglichen Vorgänger dieses Urmenschen (dem *Homo habilis*) die Sprachzentren entdeckt haben will.

Vermutlich wurde kein anderes Skelett je so intensiv durchleuchtet wie das des Turkana-Jungen. Ganze Heerscharen von Anatomen, Radiologen, Pathologen, Physiologen, Neurologen, Zytologen und Genetikern machten sich über den Jungen her, als gälte es, ihn wieder zum Leben zu erwecken. Doch am Ende musste sich Walker eingestehen, dass der Junge nicht sprechen konnte. In seinem 1996 erschienen Buch *The Wisdom of Bones* klingt das wie eine persönliche Niederlage:

> »*Da war also dieser Junge, groß, schwarz, dünn und muskulös, hervorragend an seine Umwelt angepasst. (...) Im Laufe der Jahre, die vergangen waren, seit Richard, Kamoya und ich zum ersten Mal seine Knochen ausgegraben hatten, bildete ich mir ein, dass ich den Jungen immer besser kennen gelernt habe, dass ich ihn verstand, dass ich sozusagen in seiner eigenen Sprache mit ihm sprechen konnte. Ich gewöhnte mich an sein Aussehen; seine Gesichtszüge wurden mir so vertraut wie die eines Familienmitglieds oder eines alten Freundes. (...) Doch als ich ihm ganz nahe kam, mich sozusagen geistig vorbereitete, ihm endlich die Hand zu schütteln, da drehte er sich plötzlich zu mir um und starrte mich an. In seinen Augen sah ich nicht*

*die erwartungsvolle Reserviertheit eines Fremden, sondern
das tödlich Unbekannte, das ich aus den schwarzgelben
Augen eines Löwen kannte. Er mag unser Vorfahre gewesen sein, aber in diesem Körper gab es nichts dergleichen
wie menschliches Bewusstsein. Er war keiner von uns.«*[11]

16

Auf den Turkana-Jungen folgt ein dunkler Zeitraum von etwa
1 Million Jahren, aus dem man kaum etwas weiß. Die wenigen
Funde, die existieren, deuten darauf hin, dass sich *Homo erectus*
während dieser Zeit kaum verändert hat. Erst vor etwa 500 000
Jahren erscheint ein neuer Menschentypus auf der Weltbühne, der
sich so weit gewandelt hat, dass ihn Anthropologen einer neuen
Art zurechnen. Manche sprechen vom *archaischen Homo sapiens*,
andere vom *Homo heidelbergensis* (nach dem Fundort bei Heidel-
berg). Das Interessante an diesem archaischen Menschen ist erstens sein Hirnvolumen: Mit 1200 Kubikzentimetern liegt es nämlich schon nahe am heutigen Durchschnitt. (Dieser liegt bei 1350
Kubikzentimetern, bei einer Schwankungsbreite von 1000 bis 2000
Kubikzentimetern.) Mehr noch, sein Denkapparat scheint genauso
gebaut zu sein wie der unsrige: Stirnlappen, Scheitellappen, Schläfenlappen, Hinterhauptslappen haben mit ziemlicher Sicherheit
die gleiche relative Größe wie jene eines modernen Gehirns.[12] Der
zweite, ebenso interessante Aspekt ist, dass dieser archaische
Mensch auch einen »kulturellen Evolutionssprung« hinter sich gebracht hat.

17

*Die Jäger sind kaum zu sehen, als sie im Morgengrauen
entlang des Seeufers im hohen Gras auf ihre Beute warten.
Von Norden her weht ein rauer Wind, und obwohl es erst
Ende August ist, ist es bitterkalt. Ihren vom Leben in der
Natur geschärften Sinnen entgeht kein Laut, keine Bewe-
gung. Die Vorsicht ist nicht unbegründet, schließlich gibt es*

hier Hyänen und Löwen, und immer wieder fällt jemand diesen Raubtieren zum Opfer. Dann ist ein leises Wiehern in der Ferne zu hören. Die Blicke der Jäger treffen sich – sie haben nicht umsonst gewartet; sie richten ihre Oberkörper auf, die Hände greifen nach den Speeren. Das nächste Schnauben klingt schon näher. Minuten verstreichen.

Die Wildpferde sind vorsichtig. Wasserstellen sind Orte des Todes: Löwen, Tiger, Menschen und andere Raubtiere lauern hier. Die Pferde stehen unruhig beieinander, ganz eng, die Nüstern in die Höhe gestreckt, die Ohren zucken nervös.

Die Jäger verharren regungslos in ihrer Deckung, sie sind aufs Äußerste angespannt. Endlich hören sie die Entwarnung: ein leises Schnauben der Leitstute. Sie trottet zum See, die anderen Pferde folgen ihr, und kurz darauf senkt die ganze Herde die Köpfe zum Wasser. In diesem Augenblick brechen die Jäger aus ihrem Versteck hervor und schleudern ihre Speere mit lautem Gebrüll auf die Tiere. Panik macht sich unter den Pferden breit, sie stieben auseinander, weg vom Wasser, direkt auf die Jäger zu, von deren Speeren sie tödlich getroffen werden.

Nach dem Gemetzel liegen Schwaden von Angstschweiß und Blutgeruch über der morgendlichen Uferlandschaft. Als die Sonne den Horizont erreicht, haben die Jäger 20 Pferde erlegt. *

400 000 Jahre später stehe ich im Keller des Niedersächsischen Landesamtes für Denkmalpflege. Hartmut Thieme erzählt diese Geschichte gerne. So oder so ähnlich muss die Jagd mit Speeren damals abgelaufen sein. Er öffnet eine 3 Meter lange Metallkiste, die mit destilliertem Wasser gefüllt ist, und nimmt vorsichtig einen Speer heraus. Die Beschreibung durch seinen Entdecker lautet: »Etwa 2,30 Meter lang, 4 Zentimeter im Durchmesser, die Spitze haarnadelscharf und auf mehr als 60 Zentimeter gleichmäßig fein bearbeitet.« Er rattert diese Fakten herunter wie jemand, der sie schon tausend Mal wiederholt hat; trotzdem liegt in seiner Stimme

---

* Diese 400 000 Jahre alte Jagdszene ist natürlich nur eine Fiktion. Allerdings läuft in vergleichbarer Weise eine Jagd bei heutigen Jäger-und-Sammler-Völkern ab. Im Unterschied zu Urmenschen verwenden moderne Menschen bei Ansitzjagden aber nicht nur Wurfspeere, sondern auch Pfeil und Bogen.

Bewunderung. »Von den Maßen her entspricht das einem modernen Wettkampfspeer – das ist unglaublich, nicht?«

Ich bitte Thieme, den Speer berühren zu dürfen – wissend, dass Forscher derartige Funde behandeln wie eine Reliquie. Er bedeutet mir, Latex-Handschuhe anzuziehen, und legt den Speer vorsichtig auf meine Handflächen. Es ist unvorstellbar, aber diese Steinzeitwaffe sieht tatsächlich aus, als wäre sie erst vor einigen Monaten hergestellt und in einem Wald, irgendwo im Harzvorland, vergessen worden. Was für eine merkwürdige Vorstellung: Vor 400 000 Jahren schnitzte ein *Ur*-Mensch diese Waffe, und jetzt liegt sie in meinen Händen. Meine Gedanken kreisen immer wieder um diese Zahl: *400 000 Jahre* – ein unvorstellbarer Zeitraum. Plötzlich fühle ich mich zu dem Urmenschen hingezogen, würde gerne wissen, wie er ausgesehen hat. Konnte er sprechen, beherrschte er das Feuer, lebte er im Familienverband und in einer festen Unterkunft? Es sind sonderbare Gedanken, die mir durch den Kopf gehen und ein eigenartiges Gefühl in mir hervorrufen.

Vor einigen Jahren ließ Hartmut Thieme den Speer originalgetreu aus einem Fichtenstämmchen nachbauen. Zwei junge Leichtathleten schleuderten diese Nachbildungen auf Anhieb 78 Meter weit. Der Sportwissenschaftler Hermann Rieder schrieb damals beeindruckt: Mit diesem Speer »hätten internationale Spitzenwerfer bei den Weltmeisterschaften der Leichtathleten in Sevilla 2000 Weltmeister werden können«.[13]

Diese Speere sind für die Wissenschaft aus zweierlei Gründen interessant. Zum einen belegen sie, wie weit Urmenschen damals bereits nach Norden vorgedrungen waren. Schöningen liegt auf halbem Weg zwischen Berlin und Hannover; vor 400 000 Jahren herrschte hier ein Klima wie heute in Skandinavien: eine Wald- und Wiesensteppe mit vielen Mooren prägte das Landschaftsbild. Zum anderen machen die Speere, aber auch die anderen Funde von Schöningen deutlich, wie gut die Menschen damals bereits ihre Umwelt beherrschten.

Schöningen ist, anders als der Name suggeriert, kein schöner Ort, sondern ein Braunkohleabbaugebiet von unüberschaubarem Ausmaß. In der riesigen Grube arbeitet ein monströser Stahlbagger, dessen drehende Schaufelräder mit jeder Umdrehung Kubikmeter um Kubikmeter Erde auf ein Fließband befördern.

Vor 10 Jahren hat ein Grabungsarbeiter hier das erste Wurfholz entdeckt: 78 Zentimeter lang, leicht gebogen, an beiden Enden zugespitzt, ein Wurfholz, wie es australische Aborigines für die Vogeljagd verwenden. Sein Kommentar: »Schau mal, ein Stück Holz.«

Und Thieme war sofort wie elektrisiert. »Holz verrottet ja üblicherweise, das hält nicht 400 000 Jahre; außerdem war deutlich zu sehen, dass der Holzstab bearbeitet war«, erinnert sich der Prähistoriker. »Zu Beginn der Freilegungsarbeiten dachte ich, das ist eine Lanze, mein Gott, eine 400 000 Jahre alte Stoßlanze. Stellen Sie sich das nur vor! Aber eine Weile später, als wir den Fund freigelegt hatten, wurde mir klar: ›Das ist keine Lanze. Das ist ein Wurfstab!‹«

Doch die Entdeckung seines Lebens machte Thieme ein Jahr später, als er ab August 1995 nacheinander drei wunderschön erhaltene Holzspeere aus dem Boden holte.

»Anfangs dachte ich immer nur: ›Das gibt's doch gar nicht! Das ist ja nicht möglich!‹«, erinnert sich Thieme.

Der Grund für sein ungläubiges Staunen war mehr als berechtigt. Denn 400 000 Jahre alte »Fernwaffen« aus Holz waren für die Wissenschaft um mehrere 100 000 Jahre zu alt. Ein Alter von 50 000 Jahren wäre noch durchgegangen und hätte einen Freudentaumel in der wissenschaftlichen Gemeinschaft ausgelöst. Vielleicht auch 100 000 Jahre. Aber alles darüber Hinausgehende musste einfach Zweifel auslösen. Ich erinnere mich, dass ich damals – selbst von Thiemes Artikel im Wissenschaftsjournal *Nature* wie elektrisiert – auf einer Party einem experimentellen Archäologen davon erzählte, und dieser lächelte mich mitleidig an, als wollte ich ernsthaft behaupten, *Ötzi*, die 5 300 Jahre alte Eismumie, wäre an einer Überdosis Viagra gestorben.

Warum also ließen diese Speere den Prähistoriker Hartmut Thieme staunen und einen Großteil der Fachwelt zweifeln?

»In der Archäologie existiert, genau wie in modernen Kriegen, eine technologische Hierarchie«, schrieb vor einigen Jahren Joann C. Gutin.[14] Genau wie heutige Maschinenpistolen im Vergleich zu Vorderladern eine technische Verbesserung darstellen, so stechen Wurfspeere auf einer niedrigeren technologischen Ebene Stoßlanzen aus. Und die älteste Stoßlanze ist gerade mal 120 000 Jahre alt – und stammt zufällig ebenfalls aus Niedersachsen.

Traditionell setzen Archäologen Werkzeuge als materielles Symbol mit der geistigen Entwicklungsstufe ihrer Hersteller gleich. Mit anderen Worten: Werkzeuge spiegeln den IQ wider. Daraus ergibt sich die folgende Vorstellung: *Vormenschen* = *kleines Gehirn* ⇒ *keine Werkzeuge*. *Erste Menschen* = *größeres Gehirn* ⇒ *primitive Steinwerkzeuge*. *Urmenschen* = *noch größeres Gehirn* ⇒ *fortgeschrittene Steinwerkzeuge*. Die Blüte der Werkzeugkultur beginnt natürlich erst mit dem modernen Menschen vor 50 000 Jahren und mit dem Auftreten von Kunst. Diese Vorstellung von *mehr Gehirn* ⇒ *diffizilere Werkzeuge* ist so plakativ, dass sich viele Wissenschaftler davon regelrecht blenden lassen.

Doch wie sich in den vergangenen Jahren gezeigt hat, benutzten bereits die letzten Vormenschen vor 2,5 Millionen Jahren primitiv behauene Steinwerkzeuge. Natürlich ist auffällig, dass genau zu jener Zeit auch der erste Mensch (*Homo habilis*) auftaucht. Allerdings beginnt damit kein technologischer Wettlauf, so wie wir es heute gewohnt sind; die technologische Entwicklung damals gleicht vielmehr einem öden Dahintrotten. Mehr als 1 Million Jahre lang ändert sich an diesem Oldowan-Geröllwerkzeug praktisch nichts. Dabei sind diese Dinger so primitiv behauen, dass man als Laie große Schwierigkeiten hat, sie überhaupt als Werkzeug zu identifizieren.

Vor 1,5 Millionen Jahren treten fortschrittliche Faustkeile auf, die von Archäologen manchmal als die »Schweizermesser der Urzeit« bezeichnet werden. Diese Acheuléen-Faustkeile sind weitgehend mit dem Urmenschen *Homo erectus* assoziiert. Die dafür gängige Begründung lautet: Dieser Urmensch ist zu einem fähigen Jäger und Aasfresser geworden, der mit seinem »Schweizermesser« Tierkadaver öffnet und Arm-, Bein- und Schädelknochen zertrümmert, um an das fettreiche Mark und das Gehirn zu gelangen. (Die meisten dieser herzförmigen Faustkeile mögen ja tatsächlich als Allzweckwerkzeuge gedient haben; ich habe allerdings in dem kleinen, direkt an der Olduvaischlucht in Tansania gelegenen Museum Werkzeuge gesehen, die bestenfalls als Hinkelsteine durchgehen würden. Ich habe wirklich keine Ahnung, wozu die gut waren: um Elefantenschädel zu zerschmettern, um als Stelen zu dienen? Taschenmesserformat hatten diese Dinger jedenfalls nicht.) Allerdings bedeutete auch die Erfindung der Faustkeile vor 1,5 Millionen Jahren noch keinen technologischen Entwicklungssprung – gleichsam aus der finsteren Vorzeit in die graue Urzeit –, wie viele Anthropologen vermuten.

Bis vor kurzem herrschte unter Forschern die Meinung vor, der clevere *Homo erectus*-Urmensch habe eine neue Technologie (nämlich die Acheuléen-Faustkeile) erfunden und mit dieser im Gepäck neue Welten erobert. Doch diese Geschichte war zu schön, um der rauen Wirklichkeit standzuhalten. In den vergangenen Jahren entdeckte der georgische Anthropologe David Lordkipanidze zunächst Schädelknochen von Urmenschen, die ein unerwartet kleines Gehirn gehabt hatten, also nicht allzu clever waren, und die auch primitive Oldowan-Werkzeuge verwendet hatten. Anscheinend war der noch nicht allzu clevere Urmensch ausgewandert, *bevor* seine afrikanischen Brüder die Acheuléen-Werkzeugkultur erfanden.

Wenn man sich an diesen Gedanken gewöhnt hat, liegt darin eigentlich nichts Besonderes. Das für mich wirklich Erstaunliche ist, wie schon erwähnt, der ungeheure Zeitraum, der in der Menschheitsgeschichte verstreicht, ohne dass in technologischer Hinsicht Großartiges passiert. Obwohl die Gehirne der Hominiden langsam größer werden, bleiben die Faustkeile 1 Million Jahre lang fast unverändert. Aus heutiger Sicht ist man daher geneigt zu fragen: Was haben diese Kerle bloß 1 Million Jahre lang getrieben? *1 Million Jahre!* Stellen Sie sich nur diesen Zeitraum vor. Und das sollen *unsere* Vorfahren sein?

Ein echter Kultursprung ist für viele Prähistoriker erst vor 50 000 Jahren erkennbar. Unsere Urahnen legen plötzlich ein Ausmaß an Kreativität und Erfindungsreichtum an den Tag wie nie zuvor: Sie verarbeiten Muscheln zu feinem Schmuck, besiedeln Australien und Europa, bemalen Höhlenwände mit Tiersymbolen, kreieren Figurinen von atemberaubender Schönheit und entwickeln ein mörderisches Waffenarsenal, etwa Speerschleudern vor 18 000 Jahren und Pfeil und Bogen vor 11 000 Jahren. Diese so genannten *Cro-Magnon-Menschen* haben einen »ruhelosen Innovationsdrang«, wie der New Yorker Anthropologe Ian Tattersall meint, und zeigen einen ausgeprägten Sinn für Ästhetik und Harmonie.[15]

Vor diesem Hintergrund entdeckt also Hartmut Thieme insgesamt acht 400 000 Jahre alte Holzspeere inmitten abertausender Knochen und Skelettreste von mindestens 20 Wildpferden.

»Ich glaube, die Pferdereste stammen von einem einzigen Jagdzug auf eine Herde«, erklärt Thieme, der einen der Schädel neben den Speeren platziert hat. »Die Tiere und die Waffen lagen alle auf engstem Raum beieinander.«

»Was haben diese Menschen mit diesen Fleischbergen gemacht?«, frage ich.

»Vorratswirtschaft betrieben«, antwortet Thieme, ohne auch nur einen Moment zu zögern.

Noch vor ein paar Stunden hätte ich über eine solche Antwort gelacht: *Vorratswirtschaft vor 400 000 Jahren, ein Mann mit Humor.* Aber seit ich diese feinst bearbeiteten Speere selbst in Händen gehalten habe, bin ich bereit, vieles zu akzeptieren, was mir zuvor unmöglich schien – und ein paar Tage später wird die Fundstelle Bilzingsleben noch eins drauflegen.

»Was sollen sie sonst mit diesen Fleischbergen gemacht haben?«, gibt Thieme die Frage zurück, ohne freilich auf eine Antwort zu warten. »Wir haben hier einen Langknochen eines Wisents, das war ein Schneidbrett.«

Wieder beginnen sich Zweifel in mir zu regen: *Schneidbretter vor 400 000 Jahren?*

»Schauen Sie diese Schnittspuren hier … die sind jeweils gleichmäßig 15 Zentimeter lang. Ich möchte wetten, hierauf haben diese Menschen Felle oder Fleisch geschnitten.«

»Felle?«, wiederhole ich.

»Natürlich. Die mussten doch Kleidung und Abdeckungen für ihre Behausungen herstellen. Damals war es hier viel kühler. Und mal ehrlich: Wer will heute in Deutschland zwischen Oktober und März draußen *nackt* herumlaufen? Die müssen Kleidung gehabt haben.«

»Und was machten sie mit diesen riesigen Fleischmengen?«

»Ich nehme an, die wurden auf diesen Arbeitsunterlagen in Streifen geschnitten und dann an der Luft getrocknet, geräuchert, was auch immer. Diese Menschen nutzten ja bereits das Feuer.«

Die Nutzung von Feuer ist ein heikles Thema in der Anthropologie. Zwar behaupten einige Forscher, dass Urmenschen in Kenia bereits vor 1,4 Millionen Jahren die Flammen gebändigt hatten, aber der Großteil der Wissenschaftler meldet daran Zweifel an. So ging man bis vor kurzem davon aus, dass das Feuer erst vor 250 000 Jahren domestiziert war. Die von Thieme in Schöningen entdeckten drei Feuerstellen nahe dem trockengefallenen Seeufer wurden von der Wissenschaft bisher schlicht ignoriert.

»Ich glaube, wir unterschätzen diese Urmenschen gerne. Das waren bereits hochspezialisierte Jäger, die vorausschauend dachten und kooperativ handelten«, sagt Thieme, der meine Zweifel sieht. »Fahren Sie zum Kollegen Mania nach Bilzingsleben. Dort bekommen Sie ein lebendiges Bild davon, wie diese Urmenschen gelebt haben.«

18

Bilzingsleben liegt in der Luftlinie 110 Kilometer von Schöningen entfernt, eingebettet zwischen dem Thüringer Wald im Süden und dem Harz im Norden. Schöningen und Bilzingsleben – zwei Bergbaugebiete, die 50 Jahre lang durch den Todesstreifen der DDR voneinander getrennt waren.

Dietrich Mania wohnt zusammen mit seiner Frau Ursula nahe am Zentrum von Jena. Die Wohnung ist dunkel, aber gemütlich; die Gastgeber empfangen mich warmherzig. Wohin man auch schaut, liegen Stöße von Papier, die Regale biegen sich unter Büchern, neben dem Lichtmikroskop am Schreibtisch liegen Säckchen voller Muschel- und Schneckengehäuse, dahinter Knochen und die Gipsabdrücke der beiden Urmenschen-Schädel, die Mania in Bilzingsleben gefunden hat.

Bilzingsleben ist nur wenigen Menschen ein Begriff; wie sollte es auch anders sein, wird doch der Fundort selbst von Prähistorikern nahezu ignoriert, vor allem von den tonangebenden Angloamerikanern. Auf dem Weg hierher habe ich darüber spekuliert, woran das liegt. Immerhin haben die Manias seit dem Jahr 1969 mehr als 5 Tonnen teils sensationelles archäologisches Material aus dem karstigen Boden geholt: Weil Bilzingsleben jenseits des Eisernen Vorhangs lag und diese Grenze auch die Gehirne der Wissenschaftler entzweite? War Dietrich Mania kein Wissenschaftsmanager westlichen Stils? Oder traute man den Interpretationen des Forschers aus der DDR nicht über den Weg? 400000 Jahre alte Speere? – Unmöglich. Hüttenumrisse? – Sozialistische Propaganda. Feuerstellen? – Unglaubwürdig. Arbeitsplatten aus behauenem Stein, Amboss und Meißel aus Elfenbein, Werkzeuge aus Geweih? – Unsinn. Diese Forscher aus der DDR mit ihren illustren Vorstellungen konnte wirklich niemand ernst nehmen. Artefakte wie diese waren höchstens 50000 Jahre alt – das wusste doch jeder.

Es war Hartmut Thieme, der schließlich mit den perfekt erhaltenen Holzspeeren aus dem 110 Kilometer entfernten Schöningen den Beweis lieferte, dass der Urmensch tatsächlich vor 400000 Jahren schon Jagdspeere benutzte. Und die Feuerstellen, die Thieme am Pferdeschlachtplatz entdeckt hatte, ließen auch jene von Bilzingsleben in einem neuen Licht erscheinen.

Die letzten bestehenden Zweifel, dass der Urmensch bereits das Feuer beherrschte, wurden übrigens vor kurzem durch israelische Archäologen beseitigt. Diese Forscher belegten, dass im Nahen Osten bereits vor 790 000 Jahren »die Herde qualmten«.[16]

»Und diese Menschen lebten tatsächlich schon in Hütten?«, frage ich Mania.

Wahrscheinlich nehmen die meisten Prähistoriker dem Forscher diesen Punkt am meisten krumm. In Höhlen zu leben, nun gut – irgendwo musste man ja im Winter Schutz vor der Kälte suchen. Aber regelrechte »Wohnbauten«? Die dafür notwendigen Fähigkeiten, die Planungsvermögen und vorausschauendes Denken erfordern, trauen bis heute nur wenige dem Urmenschen zu.

Mania holt einen Plan hervor. »Zunächst zeige ich Ihnen hier am Lageplan, wo diese Wohneinheiten standen. Sie kennen bestimmt das Karstgebiet im ehemaligen Jugoslawien, so ähnlich ist auch diese Landschaft hier entstanden: Wenn das Wasser aus dem Karst an die Oberfläche tritt, entweicht die Kohlensäure und umgibt alles mit Kalk.«

»Das erinnert mich an die Plitwitzer Seen in Kroatien«, sage ich.

»Ja, das kann man schon vergleichen, so ähnlich hat es hier auch ausgesehen. Hier …«, Mania zeigt auf eine kleine Anhöhe, »… war eine stark kalkhaltige Karstquelle, von wo das Wasser über Kaskaden zu diesem kleinen See floss. Das Lager lag direkt am See auf einer Landzunge; es war also von drei Seiten durch das Wasser gegen Raubtiere geschützt. Damals gab es in dieser Gegend ja riesige Hyänen und Löwen.«

In diesem Lager wurden über einen langen Zeitraum hinweg Tiere geschlachtet und zerlegt. Das Fleisch, so Mania, wurde mit heißen Steinen im Wasser gedünstet, die Knochen auf eine Abfallhalde geworfen. Wer schon einmal in der Serengeti auf Zeltsafari war, weiß, dass Hyänen keinerlei Hemmungen haben, auf der Suche nach Futter in Touristencamps herumzustöbern. Man würde also erwarten, in Bilzingsleben auf den weggeworfenen Knochen Verbissspuren von Raubtieren zu finden.

»Nein.« Mania schüttelt den Kopf. »Offensichtlich fürchteten die Tiere schon damals den Menschen, vielleicht lag es auch am Feuer, das hier loderte.« Er deutet mit dem Finger auf eine ovale und zwei kreisförmige Gebilde auf seinem Lageplan. »Das sind die Hütten, eins, zwei, drei – direkt am See auf dieser Landzunge gelegen. Die Eingänge sind nach Südosten ausgerichtet, also vom Wind abgewandt, und davor befinden sich die Feuerplätze. Dort haben wir Holzkohle gefunden und einen 80 Zentimeter langen verkohlten Baumstamm. Also eindeutig ein Lagerfeuer.«

Natürlich sind die Hütten selbst nicht erhalten geblieben. Wie bei vielen archäologischen Funden ist heute nur noch der Grundriss zu erkennen. Der Urzeitmensch hatte an ihre Außenwände Felsbrocken gelehnt sowie schwere Knochenteile von Elefanten und Nashörnern. Diese Strukturen blieben erhalten.

»Diese Hütten haben vermutlich ausgesehen wie jene von Buschleuten im südlichen Afrika«, ergänzt Mania. »Kleine kuppelförmige Behausungen, die mit Häuten oder Gräsern bedeckt waren.«

Ich kann meine Verwunderung kaum verbergen. Was der Prähistoriker hier »auftischt«, widerspricht so ziemlich allem, was man aus Lehrbüchern kennt. Gleichwohl ist in den vergangenen Jahren vielen Forschern klar geworden, dass man diese Urmenschen lange Zeit unterschätzt hat. So kennt man von den Golanhöhen eine 280 000 Jahre alte Figur aus Sandstein; und der deutsche Archäologe Lutz Fiedler hat in Marokko eine 400 000 Jahre alte Venusfigur entdeckt, die nach dem Fundort Tan-Tan benannt ist. In Archäologenkreisen ist jedoch umstritten, ob diese Figurinen nicht eher Zufallsprodukte sind, Ergebnisse natürlicher Abnutzung. Anders stellt sich die Sachlage in Bilzingsleben dar. Mania hat gravierte Elefantenknochen entdeckt, die regelmäßige, von Menschenhand ausgeführte Strichfolgen in Siebenergruppen aufweisen. »Das können keine Gebrauchsspuren sein«, betont der Prähistoriker, »das zeugt von abstraktem Denken und symbolischem Verhalten – das ist Kunst«.

Lange Zeit konnte ich mir nicht vorstellen, wie Urmenschen mit ihren primitiven Waffen Elefanten gejagt haben sollen. Zufällig entdeckte ich auf dem Weg zu den Manias am Zeitungskiosk ein Magazin von *National Geographic*, dessen Titel mich elektrisierte: »Tansania: Die Barabaig – mit Speeren auf Elefantenjagd.«[17] Die Fotos in dem Magazin zeigen, wie eine Gruppe jugendlicher Barabaig – Viehhirten wie die Massai weiter im Norden – in Tansania Jagd auf einen jungen Elefanten macht, mit nichts anderem bewaffnet als mit Speeren.

»Es ist auch bei uns in Bilzingsleben so, dass drei Viertel der

Elefantenknochen von Kälbern stammen«, erklärt Mania und deutet auf die kleinen Stoßzähne auf dem Foto. »Ich nehme an, dass das weniger gefährlich war. Da er frisches Material nicht als Arbeitsunterlage verwenden konnte, holte der Urmensch die Knochen alter Tiere bestimmt von einem Elefantenfriedhof.«

Mania hat Reste von über 30 Elefanten im Lager gefunden, außerdem von Nashörnern, Hirschen, Bären und Löwen.

»Vegetarier waren diese Menschen sicher nicht.«

»Nein«, antwortet Mania, »sie organisierten schon regelrechte Großwildjagden, das haben Sie ja in Schöningen gesehen. Aber sie haben natürlich alles gegessen: Muscheln, Schnecken, riesige Welse, Eier von Wasservögeln; Pilze, Wildäpfel, Vogelkirschen, Larven, Honig, … alles, was sie in die Hände bekamen.«

»Was haben sie mit den Löwen gemacht?«, will ich wissen.

»*Umgelegt*«, antwortet Mania mit einem Schmunzeln. »Im Falle der Bären scheinen die Urmenschen vor allem an den Fellen interessiert gewesen zu sein, weniger am Fleisch. Wenn sie die Tiere erlegt hatten, nahmen sie nur die Felle mit den Pranken und Schädeln mit; wir finden kaum andere Skelettteile im Lager.«

»Und die Bärenfelle«, frage ich, »was wurde damit gemacht?«

»Kleidung, Decken …?«

Viele Prähistoriker werden jetzt vermutlich zusammenzucken: *Kleidung vor 400 000 Jahren?* Aber Mania hat keinen Zweifel, dass die Urmenschen von Bilzingsleben bereits Kleidung trugen. Hartmut Thiemes Frage kommt mir in den Sinn: *Möchten Sie im Winter hier draußen nackt umherlaufen?* Mania zeigt auf einen Feuerstein, so groß wie eine Zündholzschachtel, daran eine fein bearbeitete Spitze.

»Wenn das Gerät 40 000 Jahre alt wäre, würde niemand daran zweifeln, dass man mit dieser Ahle Löcher in Felle und Häute gestochen hat«, erklärt er. »Wir haben bei den Arbeitsplätzen vor den Hütten zig solcher Ahlen gefunden.«

Das Wort *Arbeitsplatz* wirkt im Zusammenhang mit wilden Urzeitmenschen anachronistisch. Mit Sicherheit war dieser archaische Mensch jedoch nicht mehr so wild, wie viele Anthropologen glauben. Die Hinterlassenschaften in Bilzingsleben lassen keinen Zweifel daran zu, dass sich am Ufer des ehemaligen Sees sowie vor den Hütten Arbeitsplätze befunden haben. So fanden beispielsweise Muschelkalkplatten und bis zu 40 Kilogramm schwere Quarzitblöcke, die aus mehreren Kilometern Entfernung herangeschleppt worden waren, als Ambosse Verwendung; Schulterblätter und Beckenknochen von Elefanten und Nashörnern dienten als Schneidbretter. Der Haken daran ist, dass Prähistoriker viele dieser Geräte erst 350000 Jahre später erwarten.

»Sehen Sie sich das doch an«, sagt Mania, der meinen skeptischen Blick auffängt. »Diese Werkzeuge liegen bei den Arbeitsplätzen gehäuft herum. Fast alle stammen von Elefantenknochen; die Gelenke wurden auf diesen Ambossen gezielt abgeschlagen und die Mittelteile speziell zu Meißeln, Schabern und Hobeln verarbeitet. Das sind immer wiederkehrende Muster – so etwas entsteht nicht zufällig.«

Wie clever diese Urmenschen auch waren, sie waren gleichwohl »Auslaufmodelle« – zumindest die meisten. Aber einige entwickelten sich weiter, passten sich neuen Umständen an, veränderten sich. Und irgendwann sind für Anthropologen – rückblickend – neue Menschenarten erkennbar. Sie heißen dann Neandertaler und moderner Mensch.

19

Kein anderer Urmensch hat soviel Zwist unter den Gelehrten ausgelöst wie der *Neandertaler*. Dies ist nicht weiter verwunderlich, schließlich war der Neandertaler das erste Fossil, in dem man einen von uns verschiedenen Menschentypus erkannte.

Man schrieb das Jahr 1856, als Arbeiter in einem Kalksteinbruch 13 Kilometer östlich von Düsseldorf zahlreiche »Bärenknochen« entdeckten. Der Besitzer des Steinbruchs wusste um das Interesse des Dorflehrers Johann Carl Fuhlrott an Fossilien und lud den Naturforscher ein, die Knochen des Höhlenbären zu begutachten. Fuhlrott war augenblicklich klar, dass es sich bei den Rippen, Arm- und Beinknochen um die Skelettteile eines Menschen handelte; das flache Schädeldach mit den riesigen Knochenwülsten über den Augen fand er jedoch recht befremdlich. Dem Steinbruchbesitzer, der nach dieser Einschätzung sofort an einen Mordfall dachte, versicherte Fuhlrott: »Glauben Sie mir, dieses Skelett ist so alt, das ist kein Fall für die Gendarmerie. Aber lassen Sie mich zunächst einmal überprüfen, ob ich mit meiner Meinung nicht fehlgehe.«[18] In weiser Voraussicht wandte sich Fuhlrott an den jungen Bonner Anatomen Herrmann Schaffhausen, der in seinen Schriften bereits über die Veränderlichkeit der Arten berichtet hatte. Als dieser das lange, flache Schädeldach mit den kräftigen Wülsten über den Augenhöhlen in den Händen hielt, stellte er mit nachdenklichem Gesichtsausdruck fest, dass das der robusteste Menschenschädel sei, den er jemals gesehen habe. Nach eingehendem Studium stellten Schaffhausen und Fuhlrott im Jahr 1857 der Fachwelt ihre Entdeckung vor. Dabei kamen sie zu dem Schluss, dass die Knochen zu einem Vertreter eines Ureinwohnerstammes gehörten, der Deutschland vor der Ankunft der Vorfahren des modernen Menschen bewohnt hatte.[19]

Damals, 3 Jahre bevor Charles Darwin sein epochales Werk *Über den Ursprung der Arten* veröffentlichte, lag der Gedanke von einer langsamen Evolution der Lebewesen zwar schon in der Luft, aber die Vorstellung, dass auch der Mensch einen primitiven Vorläufer haben sollte, bewegte sich für die meisten Zeitgenossen jenseits jeder Vorstellungskraft. So gelangte Schaffhausens Institutskollege F. J. C. Mayer zu der viel zitierten Überzeugung, dass die Knochen zu einem kosakischen Reiter gehörten, der im Jahr 1814 die fliehenden napoleonischen Truppen verfolgt habe. (Was für eine Logik! Kein Schwert, keine Uniform, kein Pferd, nichts – aber ein Kosake!) Und der einflussreiche Berliner Pathologe Rudolf Virchow brachte den Neandertaler beinahe ein zweites Mal unter die Erde, indem er feststellte, bei den anatomischen Besonderheiten des Skelettes handele es sich um pathologische Missbildungen eines modernen Menschen.

In den folgenden Jahren verlagerte sich die Diskussion um die Existenz von Urmenschen nach Frankreich und vor allem ins weltoffenere England, wo Charles Darwin inzwischen mit der Veröffentlichung seines Buches *Über den Ursprung der Arten* eine lautstarke Debatte ausgelöst hatte. Dementsprechend war es auch kein deutscher Wissenschaftler, der im Jahr 1863 die Bezeichnung *Homo neanderthalensis* prägte, sondern der irische Geologe William King.*

---

* Der Düsseldorfer Prediger Joachim Neander widmete sich im 17. Jahrhundert in der Abgeschiedenheit der so genannten Hundsklipp häufig der Komposition von Kirchenliedern. Neander steht griechisch für Neumann, wie der Familienname ursprünglich lautete, lässt sich aber auch mit *neuer Mensch* übersetzen. Dem Komponisten zu Ehren wurde Mitte des 19. Jahrhunderts die Hundklipp-Schlucht umbenannt in »Neanderthal«, wo einige Jahre später die Steinbrucharbeiter die Knochen entdeckten.

Bis zu Beginn des 20. Jahrhunderts hatten Anthropologen in halb Europa Skelette von Neandertalern ans Tageslicht gefördert, in Gibraltar, Belgien, Kroatien, Frankreich, und die Existenz von Urmenschen war bald nicht mehr zu leugnen.

Das Bild, das man lange Zeit vom Neandertaler hatte, war wenig schmeichelhaft. Im 19. Jahrhundert glichen diese Menschen in Darstellungen manchmal aufrecht gehenden Ziegen; danach wurde ihr Äußeres etwas menschlicher gestaltet, sie blieben aber nach wie vor die dreckigen, brutalen, rohen, unzivilisierten Kraftprotze. Und ich möchte wetten, wenn *Sie* heute in die Situation kämen, auf einen Neandertaler zu treffen, würden Sie Ihren Freunden genau das Gleiche erzählen, nämlich was für ein dreckiger, brutaler, roher, unzivilisierter Mensch das war.

Bis in die achtziger Jahre des 20. Jahrhunderts waren fast alle Anthropologen überzeugt, dass der Neandertaler das europäische Zwischenglied des *Homo erectus* auf dem Weg zum modernen Menschen darstellte. Ähnliche Übergangsformen gab es auch in Asien, wo sie je nach Fundort als »Peking-Mensch« und »Java-Mensch« bezeichnet wurden. Von Anthropologen wurde dieses Szenario als *multiregionale Hypothese* bezeichnet. Nach dieser multiregionalen Hypothese entwickelten sich aus dem *Homo erectus* über Zwischenformen die jeweiligen »Rassen« der heutigen Menschheit: Afrikaner, Asiaten, Aborigines und Europäer. Gerade in den deutschsprachigen Ländern hatte man mit dieser Sichtweise, wonach die menschliche Art aus Rassen bestehen sollte, allerdings ein erhebliches ideologisches Problem, weil die Anthropologie das vermeintlich wissenschaftliche Fundament für die Verbrechen der NS-Zeit geliefert hatte. Und ich vermute, dass dies ein wesentlicher Grund ist, warum die anthropologischen Wissenschaften bis heute in Deutschland und Österreich kaum eine Rolle spielen.

Ein Skeptiker dieser multiregionalen Hypothese war der Hamburger Humanbiologe Günter Bräuer, der im Jahr 1982 das *Out-of-Africa-Modell* entwarf. Nach dieser Vorstellung entstand der moderne Mensch in Afrika und eroberte von hier aus die Welt. Aber hie und da, so Bräuer, kam es im Zuge dieser Ausbreitung zu einer Vermischung des modernen Menschen mit der regionalen archaischen Bevölkerung. Auf den Punkt gebracht: Wir sind alle Nachfahren von Afrikanern, plus einem »Schuss« archaischer Gene.

Diese Ansicht wurde 5 Jahre später von dem Genetiker-Trio Allan Wilson, Rebecca Cann und Mark Stoneking gestützt, die in einem Artikel im Wissenschaftsmagazin *Nature* berichteten, der moderne Mensch sei nach molekularbiologischen Untersuchungen vor rund 200 000 Jahren in Afrika entstanden. Viele Anthropologen, zumal deutschsprachige, begrüßten diese Ergebnisse mit Erleichterung, da diese Daten zu belegen schienen, dass alle Menschen die gleiche genetische Ausstattung haben und dass es somit keine »Rassen« gibt. Allan Wilson posaunte in diesem Zusammenhang übermütig hinaus, dass er den Ursprung der Menschheit bis zu einer einzigen Frau zurückverfolgen könne. Und die Medien tauften diese Urmutter schnell *Afrikanische Eva*. (Dieser Mythos, den Wilson selbst in die Welt gesetzt hat, ist bis heute weit verbreitet. In Wahrheit, und das war dem Trio damals durchaus bewusst, mussten es wohl viele Evas gewesen sein, vermutlich ein paar tausend Frauen.)

In Bezug auf den Neandertaler bedeutete dies, dass er keiner von uns ist – ein ferner Verwandter, wenn man so will, aber kein unmittelbarer Vorfahre und erst recht kein Bruder.

Was wurde dann aus dem Neandertaler? Sicher ist, dass sich seine Spuren vor 27 000 Jahren im Süden Europas verlieren. Hinsichtlich der Gründe werden 3 Thesen diskutiert beziehungsweise, was der Realität näher kommt, es wird heftig darüber gestritten.

These 1: Der Neandertaler war im Verlauf der Evolution eine Zwischenstation auf dem Weg vom *Homo erectus* zum *Homo sapiens,* und die Europäer sind damit die Nachkommen des Neandertalers. These 2: Der aus Afrika stammende moderne Mensch hat sich mit dem Neandertaler gelegentlich vermischt, und einige seiner Gene leben in uns Europäern weiter. These 3: Der Neandertaler starb sang- und klanglos aus – wie der Dodo auf Mauritius, der Moa auf Neuseeland und der Riesenhirsch, das Wollnashorn und das Mammut in Eurasien.

Von diesen 3 Thesen können wir die erste abhaken: Dass die heutigen Europäer die unmittelbaren Nachfahren des Neandertalers sind, wie es das multiregionale Modell behauptet, wird heute kaum noch ernstlich vertreten. Im aktuell geführten Streit geht es um These 2 und 3: Hat der aus Afrika kommende moderne Mensch sich mit dem Neandertaler vermischt, und leben dessen Gene in uns Europäern weiter? Oder starb der Neandertaler auf Nimmerwiedersehen aus? Mit anderen Worten: Sind wir Cousins und Cousinen x-ten Grades, oder war der Neandertaler eine fremde Spezies, mit der wir genetisch nichts zu tun haben?

Tatsächlich bleibt diese Frage ungeklärt. Genetiker, welche die Erbsubstanz des Neandertalers untersucht haben, schließen nicht aus, dass es hier und da zu einer Vermischung kam. Und der Hamburger Humanbiologe Günter Bräuer, der Urheber des Out-of-Africa-Modells, ist von diesem »Genfluss« sogar überzeugt.

Bedeutet das, dass wir doch Gene von Neandertalern in uns tragen? Nicht unbedingt. Sicher erinnern Sie sich noch an die im Biologieunterricht gebräuchliche Eselsbrücke: *Alles, was sich schart und paart, ist eine Art.* Wenn nun Neandertaler und moderner Mensch seit mehreren hunderttausend Jahren zwei unterschiedliche Arten waren, könnte man erwarten, dass sie entweder keine Kinder miteinander bekommen konnten oder diese unfruchtbar waren, genau wie Maultiere, selbst wenn es zu Fortpflanzungsversuchen kam. Aber auch darauf hat die Wissenschaft keine endgültige Antwort zu bieten. Das Match ist jedenfalls noch nicht entschieden.

20

Die Nachricht, die das Wissenschaftsjournal *Nature* im Juni 2003 auf der Titelseite veröffentlichte, schlug in der Fachwelt ein wie eine Bombe. Das Team um den amerikanischen Anthropologen Tim White habe in Äthiopien 3 Schädel von *Homo sapiens* entdeckt und auf ein Alter von 160 000 Jahren datiert, so hieß es darin.[20] Und im Konkurrenzblatt *Science* schrieb Ann Gibbons, die frühesten modernen Menschen hätten nun ein Gesicht bekommen. »Diese Vorfahren waren Afrikaner, mit großen Gehirnen, grobem Aussehen und einer Vorliebe für Nilpferd- und Büffelfleisch.«[21]

Diese so genannten *Herto-Menschen* füllen eine wichtige Lücke in der Zeit vor 200 000 bis 130 000 Jahren, da es aus diesem Zeitraum bislang nur wenige Skelettfunde gab, und wie wir uns erinnern, ist der anatomisch moderne Mensch (nach Befunden der Genetik) genau in diesem Zeitraum in Afrika entstanden.

Aus früherer Zeit gibt es mehrere Funde, die das Auftauchen des modernen Menschen ankündigen: vom Turkana-See in Kenia den 270 000 Jahre alten *Ileret-Schädel*, aus Laetoli in Tansania einen ähnlich alten Schädel und weitere, gerade noch nicht moderne

Skelettfunde, die aus Südafrika und Marokko stammen. Das bis dahin älteste Fossil eines wirklich modernen Menschen war mit etwa 150000 Jahren *Omo-Kibish*, ein Skelett aus dem südlichen Äthiopien. Mit 120000 Jahren etwas jünger datiert sind Knochenfunde aus den Klasies-River-Mouth-Höhlen in Südafrika. Außerhalb Afrikas tritt der moderne Mensch zum ersten Mal vor etwa 100000 Jahren in Israel in Erscheinung, wie Fossilien aus den Höhlen von Skuhl und Qafzeh demonstrieren.

»Die Modernisierung geschah langsam und schrittweise und führte vor etwas über 100000 Jahren zum vollständig modernen Menschen in Afrika«, sagt der Humanbiologe Günter Bräuer. So früh trat der moderne Mensch nirgends sonst auf der Welt auf.

Wir können also festhalten, dass die 160000 Jahre alten Fossilien des Herto-Menschen aus der richtigen Zeit und vom richtigen Ort stammen.

Wie haben diese Menschen vor 200000 Jahren bis 100000 Jahren nun ausgesehen? Der moderne Mensch unterschied sich vom Neandertaler durch seinen zierlicheren Körperbau: Er war langgliedrig und großgewachsen – im Erscheinungsbild an das heiße tropische Klima angepasst. Dass er von dunkler Hautfarbe war, steht daher auch außer Zweifel. Der Schädel hatte eine vergleichsweise hohe Stirn, der kurze Unterkiefer wies erstmals ein Kinn auf. Mit einem Hirnvolumen von 1400 bis 1500 Kubikzentimetern lagen die eingangs erwähnten Schädel in der heutigen Variationsbreite. Den Körperbau des 160000 Jahre alten Herto-Mannes charakterisierte Tim White als den eines Rugby-Spielers mit den Worten: »Den hätten Sie bestimmt gerne in Ihrem Rugby-Team gehabt.«[22]

Es ist immer wieder Afrika, das wie »eine Evolutionsschleuder« eine Menschenart nach der anderen hervorbringt: *Homo habilis,* *Homo erectus,* den archaischen *Homo sapiens* und den modernen *Homo sapiens.* Dieser Gedanke fasziniert mich nach wie vor, obwohl die Gründe dafür in groben Zügen geklärt scheinen. Geologische Kräfte formen Gebirge. Im Osten Afrikas entsteht ein riesiger Graben mit Feuer speienden Vulkanen. Das Klima verändert sich; zunächst passt sich die Vegetation an, beinahe im Gleichschritt die Tierwelt. Einige Menschenaffen lernen, aufrecht zu gehen; anatomische und physiologische Veränderungen ermöglichen ein größeres Gehirn, und die ökologischen Bedingungen fördern das große Gehirn. Dieser Denkapparat wird irgendwann zu einer Art »Selbstläufer«, der sich selbst mit immer mehr Energie versorgt: Energie, die ihrerseits wiederum ein noch größeres Gehirn erlaubt.

Natürlich kann man jetzt fragen: Warum gerade Afrika, warum nicht Australien?

Ich muss gestehen, dass ich diese Frage in der Vergangenheit selbst oft gestellt habe. Aber Wissenschaftler mögen diese Art von Fragen überhaupt nicht: Warum hier und nicht dort? *Es ist eben so,* antworten sie – auch wenn es nicht gerade einfallsreich ist. Letztendlich verbirgt sich hinter dieser Frage die pure menschliche Eitelkeit: *Warum sind nur wir Menschen so genial und warum nicht auch andere Tiere?* Hätten Kängurus so ein großes Gehirn entwickelt wie wir, würden diese sich vermutlich mit einem Stoßseufzer fragen: Warum sind wir tollen Beuteltiere gerade in Australien entstanden?

Sie sehen schon: Die Frage, warum der Mensch in Afrika entstanden ist, ist keine gute Frage. Die wissenschaftliche Antwort lautet: Die ökologischen Rahmenbedingungen waren eben so. Aber das gilt genauso für Elefanten, Rothirsche, Beutelwölfe, Singdrosseln, Gelbbauch-Unken, Fruchtfliegen – nur zerbrechen sich diese Tiere nicht ihren Kopf darüber.

In den vergangenen Jahren hat sich die These, dass der moderne Mensch aus Afrika stammt und von dort aus die Welt eroberte, immer stärker zu einem Faktum verdichtet.

»99,9 Prozent der Gene aller Menschen sind genau gleich. Überlegen Sie einmal, was das bedeutet«, sagte mir einmal der Genetiker Svante Pääbo, Direktor des Max-Planck-Instituts für Evolutionäre Anthropologie in Leipzig. »Die Gene von Afrikanern, Europäern, Asiaten und australischen Aborigines gleichen einander bis auf 0,1 Prozent; und dieser winzige Rest von 0,1 Prozent bezieht sich auf Äußerlichkeiten – auf die Hautfarbe, die Haarstruktur, ob man als Erwachsener Milch verdauen kann, wie die meisten Europäer, oder nicht, wie der Großteil der Menschheit. Doch die restlichen 99,9 Prozent sind identisch. Daher kann ein Deutscher mit einem Chinesen genetisch näher verwandt sein als zwei Leipziger untereinander.«

»Und warum sind alle Menschen genetisch so ähnlich?«, fragte ich.

»Irgendwann müssen unsere Ahnen durch einen *Flaschenhals*

gegangen sein«, antwortete Pääbo. »Anders ist diese Ähnlichkeit nicht zu erklären.«

10000 Individuen, kaum mehr, bildeten die kleine Stammpopulation, aus der sich die heutige Menschheit entwickelt hat; höchstwahrscheinlich in Afrika; vermutlich vor 200000 Jahren bis 50000 Jahren;[23] vielleicht die Herto-Menschen.

Wie kommen Wissenschaftler überhaupt zu solchen Schlussfolgerungen? Pääbos Antwort darauf lautet: »Wir haben die größte genetische Variation in Afrika; außerhalb sind es nur Unter-Variationen. Alle Variationen, die wir außerhalb finden, finden wir auch in Afrika … plus einige andere. Die Erklärung dafür kann nur sein, dass der Mensch in Afrika entstanden ist und ein Teil dieser Variation die Welt besiedelt hat. Wir sind also alle Afrikaner: Entweder leben wir in Afrika, oder wir leben im rezenten Exil. Rezent meint etwa 100000 Jahre.«[24]

Über den Nahen Osten – der in den vergangenen 2 Millionen Jahren immer wieder das Sprungbrett war, das Tier und Mensch nutzten, um neue Lebensräume zu erobern – schritt die Besiedelung der Welt weiter voran, und vor 50000 Jahren hatte der moderne Mensch Australien erreicht. »Vermutlich führte der Weg über die Küstenlinie: Arabien, Indien, Südost-Asien«, erläutert Pääbos Kollege Mark Stoneking. (Er war im Jahr 1987 einer jener kalifornischen Rebellen, die mit ihrer Afrikanische-Eva-Hypothese die Anthropologie aufgemischt haben.) Vor rund 40000 Jahren, vielleicht etwas später, wurde Europa durch den modernen Menschen besiedelt und in den folgenden Jahrtausenden der Norden und Osten Asiens. Die Eroberung Amerikas erfolgte laut Molekularbiologie vor ungefähr 25000 bis 12000 Jahren. Archäologen gehen von einer Besiedelung Sibiriens über die Beringstraße vor 12000 Jahren aus.

Mit der Eroberung der Welt vor rund 50000 Jahren sind zahlreiche kulturelle Innovationen verbunden. Dazu zählen feste Hütten, genähte Kleidung, neue Jagdwaffen und Geräte aus Knochen und Elfenbein, hinzu kommen Bestattungsrituale und Kunstwerke wie geschnitzte Figuren und Höhlenmalereien. Nach verbreiteter Auffassung treten diese so plötzlich auf, dass Wissenschaftler in diesem Kontext von der *Jungpaläolithischen Revolution* reden, die Träger dieser Kultur werden als *Cro Magnon Menschen* bezeichnet (vgl. S. 58).

Als aufmerksamer Leser werden sie jetzt vielleicht ausrufen:

»Stopp! Was ist mit Bilzingsleben? Diese Menschen hatten doch auch schon Hütten, Kleidung und Werkzeuge aus Knochen und Elfenbein!«

Da haben Sie Recht. Wenngleich ich an dieser Stelle in Erinnerung rufe, dass viele Prähistoriker das nicht so sehen. Fragen Sie mich nur nicht, warum! Es ist die berühmte Frage, ob man das Glas Wasser als halb voll oder als halb leer betrachtet.

Worin sich der 400 000 Jahre alte Urmensch von Bilzingsleben und der 50 000 Jahre alte moderne Mensch unterscheiden, lässt sich mit dem Begriff *wachsende kulturelle Komplexität* umschreiben; das heißt, die kulturellen Fähigkeiten der Menschen reiften in dieser Zeitspanne heran. Der archaische Mensch schützte sich zweifellos mit Häuten und Fellen vor der winterlichen Kälte im Norden Deutschlands, und vermutlich benutzte er Ahlen aus Stein, um Löcher in diese Kleidung zu stechen.[25] (Ob er Tiersehnen oder feste Grashalme durch diese Löcher fädelte, um die Kleidung zu verschließen, darauf gibt es keinerlei Hinweise.) Der moderne Mensch dagegen verwendete spitze Knochennadeln mit einem Öhr, sodass kein Zweifel besteht, dass er seine Kleider nähte. Der Urmensch von Bilzingsleben machte Feuer und gebrauchte roh behauene Nashornknochen und Stoßzähne als Amboss. Der moderne Mensch schnitzte zierliche Kunstgegenstände aus Elfenbein, brannte Tonfiguren in Öfen, benutzte steinerne Öllampen und machte Musik auf knöchernen Flöten. Diese Unterschiede entsprechen etwa dem zwischen einem hölzernen Pferdewagen aus dem 19. Jahrhundert und einem Ferrari. Technologisch liegen dazwischen Welten, aber der eine ist ohne den anderen nicht denkbar. Vor allem aber – und darauf möchte ich Ihr Augenmerk lenken – war keine großartige *genetische Veränderung* nötig (Makromutation), um den Entwicklungssprung von der Pferdekutsche zum Ferrari zu schaffen. Die *kulturelle Evolution* reichte völlig aus.

Warum ich diesen Vergleich gewählt habe, hat einen weiteren Grund. Wenn wir einen Blick auf die vergangenen 10 000 Jahre werfen, erkennen wir die immer schneller werdende Entwicklungsdynamik. Wahrscheinlich ist die Geschwindigkeit, mit der Veränderungen erfolgen, sogar das Charakteristikum der jüngeren menschlichen Entwicklung schlechthin. Denken Sie nur an Computer: Die westliche Zivilisation ist ohne Bits und Bytes nicht mehr vorstellbar, obwohl die Älteren unter uns noch den größten Teil ihres Lebens ohne Computer verbracht haben. Heute gibt es keinen Geschirrspüler, Videorecorder und Fernseher mehr ohne Computerchip, und deren Haltbarkeit ist auf wenige Jahre ausgelegt. Im Unterschied dazu blieb die Pferdekutsche über 5 Jahrhunderte hinweg nahezu unverändert; wenn man vom Streitwagen ausgeht, dem das gleiche Bauprinzip zugrunde liegt, sogar über 5 Jahrtausende. Diese *Kompression der Zeit,* die wir heute so stark erleben, ist eine Erscheinung, die vor 50 000 Jahren ihren Anfang nahm und seither stetig zunimmt. Je weiter man in der Menschheitsgeschichte zurückblickt, desto länger benötigte eine Innovation, bis sie sich durchsetzte. Bedenken Sie nur, wie unendlich langsam sich die Landwirtschaft vom Nahen Osten ausgehend nach Europa ausbreitete: im Schneckentempo von durchschnittlich nur 1 Kilometer pro Jahr. Und zuvor veränderten sich die Oldowan- und Acheuléen-Steinwerkzeuge über hunderttausende Jahre hinweg nicht. (Man kann es aber auch so sehen, dass die kulturelle Umwelt des Urmenschen über 100 000 Jahre stabil blieb – »Fortschritt« ist ja nicht per se positiv.)

Wir können also festhalten, dass vor rund 50 000 Jahren die Menschheit ihren »kulturellen Turboantrieb« zuschaltete. Der Anthropologe Richard Klein von der Universität Stanford fasst die weitere Entwicklung folgendermaßen zusammen: »Afrikaner und Europäer waren sich bis vor 50 000 Jahren ähnlich – ihr Verhalten war noch primitiv. Dann kam bei den Afrikanern zur modernen Anatomie ein modernes Verhalten hinzu, und Afrikaner und Europäer unterschieden sich eine Zeit lang in ihrem Verhalten. Die unterschiedlichen Verhaltensweisen verschafften den Afrikanern einen Konkurrenzvorteil, sodass sie sich schon bald in ganz Eurasien verbreiteten. Vor 30 000 Jahren waren alle Menschen modern im Erscheinungsbild und auch im Verhalten wieder ähnlich.«[26]

Klein unterstellt damit, dass auch die *kulturelle Evolution* des Menschen von Afrika ausging. Auch dieses Mal wieder: Afrika, der Evolutionsmotor. Auch Klein betrachtet die künstlerischen Darstellungen, die vor rund 50 000 Jahren in Afrika auftreten und vor 35 000 Jahren auch andernorts, als Hinweis darauf, dass das abstrakte Denkvermögen des Menschen abrupt entsteht. Die Grotte Chauvet mit ihren 32 000 Jahre alten wundervollen Wandbildern und die ebenso alte Statuette vom Galgenberg bei Krems in Österreich sind häufig zitierte Beispiele. Wie so viele Wissenschaftler stellt auch Klein eine Verbindung her zwischen dem Aufkommen von Kunst und dem von Sprache. Dafür verantwortlich soll eine Mutation gewesen sein, also eine genetische Veränderung, die den Menschen plötzlich *modern* machte: Moral, Empathie, Bewusstsein – schnipp, es werde Licht!

Die fein verarbeiteten 400 000 Jahre alten Speere von Schöningen und die Relikte von Bilzingsleben werden von diesen Forschern ignoriert.

21

Meine Zweifel an dieser biologischen Erklärung der geistigen Leistungsfähigkeit des Menschen wuchsen, als ich für Recherchen zu diesem Buch vor kurzem an den Eyasi-See in Tansania reiste. Ich verbrachte den lauen Abend zusammen mit Naftal, einem zur Sesshaftigkeit übergegangenen »Buschmann« vom Stamm der Hadzabe. Wir saßen vor seinem Lehmhaus unter einem lilablühenden Bougainvillea-Bäumchen, tranken süßen Tee und erzählten uns gegenseitig aus unserem Leben: dem Leben eines afrikanischen Bauern und dem eines europäischen Wissenschaftsjournalisten. Am staubigen Boden vor uns spielte eins von Naftals Kindern. Plötzlich sprang der Sechsjährige auf, holte eine Blechkanne und goss etwas Wasser auf die staubige Erde. Mir waren schon vorher die wundervollen Lehmtiere aufgefallen, mit denen er oft und lange spielte. Zumeist waren es 2 oder 4 Büffel, die im Gespann einen Pflug zogen; das Joch bestand aus einem gebogenen Ästchen, der Pflug selbst war ein gegabelter Zweig, den die Lehmtiere hinter sich herziehen mussten. Wir sahen amüsiert zu, und Naftal war sichtlich stolz auf seinen Jungen, der jetzt begann, die feuchte Erde in seinen kleinen Händen zu kneten. Innerhalb kürzester Zeit hatte er zwei Büffel geformt, ein Schwein, eine Ziege und mehrere Gänse. Das Frappierendste an diesen Tieren war die Detailtreue: Der 9 Zentimeter lange Büffel beispielsweise hatte nicht nur Kopf, Körper und 4 Beinstümpfe, sondern auch 2 Hörner, einen Schwanz, nicht einmal der Penis fehlte. (Ein Bild davon finden Sie zu Beginn von Kapitel VI.) Als ich sah, wie schnell und detailgetreu schon ein Sechsjähriger solche Lehmfiguren formen kann, kamen mir wieder Tan-Tan in den Sinn, Bilzingsleben und die Schöninger Speere, und ich fragte mich, ob archaische

Menschen tatsächlich nicht annähernd an die Leistungen eines heutigen sechsjährigen Kindes herankommen sollten. Um eine Antwort darauf geben zu können, müssen wir uns in den folgenden Kapiteln noch eingehend mit der Evolution des menschlichen Gehirns beschäftigen.

III

Jäger oder Aasfresser –
wie die Energie ins Gehirn kommt

22

Hinter irgendeinem Busch wartet er doch immer. Ich bin sportlich und halte mich eigentlich für gut durchtrainiert, aber von Siguasi sehe ich meistens nur die Fersen, obwohl ich mir redlich Mühe gebe, ihm zu folgen. Siguasi genießt in seiner Gruppe als Jäger hohes Ansehen. Er gehört dem Volk der Hadzabe an, das in Tansania südlich der Serengeti noch ein Leben als Jäger und Sammler führt. Seit ein paar Tagen nimmt mich Siguasi mit auf die Jagd. »*Mzee, twende*«, treibt er mich am Morgen an, »komm, alter Mann«, und stürmt los.

Das Gebiet östlich des Eyasi-Sees, das wir nach Wild durchstreifen, ist eine hügelige, ziemlich trockene Gegend, eine Buschsavanne, die bis vor kurzem sehr wildreich war. Vereinzelt stehen hier Schirmakazien und Baobabs herum – ziemlich beeindruckende »Monsterbäume«, die ihre Wurzeln tief im Boden vergraben haben – und viele Sträucher, die ich botanisch nicht einzuordnen vermag, die aber als gemeinsames Merkmal lange Dornen aufweisen. Wenn wir an einem Baobab vorbeikommen, der reife Früchte trägt, legt Siguasi Pfeil und Bogen ab, klaubt ein paar Steine auf und schießt mit der Zielsicherheit eines Dart-Weltmeisters einige Früchte herunter. Dann schlägt er mit einem faustgroßen Stein auf die hartschaligen Früchte, bis sie aufbrechen, und reicht sie mir zum Probieren.

»*Safi?*«, fragt er, »gut?«

»Hmmm! *Ndiyo, safi sana*«, antworte ich, »Ja, sehr gut.«

Der Geschmack erinnert an ein fruchtig-säuerliches Bonbon. Herrlich bei dieser Hitze.

Siguasi ist hier aufgewachsen und kennt buchstäblich jeden Stein: Er *geht*, während ich *laufe*. Ihm bleibt Zeit, nach Wild Ausschau zu halten. Ich stolpere, sobald ich meine Augen vom Boden löse. Und wenn ich kurz stehen bleibe, um mich zu orientieren, dann ist Siguasi bereits aus meinem Blickfeld entschwunden. Ich laufe dann in die Richtung weiter, in der ich ihn vermute, und versuche, seine Fußspuren im Sand zu entdecken. Und plötzlich entdecke ich ihn hinter einem Busch, wo er auf mich wartet. »*Twende*«, sagt er dann lächelnd, »gehen wir«, und schon stürmt er wieder los.

Siguasi ist nicht besonders groß, vielleicht 1,70 Meter, dünn, aber so muskulös, dass er vermutlich wochenlang ohne Unterbrechung hinter einem Tier hertraben könnte. Er hat freundliche Gesichtszüge, kurzes Kraushaar und ist, außer einer weißen Perlenschnur um den Hals, nur mit einer sandfarbenen, knielangen Hose bekleidet. Ich glaube, dass er auch seinen Bogen und die Pfeile zu seiner »Kleidung« zählt – zumindest sehe ich ihn nie ohne. Siguasi ist ungefähr so alt wie ich, Ende 30, aber aus reproduktionsbiologischer Sicht mit 9 Kindern weitaus erfolgreicher.

Man würde also erwarten, dass dieser Mann jeden Tag einen regelrechten Berg von Fleisch nach Hause bringt, um seine Familie durchzufüttern. Leichter gesagt als getan! Als wir am ersten Tag losziehen, kommen wir nach ein paar Stunden mit leeren Händen zurück; ebenso am zweiten Tag, am dritten und am vierten.

Meist macht Siguasi Jagd auf Vögel wie Perlhühner und Tauben; nur einmal bleibt er abrupt stehen und zischt: »Gay-we-da-ko« – eine kleine »Dik-Dik«-Gazelle.

Ich bleibe stehen und ducke mich, mein Herz schlägt schneller. Siguasi beugt sich weit nach vorn und rennt dann mit einem Affenzahn los, jeden Strauch als Deckung ausnutzend, auf die Beute zu. Im Laufen legt er den Pfeil ein, spannt den Bogen, schießt ... und hat Pech. Das Gay-we-da-ko springt auf, sein Dik-Dik-Partner hinterher, und weg sind die beiden Tiere. Als Siguasi zurückkommt, redet er drauflos; vielleicht schimpft er, vielleicht erklärt er mir, warum er das Gay-we-da-ko nicht erwischt hat – möglicherweise liegt es ja an mir.

Okay, *ich* bin schuld! Schließlich muss Siguasi die ganze Zeit auf mich warten, wie soll er da etwas schießen? Aber auch Siguasis kleiner Bruder Pantische kommt mit leeren Händen ins Lager zurück, und ebenso die anderen Männer, und die haben keinen europäischen Klotz am Bein, der sie bei der Jagd behindert.

Nur einmal kehrt im Laufe der Woche einer der Männer mit einer erlegten Ginsterkatze zurück. Ein wunderschönes Tier. Ich habe mir bis dahin keine Gedanken gemacht, was die Hadzabe wohl mit einer kleinen Raubkatze anstellen; aber ich erwarte, dass sie ihr das herrliche Fell über die Ohren ziehen und sie ... na ja, vielleicht verkaufen oder gegen *Pombe* eintauschen, gegen Bier. Aber das ist ein Irrtum. Der Jäger trennt dem Tier den langen Schwanz ab, schneidet diesen in daumenbreite Ringe, entfernt die Wirbelknochen und stülpt die Fellringe, einen nach dem anderen, als Zierde über seinen Bogen. Den Rest der Katze drückt er einer alten Frau in die Hand, die bereits ungeduldig darauf gewartet hat. Diese nimmt das Tier und wirft es einfach in das Lagerfeuer; die Flammen prasseln laut auf, und das Fell ist innerhalb von Sekunden versengt. Danach öffnet die Alte den Bauch der Ginsterkatze, wirft das Gedärm achtlos ins Gebüsch und isst die rohe Leber. Das Tier landet daraufhin wieder im Feuer, und nach ein paar Minuten greift sich jeder, der will, ein Stück vom gegrillten »Katzensteak«, bis alles weg ist.

Zunächst fürchte ich, dass jemand fragt: »*Mzee*, willst du auch ein Stück *nyama*, Fleisch?« Was soll ich darauf antworten? »Nein, danke, ich habe keinen Hunger« – obwohl ich doch seit heute Morgen nichts gegessen habe?

Aber zum Glück sind die Hadzabe in Bezug auf Nahrung ein egalitäres Volk. Niemand fragt, niemand bietet an, jeder nimmt einfach, was da ist. Hat ein Jäger ein großes Tier erlegt, eine Gazelle, ein Zebra oder gar einen Büffel, dann kommen alle gelaufen, von weit her. Die Buschtrommeln verkünden rasend schnell in der Savanne, dass es zu essen gibt, oder die Geier am Himmel. Ob Familie oder nicht, alle verlangen ihren Teil. Sie bitten nicht, sie *fordern*. Das Fleisch gehört nicht dem erfolgreichen Jäger oder seiner Familie, nein … Fleisch ist Allgemeingut.

23

Vermutlich glauben die meisten Anthropologen, dass erst der Verzehr von tierischem Eiweiß den Menschen zum Menschen gemacht hat. Hinter dieser simplen Feststellung steckt ein Streit, der die Forscher in zwei verfeindete Lager gespalten hat. Dabei geht es nicht nur um die Frage, ob sich Hominiden vor 2,5 oder 2 Millionen Jahren regelmäßig von Fleisch ernährt haben, sondern vielmehr darum, wie sie in den Besitz von Fleisch gelangten. Auf der einen Seite stehen die *flinke-Jäger-Befürworter*, die seit einem halben Jahrhundert den Ton angeben, auf der anderen Seite erlebt die *schlaue-Aasfresser-Fraktion* seit 25 Jahren starken Aufwind.

Raymond Dart, der Entdecker des Kindes von Taung, schrieb im Jahr 1959 in seinen Memoiren *Adventures with the Missing Link*:

»Die Vorfahren des Menschen unterschieden sich von den heute lebenden Menschen dadurch, dass sie Raubtiere waren. Sie waren Fleischfresser, die lebende Tiere erbeuteten, erschlugen, die Kadaver zerrissen, die Glieder der Beute abtrennten, ihren Durst mit dem warmen Blut ihrer Opfer löschten und das zuckende, noch warme Fleisch verschlangen.«

Die Eindrücke des Zweiten Weltkrieges hatten in der Vorstellung von Anthropologen aus unseren Ahnen Raubtiere gemacht. Die Jagd war von nun an mit der Evolution des Menschen untrennbar verbunden.

Erst Anfang der achtziger Jahre begann das Pendel in die andere Richtung auszuschlagen. Der amerikanische Prähistoriker Lewis Binford behauptete, dass Menschen vor 2,5 Millionen Jahren weder die Jagd kannten noch die Nahrungsteilung. Der frühe Mensch habe lediglich genutzt, was ihm Raubtiere übrig ließen – nämlich Knochen, die er mit primitiven Steinwerkzeugen zertrümmerte, um an das nahrhafte Mark zu gelangen. Keine Spur vom kämpferischen, blutrünstigen Jäger. Den Menschen auf eine Stufe mit *Aasgeiern* zu stellen, dies war allerdings auch eine provokante These.

Vor etwa 15 Jahren versuchten die beiden Anthropologen Robert Blumenschine und John Cavallo zu ermitteln, wie viel Aas tatsächlich in der afrikanischen Savanne herumliegt, und erhofften sich hierdurch Rückschlüsse darauf, wie viel Fleisch den Hominiden durchschnittlich zur Verfügung stand. Für ihre Forschungen durchstreiften die beiden die ostafrikanische Wildnis mit einem altersschwachen, scheppernden Jeep und studierten den täglichen Überlebenskampf von Elefanten, Giraffen, Geparden und Antilopen.

20 Monate lang registrierten sie dazu in der Serengeti und im Ngorongoro-Krater in Tansania, wie schnell Löwen, Hyänen und Leoparden ihre Beute auffressen und wie lange von den Kadavern noch Reste zu finden sind. Wie zu erwarten, liegen die Kadaver großer Tiere länger herum als die kleiner Tiere. Reste von Elefanten und Nashörnern sind zum Beispiel noch nach mehreren Wochen zu finden; Dik-Diks und Thomson-Gazellen werden dagegen innerhalb von Minuten oder Stunden von Raubtieren gefressen; und Beutetiere, die von Leoparden auf Bäume geschleppt werden, bleiben in der Regel wesentlich länger erhalten als am Boden.

Die beiden Anthropologen kamen zu dem Ergebnis, dass vor allem während der Trockenzeiten in den afrikanischen Savannen wesentlich mehr Aas herumliegt, als man vermuten würde. »Selbst der kärglichste Rest einer Löwenbeute bietet noch Knochenmark und Gehirn – und damit viel mehr verwertbare Kalorien, als ein Erwachsener pro Tag braucht, wenn er sich nur eine halbe Stunde mit dem Schlagstein darüber hermacht.«[27]

Diese taphonomischen Studien an Tierkadavern (griechisch steht *taphos* für Bestattung) gaben den Anthropologen eine Antwort auf eine bis dahin ungelöste Frage. Sie zeigten einen möglichen Weg, wie frühe (Vor-)Menschen zu tierischem Eiweiß und Fett kamen und damit zu den Grundbausteinen für das Hirnwachstum, ohne selbst zu jagen.

Doch die Zweifler sterben bekanntlich nie aus, schon gar nicht unter so streitbaren Wissenschaftlern wie den Anthropologen. Vielleicht ist es ja nur das hohe Prestige, das dem Jägerdasein anhaftet: Mut, Kraft, Ausdauer und Intelligenz sind positive Attribute, die man traditionell (männlichen) Jägern zuschreibt. Und ich muss gestehen, auch ich würde lieber einer Gemeinschaft von Jägern angehören als einer von Aasfressern.

Doch zum Glück gibt es Kristen Hawkes. Die Anthropologin von der University of Utah hat in den vergangenen Jahren eine neue Variante der Aasbeschaffung in die Diskussion eingebracht, nachdem sie jahrelang das Jäger-und-Sammler-Volk der Hadzabe beobachtet hatte. Das Zauberwort heißt *power scavenging* – und ist nichts für ängstliche Gemüter.

Es erinnert ein wenig an das *train surfing*, das in Europa vor einigen Jahren bei pubertierenden Jungen in Mode war und etliche Todesopfer gefordert hat: Die Möchtegern-Western-Helden kletterten bei voller Fahrt aus dem Fenster auf das Zugdach und mussten aufpassen, dass ihnen nicht unbemerkt eine Tunnelwand, Hochspannungsleitung oder sonst etwas in die Quere kam. Wenn alles gut ging, stiegen die Jungs an der nächsten Haltestelle wieder ab oder wurden verhaftet. Wenn es nicht gut ging, brach für eine Mutter die Welt zusammen.

Der Kick beim *power scavenging* besteht darin, dass man hungrige Löwen, Leoparden oder Hyänen von ihrem Mittagstisch vertreibt. Die Hadzabe betreiben diese Art der Nahrungsbeschaffung tatsächlich, aber im Unterschied zu Urmenschen verfügen sie auch über Giftpfeile, die selbst einen Büffel umhauen.

Ich muss gestehen, ich persönlich hege Zweifel, dass *power scavenging* für die Evolution des Menschen eine Rolle gespielt hat. Aus einem einfachen Grund: Helden sterben in der Regel früh – und für die Evolution ist das ein wesentlicher Punkt. Außerdem darf man nicht vergessen, dass derjenige sich auf glattes Parkett begibt, der aus dem Verhalten heutiger Jäger und Sammler abzuleiten versucht, wie sich Urmenschen durch die Welt geschlagen haben.

Die Bedingungen unserer fernen Vorfahren unterscheiden sich in 3 Punkten von denen der Hadzabe, vorausgesetzt unsere Urahnen hatten ebenfalls *power scavenging* praktiziert: Erstens hatten Urmenschen keine Waffen wie vergiftete Pfeile, Bögen, Speere und Messer. Zweitens hatten Raubkatzen vor Millionen Jahren noch nicht die Erfahrung gemacht, dass Hominiden kleine, gefährliche, bösartige Kreaturen sind, vor denen man besser flüchtet. (Warum, glauben Sie, sind in unseren Breiten Bären und Wölfe so scheu? Weil »Draufgänger« die Selektion durch den Menschen nicht überlebt haben und seit Jahrtausenden nur die scheuesten Tiere ihre Gene weitergeben konnten.) Und drittens hatten die ersten Menschen ein Gehirn, das nur halb so groß war wie das Gehirn des modernen Menschen, und sie hatten höchstwahrscheinlich nicht einmal eine einfache »Protosprache«. Wenn es also heute Jägern und Sammlern gelingt, Löwen von ihrer Beute zu vertreiben, um an das frische Fleisch zu gelangen, bedeutet das noch lange nicht, dass auch der frühe Mensch zu diesem Verhalten fähig war.

Irgendetwas scheint an dieser Geschichte vom Menschen als furchtlosem Jäger faul zu sein, und wir sollten nach besseren Alternativen Ausschau halten.

Dass sich Vormenschen und Urmenschen von Aas ernährten, ist eine Möglichkeit. Es gibt aber auch noch weitere interessante Hypothesen. Um diese verstehen zu können, müssen wir zuvor die grundlegenden Gemeinsamkeiten und Unterschiede zwischen Menschenaffen und Menschen herausarbeiten. Und wir müssen vor allem die Frage klären: Warum haben Menschen so ein großes Gehirn entwickelt, nicht aber Schimpansen und Gorillas?

24

Kein anderer hat einer breiten Leserschaft so geistreich klar gemacht, dass der Mensch nichts anderes ist als ein dritter Schimpanse, wie Jared Diamond. (Die erste Art umfasst den gewöhnlichen Schimpansen, die zweite Art den im Kongogebiet lebenden Zwergschimpansen oder Bonobo.)[28]

Grundsätzlich können wir festhalten, dass alle Affen ein für Säugetiere ungewöhnlich großes Gehirn besitzen. Menschenaffen haben für einen Affen wiederum ein ungewöhnlich großes Gehirn. Und der Mensch hat ein ungewöhnlich großes Gehirn für einen Menschenaffen – so ist es ungefähr zweieinhalbmal größer als erwartet.

Ein Mensch wiegt im Durchschnitt 57 Kilogramm, ein Schimpanse 30 Kilogramm, ein Gorilla durchschnittlich 100 Kilogramm. Sie werden jetzt vermutlich denken: 57 Kilogramm? Das kann nicht stimmen, dann würden ja in unseren Straßen nur unterernährte Fotomodelle herumlaufen.

Da haben Sie Recht, aber ich spreche nicht vom wohlgenährten, groß gewachsenen Deutschen, sondern vom durchschnittlichen Erdenbürger. Angenommen, Sie machen mit ET's Cousin – bekanntermaßen ein extraterrestrischer Anthropologe – eine Weltreise. Sie nehmen ein paar Bewohner aus aller Herren Länder, stecken sie in eine Schachtel, schütteln diese gut, stellen die Schachtel auf eine Waage und teilen das Gewicht durch die Zahl der gesammelten Individuen. Als Ergebnis erhalten Sie 57 Kilogramm. Wenn Sie die gleiche Prozedur mit Schimpansen durchführen, kommen Sie auf 30 Kilogramm. (Auch hier gibt es Unterschiede: Westafrikanische Schimpansen im Thai-Nationalpark sind bedeutend größer als ostafrikanische Schimpansen im Gombe-Nationalpark.)

Vermutlich wird unserem Außerirdischen bei dieser Sammeltour auffallen, dass die Männchen aller großen Menschenaffen, inklusive unserer eigenen Spezies, zum Teil beträchtlich größer und schwerer sind als die Weibchen, ein Phänomen, das als Geschlechtsdimorphismus bezeichnet wird.

Für diesen Größenunterschied zwischen Männchen und Weibchen haben Ökologen mehrere Gründe ausfindig gemacht. Bei Tieren, die sich ein Leben lang treu sind, sind Männchen und Weibchen gleich groß – Gibbons sind dafür ein exzellentes Beispiel. Sie müssen schon ein Zoologe sein, um die beiden Geschlechter dieser kleinen Menschenaffen unterscheiden zu können. Sind hingegen die Affenmännchen bedeutend größer als die Weibchen, besteht die Gruppe entweder aus einem Pascha, der sich mehrere Weibchen »hält«, wie bei Gorillas, oder die Tiere leben in großen Gruppen mit vielen Männchen und vielen Weibchen. Savannenpaviane sind dafür ein Beispiel, aber auch Schimpansen.

Unser außerirdischer Anthropologe könnte aber noch von einem weiteren anatomischen Merkmal auf die Sozialstruktur schließen. Vermutlich würde er einen dezenten Blick auf die Hoden der Männchen riskieren und ahnen: Der große Affe lebt im Harem, der kleine Affe ist promiskuitiv, und der nackte Affe tut so, als wäre er monogam.[29]

Wie er zu diesem Schluss käme? Gorillamännchen bewachen ihre Weibchen regelrecht und jagen jeden männlichen Eindringling davon. Da ausschließlich sie selbst bei der Paarung zum Zug kommen, können sie mit ihren Spermien »haushalten« und diese nur dann ausschütten, wenn sie auch benötigt werden. Als Folge davon sind ihre Hoden klein. (Schließlich kostet die Spermienproduktion auch Energie, und nicht einmal wenig.) Aus der Kombination »großes Männchen und kleine Hoden« würde unser Außerirdischer also schließen, dass Gorillas in einem Harem leben. Schimpansen verfolgen sozusagen die umgekehrte Strategie: Jedes Weibchen wird bei passender Gelegenheit von vielen Männchen begattet. Das ist nicht als »Einbahnstraße« zu verstehen – dass die Männchen über die Weibchen herfallen. Im Gombe-Nationalpark in Tansania geht das Gerücht, dass sich die Schimpansin *Flo* an einem einzigen Tag an 50 Männchen »rangemacht« und sich mit diesen gepaart hat. Man kann sich also lebhaft vorstellen, dass nicht nur zwischen den Männchen erhebliche Konkurrenz herrscht, sondern auch zwischen deren Spermien. Das heißt, je größer »die Infanterie«, desto höher die Chancen zu siegen. Entsprechend groß sind, um im Vergleich zu bleiben, »die Kasernen« von Schimpansenmännchen; sie wiegen rund 100 Gramm. Unser Außerirdischer würde also resümieren: Männchen ist größer als Weibchen, hat riesige Hoden – das Volk muss ziemlich promiskuitiv sein. Und der Mensch? Na ja, lassen Sie sich von ET's Cousin sagen, dass die »Männchen« erstens um zirka 8 Prozent größer sind als die »Weibchen« und die beiden Hoden mit etwa 40 Gramm zwar nicht halb so groß sind wie jene der Schimpansen, aber auch nicht so klein wie jene von Gorillas. Der Mensch, würde unser außerirdischer Anthropologe vermutlich sagen, lebt »ein bisschen monogam«. Mit anderen Worten: Ein Partner, plus von Zeit zu Zeit ein »Ausrutscher«, oder ein Partner, dem man treu bleibt – bis zum jeweils nächsten Partner.

In welchen sozialen Gemeinschaften lebten nun unsere Ahnen? Natürlich haben sich nicht die Hoden von Vormenschen erhalten, aber von Skeletten lassen sich Rückschlüsse auf den Geschlechtsdimorphismus ziehen. Bei Vormenschen scheint der Unterschied im Körperbau zwischen Männchen und Weibchen größer gewesen zu sein als bei Mann und Frau heute, ja sogar größer als bei Schimpansen. Der Anthropologe Richard Klein von der Universität Stanford schließt daraus, dass Vormenschen eine »schimpansenähnliche Sozialorganisation hatten, in der die Männchen heftig um sexuell empfängliche Weibchen konkurrierten«.[30] Wenn das stimmt, dann lebten die Vormenschen-Männchen ihr eigenes Leben und trafen sich mit den Weibchen nur zum Fressen und zur Paarung – zumindest gab es keine fixe Paarbeziehung und keine »Kernfamilien«, bestehend aus Vater, Mutter und Kindern.

Vor 1,6 Millionen Jahren zeigt sich beim Urmenschen bereits ein anderes Bild. Der Unterschied im Körperbau der Geschlechter scheint nicht größer als beim modernen Menschen. Viele Forscher erwarten daher, dass der *Homo erectus* erstmals in einem Sozialsystem lebte, das unserem heutigen ähnlich war: mit einer anhaltenden Beziehung zwischen Mann und Frau und wechselseitiger Unterstützung – nennen wir es Familie.

Schließlich gibt es einen weiteren Grund, warum Männchen und Weibchen im Tierreich oft unterschiedlich groß sind. Dieser hat mit der Gefährdung durch Feinde zu tun. Um dies zu veranschaulichen, betrachten wir als Beispiel die Savannenpaviane.

Savannenpaviane wandern oft in großen Horden durch die offene Landschaft Afrikas, um nach Nahrung zu suchen. Dabei bilden die starken Männchen einen äußeren Ring gegen Raubtiere; die Mütter mit den Babys marschieren sicher im Zentrum. Pavianmännchen sind also groß und stark, um erstens in der Konkurrenz gegen andere Pavianmännchen bestehen zu können und zweitens die Weibchen verteidigen zu können – sowohl gegen andere Paviane als auch gegen Fressfeinde wie Löwen.

Jetzt können Sie fragen: Warum sind nicht auch die Weibchen groß und stark, damit sie sich selbst verteidigen können?

Die Antwort darauf hat wiederum mit der Ernährungsstrategie und der Energieversorgung vor allem der Babys zu tun. Pavianweibchen, die sich in der Savanne vegetarisch ernähren, also von Samen, Wurzeln, Knollen, Blättern, leben in trächtigem und in säugendem Zustand sozusagen an ihrem energetischen Limit. Das Weibchen muss also haushalten, und unter diesen Bedingungen zahlt es sich aus, die Kalorien nicht in den eigenen Körper zu investieren, sondern mehr für den Nachwuchs übrig zu haben.

Warum konnten dann Menschenfrauen so groß werden, wie sie es sind, obwohl unsere Ahnen vor 2 Millionen Jahren in der gleichen Savanne lebten wie Paviane heute?

Stellen Sie sich folgendes Szenario vor: Eine Gruppe von Urmenschen hat seit einigen Tagen bei der Beschaffung von Nahrung kein Glück. Aus irgendeinem Grund finden sich keine Wurzeln, Früchte sind momentan auch nicht reif, Blätter geben nicht viel her, und die Tiere, die man jagen könnte, sind woanders hingewandert. Aus Sicht eines modernen, wohlgenährten Europäers mit dem Kühlschrank vor der Nase und dem Supermarkt vor der Haustür kann man sich diese Situation kaum vorstellen. Doch für einen Urmenschen vor 2 Millionen Jahren waren diese Umstände lebensbedrohend. Der Organismus reagiert auf eine solche Situation, indem er den Stoffwechsel der meisten Organe herunterfährt: Der Darm stellt die Verdauung ein, die Leber drosselt die Produktion von Enzymen, die Blutbildung wird unterbrochen usw. Natürlich bleibt unter diesen Umständen auch für einen Fötus weniger Energie übrig. Und genau dieser Umstand bildet die Schwachstelle bei der Entwicklung des großen Hominidengehirns – nämlich dass dem Ungeborenen nicht ausreichend Energie für ein »grenzenloses« Hirnwachstum zur Verfügung stand.

Das bedeutet: Vor 2 Millionen Jahren muss es in der Lebensweise der Urmenschen eine dramatische Veränderung gegeben haben: Sie müssen irgendwie zu mehr Kalorien gekommen sein, sodass die Frauen mehr Energie sowohl in ihren eigenen großen Körper investieren konnten als auch in das größer werdende Gehirn ihres Babys.

Wenn wir die Dauer der Schwangerschaft, das Hirnwachstum und den Energieverbrauch bei Menschenaffen vergleichen, kommen wir zu einer erstaunlichen Feststellung. Eine Schwangerschaft dauert bei Orang-Utan, Gorilla, Schimpanse und Menschen ähnlich lange, nämlich zwischen 245 und 270 Tagen. Man könnte also erwarten, dass alle Menschenaffen-Babys mit einem gleich großen Gehirn zur Welt kommen. Das trifft jedoch nicht zu: Menschliche Babys kommen mit einem doppelt so großen Gehirn zur Welt wie ihre haarigen Verwandten. Nicht nur das: Das menschliche Gehirn wächst als einziges Säugetierhirn weiter, als ob die Schwangerschaft 21 Monate dauern würde.[31] Aus diesem Grund benötigt eine stillende Mutter zusätzlich 1 000 Kilokalorien täglich. Ein energetisches Unding für einen Menschenaffen.[32]

Das bedeutet: Unsere Ahnen vermochten erst dann ein großes Gehirn zu entwickeln, als sie regelmäßig Zugang zu kalorienreicher Nahrung hatten, um ihre Föten und Babys zuverlässig mit Energie zu versorgen.

Irgendetwas muss sich also vor rund 2 Millionen Jahren an der Energiezufuhr verändert haben. Mit dem Modell der »neuen« Familienstruktur, die wir zuvor *Homo erectus* unterstellt haben, scheint dieses Problem einfach zu lösen zu sein: Die Paarbeziehung zwischen Mann und Frau führte demnach zur Arbeitsteilung: Papa ging jagen, Mama kümmerte sich um die Kinder und regelte den Haushalt. Aber genau so lief das Ganze bestimmt nicht ab. Denn Papa hatte weder Pfeil und Bogen noch einen Speer, und sollte er doch etwas erlegt haben, dann hatte er keinen Dik-Dik-Beutel, in dem er das Fleisch zurück ins Lager transportieren konnte. Ich fürchte, Mama musste schon mit von der Partie sein. Aber wie realistisch ist diese Vorstellung?

Stellen wir uns dazu die folgende fiktive Szene vor: Als Chef einer Urmenschenhorde teilen Sie Ihrer im achten oder neunten Monat schwangeren Partnerin mit, sie solle sich fertig machen für eine 30-Kilometer-Nahrungsbeschaffungstour. Für den Fall, dass man auf einen Geparden mit Beute träfe, solle sie sich »auf power scavenging einstellen« und das Kätzchen, laut brüllend und in die Hände klatschend, verscheuchen. Träfe man hingegen auf ein Rudel jagender Löwen, müsse sie im Affentempo auf den nächsten Baum klettern. Glauben Sie wirklich, dass diese Urmenschenfrau ein gesundes Kind geboren hätte?

Viele Jahre lang befanden sich Anthropologen also in einer Zwickmühle. Das größere Gehirn von Urmenschen verbrauchte mehr Kalorien als das von Vormenschen. Es blieb aber die Frage, wie die Urmenschen an mehr Energie gelangten. Hochwertige Proteine aus der Jagd oder von Aas schienen die einzig mögliche Erklärung zu sein, wie Urmenschen die Energiebilanz verbessern konnten. Leslie Aiello fügte in den neunziger Jahren einen weiteren Puzzlestein hinzu, der das Bild weiter vervollständigte.

25

Leslie Aiello ist in der Anthropologie eine angesehene Frau. Sie war lange Zeit Herausgeberin des angesehenen *Journal of Human Evolution,* und ihr Anatomielehrbuch ist ein Standardwerk für jeden Studenten der Anthropologie. Ich habe mit ihr ein Interview in ihrem Büro im Darwin-Building des University College London vereinbart, um Genaueres über die *Expensive Tissue Hypothesis* zu erfahren.

Im Leben eines Kindes gibt es zumindest 2 extrem gefährliche Phasen. Zum einen sind es die ersten Wochen nach der Geburt, wenn das Baby, um es pathetisch auszudrücken, aus dem sicheren Hafen im Schoße seiner Mutter in die unbekannten Weiten der Welt wechselt. Die zweite gefährliche Phase beginnt mit der Entwöhnung von der Muttermilch. In Industrienationen ist die Säuglings- und Kindersterblichkeit zwar kaum noch ein Thema. Wie gefährlich diese Lebensabschnitte allerdings sind, zeigt ein Blick auf Naturvölker. Bei diesen beträgt die Sterblichkeit im ersten Lebensjahr zwischen 8 und 34 Prozent, und in den folgenden 4 Jahren sterben weitere 12 bis 18 Prozent der Kinder.[33]

»Bis zur Entwöhnung versorgt die Mutter das Kind mit der nötigen Energie. In Affengesellschaften kommt hinzu, dass das Kind plötzlich in Nahrungskonkurrenz mit den anderen Gruppenmitgliedern steht«, erklärt Aiello.[34]

Frisch entwöhnte Affenkinder müssen also mit zwei großen Nachteilen fertig werden: Zum einen fehlt ihnen noch der Erfahrungsschatz, wo man am ehesten Nahrung findet und wie man diese am besten aufschließt. Beispielsweise müssen Schimpansenkinder bis zu 8 Jahre üben, bis sie hartschalige Nüsse mit Hammerstein und Amboss wirklich effizient knacken können. Zum anderen stehen sie an den Futterplätzen in direkter Nahrungskonkurrenz zu den kräftigeren und oft höherrangigen Erwachsenen. Im Hinblick auf eine ausreichende Energiezufuhr sind das also harte Zeiten.

Aiello vertritt die Ansicht, dass sich der (Vor-)Mensch aus diesem Grund einen kleineren Darm zugelegt hat. So konnte ein Hominiden-Kind bis zu 10 Prozent seines Energiebedarfs einsparen, was wiederum seine Überlebenschancen beträchtlich erhöhte. Und in der Folge erlaubte der kostengünstigere Darm ein größeres Gehirn!

Diese Vorstellung kling zunächst merkwürdig. Aber nicht ohne Grund ist die so genannte *Expensive Tissue Hypothesis* in Anthropologenkreisen weithin anerkannt. Diese *Hypothese der teuren Körpergewebe* lässt sich folgendermaßen zusammenfassen: »Das Gehirn eines Menschen wiegt nur 2 Prozent seines Körpergewichts, verschlingt aber 20 Prozent der Energieressourcen«, so Aiello. »Es ist also ein teures Organ.«

Neurophysiologen haben errechnet, wie viel Energie Nervengewebe verbraucht, und kamen auf 11,2 Watt pro Kilogramm. Im Gegensatz dazu kommt das übrige Körpergewebe mit dürftigen 1,25 Watt pro Kilogramm aus. Dieser enorme Energieverbrauch hat vermutlich mit der Ionenpumpe der Nervenzellen zu tun: Dieses System pumpt permanent Kaliumionen in die Zelle hinein und Natriumionen aus der Zelle hinaus; ohne diese Umwälzpumpe würde unser Nervensystem stillstehen. Zusätzlich produziert das Hirngewebe kontinuierlich Botenstoffe, damit Nervenzellen miteinander kommunizieren können, was ebenfalls viel Energie verbraucht.

»Jedes Gramm mehr an Hirngewebe bedeutet für eine Tierart einen beträchtlichen energetischen Aufwand, den sie sich leisten können muss«, führt Aiello aus. Wie schon für das Gehirn, berechnete sie auch den Energieverbrauch der übrigen Körperorgane des Menschen: Herz, Niere und Leber waren genauso groß, wie man es bei einem Säugetier dieser Größe erwartet. Der Darm allerdings war um 60 Prozent kleiner. Mehr noch, das Gehirn schien sich im Verhältnis 1:1 auf Kosten des Verdauungstraktes auszudehnen. »Das war zunächst eine große Überraschung für uns«, so Aiello.

Bei näherer Betrachtung scheint klar, dass bei Leber, Herz, Niere und Muskulatur nichts einzusparen ist. Die Leber stellt mit Traubenzucker genau jenen Treibstoff zur Verfügung, den das Gehirn für seine Arbeit benötigt; ohne Glukose wäre das Zentralnervensystem innerhalb kürzester Zeit funktionsuntüchtig. Fällt der Traubenzucker-Spiegel unter einen bestimmten Wert, dann entlässt die Leber Glukose aus ihrem Glykogen-Speicher, der ein Zehntel der Lebermasse ausmachen kann. Darüber hinaus stellt die Leber mehr als 500 weitere überlebenswichtige Proteine her, unter anderem in Form von Hormonen und Enzymen. Weniger Leber für mehr Hirn käme also eher einem Schuss nach hinten gleich. Dass im evolutionären Spiel von Fressen und Gefressenwerden beim Herzen eingespart wird, widerspricht ebenfalls jeglicher Logik. Das Herz pumpt Sauerstoff und Energie in die Muskulatur. Diese ist nötig, um einerseits Angreifern zu entkommen, was für Vormenschen zweifellos das Argument war, oder um andererseits die Beute zu erwischen, was später sicherlich auf Urmenschen zutraf. Beim Herzen Energie einzusparen, wäre also töricht. Der Energieverbrauch von Skelettmuskeln ist zu gering, als dass sie – gleichsam im Austausch gegen Nervengewebe – reduziert werden könnten. So müsste ein Mensch etwa 70 Prozent seiner Muskelmasse verringern, um das Hirnwachstum von *Homo sapiens* zu kompensieren. Nicht nur Flucht wäre damit unmöglich; dieser Hominide wäre vielmehr eine bewegungsunfähige Kreatur. Neben dem Gehirn sind auch die Nieren ausgesprochen »teure Organe«, da die Resorption des Wassers aus dem Urin viel Energie verschlingt. Auch hier gilt: Die Einsparungsmöglichkeiten bei den Nieren sind gleich null. Denn ein schwitzender Hominide, der in der offenen Savannenlandschaft Afrikas lebt, hat am allerwenigsten Flüssigkeit zu vergeuden.

»Was übrig bleibt, sind Magen und Darm«, folgert Aiello. Und der Verdauungstrakt ist beim Menschen genau um jenes Gewicht leichter, um welches das Gehirn schwerer ist – nämlich um ein Kilogramm.

Ein (Vor-)Menschenkind, das mit einem kleineren Darm auskam, hatte also schlicht und einfach bessere Überlebenschancen. Allerdings bringt weniger Darmgewebe und mehr Nervengewebe den Organismus in eine Zwickmühle. Denn die Energie fürs Gehirn wird bekanntlich im Darm aufgeschlossen. Mutter Natur musste also »rationalisieren« und dem kürzeren Darm energiereichere Nahrung zuführen.

26

Dass es bei Affen einen Zusammenhang zwischen der Ernährungsweise und der Hirngröße gibt, erkannte Katharine Milton bereits Mitte der siebziger Jahre. Die Primatologin studierte damals auf der in der Kanalzone von Panama liegenden Insel Barro Colorado das Ernährungsverhalten von Brüllaffen und von Klammeraffen. Bis dahin war man der Meinung, die Tiere lebten wie im Schlaraffenland: Um im Regenwald satt zu werden, müssten sie lediglich die Arme ausstrecken und einige Früchte, Blätter und Knospen pflücken. Aber Milton erkannte schnell, dass die Tiere keineswegs den ganzen Tag über behäbig in den Astgabeln herumhockten und wahllos fraßen, was sich gerade anbot. Im Gegenteil: Sie verbrachten einen großen Teil des Tages damit, ganz bestimmte Sorten von Futter zu suchen; und selbst wenn sie etwa einen Früchte tragenden Baum gefunden hatten, zogen sie mitunter schon nach kurzer Zeit wieder weiter. Diese Affen waren also ziemlich wählerisch. Und das hat seinen guten Grund: Pflanzen schützen sich vor dem Gefressenwerden mit zahlreichen Giftstoffen wie Alkaloiden, Terpenen und Gerbstoffen. Hinzu kommt, dass eine einzige Sorte von Nahrung nicht alle essenziellen Nährstoffe zur Verfügung stellt. So fehlen bisweilen Vitamine oder Aminosäuren, die zu Eiweiß umgebaut werden können. Früchte enthalten viele Vitamine und leicht verdauliche Kohlenhydrate, liefern aber kaum Aminosäuren, sodass Tiere ihren Bedarf an Eiweiß anderweitig decken müssen. Blätter bieten Eiweiß, doch sie bestehen auch zu einem beträchtlichen Teil aus Ballaststoffen und sind schwer verdaulich.

Diese Fakten zusammengenommen machen deutlich, dass es auch im tropischen Regenwald für Affen schwierig ist, sich ausgewogen zu ernähren. Vom »faulen« Leben im Schlaraffenland kann jedenfalls keine Rede sein.[35]

Um mit diesen erschwerten Bedingungen im Regenwald fertig zu werden, haben Säugetiere im Prinzip zwei Möglichkeiten. Entweder sie passen ihr gesamtes Verdauungssystem an die Verarbeitung von Blättern an und »legen sich einen langen Darm zu«, oder sie entwickeln mehr Grips, um an unterschiedliche und energiereichere Nahrung zu gelangen.

Sollten Sie je auf die Insel Borneo kommen, müssen Sie unbedingt in den Mangrovenwäldern Nasenaffen beobachten. Es lohnt sich wirklich. Nicht nur wegen des veritablen Zinkens, der das Gesicht der Männchen ziert, sondern auch wegen ihres – bedingt durch den langen Darm – opulenten Bauches. Nasenaffen sitzen stundenlang in den Mangrovenbäumen herum und kauen gemächlich vor sich hin. Die Blätter gelangen zunächst in eine Art zweikammrigen Vormagen, in dem Bakterien die Zellwände abbauen. Die dabei über Umwege entstehenden Fettsäuren werden in der Leber zu Traubenzucker umgewandelt. Der Trick an dieser Art der Ernährung ist aber, dass die Millionen Zellulose spaltenden Bakterien gemeinsam mit dem Blätterbrei in den sauren Magen weitergeleitet werden. Dort sterben die Bakterien ab, werden von der Magensäure zersetzt und in Eiweiß, Fett und Kohlenhydrate zerlegt.

Wenn Sie hingegen die in Südamerika beheimateten Klammeraffen betrachten (im Unterschied zu Nasenaffen können Sie Klammeraffen in nahezu jedem Zoo beobachten), werden Sie feststellen, dass diese im Vergleich zu Nasenaffen höchstens ein Bäuchlein haben, was mit ihrem wesentlich kürzeren Darm zusammenhängt. Allein dieser Umstand sagt uns, dass sich Klammeraffen von »dichteren Energiepaketen« ernähren wie zum Beispiel von Früchten, aber auch Insekten.

Unter den Menschenaffen können wir den gleichen Unterschied ausmachen zwischen Gorillas (langer Darm, dicker Bauch), Schimpansen (kürzerer Darm, dünnerer Bauch) und Menschen (kurzer Darm, in Industrienationen Waschbrettbauch äußerst beliebt, aber Bierbauch häufig die Realität). Dahinter verbirgt sich natürlich die Ernährungsweise: Gorillas fressen fast ausschließlich Blätter. Schimpansen beziehen rund 90 Prozent ihrer Energie aus kohlenhydratreichen Früchten wie Feigen und Nüssen, nur 5 Prozent aus Blättern und anderen pflanzlichen Faserstoffen und einen kleinen Rest aus tierischem Eiweiß und Fett, vor allem aus Termiten, Ameisen und gelegentlich aus dem Fleisch von Antilopen und Stummelaffen, die sie jagen. Schließlich Menschen: Diese haben die »Energiepakete« in jüngster Zeit regelrecht zu Kalorienbomben verdichtet; zumindest Jugendliche scheinen mit Big Macs, Pizza und Cola prächtig über die Runden zu kommen.

Als Katharine Milton Mitte der siebziger Jahre ihre Studien auf Barro Colorado begann, fielen ihr schnell wesentliche Unterschiede im Verhalten der verschiedenen Affenarten auf: Klammeraffen wirkten auf sie »pfiffiger und gescheiter als Brüllaffen, manchmal schon beinahe menschlich«.[36] Milton fragte sich natürlich, ob dieser Unterschied mit der jeweiligen Ernährungsweise in Zusammenhang stand.

Vergleicht man das Hirngewicht dieser beiden gleich großen

Arten, dann wiegt das Gehirn von Brüllaffen durchschnittlich 50 Gramm, während Klammeraffen 107 Gramm Gehirn vorweisen können. Milton schloss daraus, dass Früchtefresser mehr Grips benötigen, weil ihre Nahrung im Wald verteilt und damit schwieriger zu finden sei als Blätter. Klammeraffen, so ihr Argument, müssten sich gleichsam »kognitive Geländekarten« anlegen, in denen verzeichnet sei, wann wo welcher Baum Früchte trägt, wie weit dieser vom eigenen Standpunkt entfernt ist, wie man am ungefährlichsten dort hinkommt usw. Dieses Argument erscheint so einleuchtend, dass es heute noch vielfach zitiert wird.

27

Etwa zu jener Zeit, als Katharine Milton ihre Untersuchungen im Regenwald begann, schlug der Neurobiologe Harry Jerison eine Lösung für ein Problem vor, das nicht nur Wissenschaftlern Kopfzerbrechen bereitete und das sich am einfachsten anhand eines Beispiels darstellen lässt. Das Gehirn des afrikanischen Elefanten (etwa so groß wie ein Fußball) wiegt zirka 4,5 Kilogramm; männliche Pottwale kommen mit etwa 9 Kilogramm auf das Doppelte; und der Denkapparat des modernen Menschen wiegt im weltweiten Durchschnitt 1,3 Kilogramm. Welches dieser Tiere ist am intelligentesten?

Einleuchtend ist, dass ein 3 Tonnen schwerer Elefant mehr Nervenzellen benötigt, um seine riesige Körpermasse zu steuern, als eine winzige, 30 Gramm leichte Maus. Setzt man aber das Hirnvolumen einfach in Relation zum Körpergewicht, kommen kleine Säugetiere ungleich besser weg – ihr Gehirn ist dann relativ gesehen größer. Mäuse wären demnach um einiges cleverer als Elefanten, und Halbaffen stünden ungleich besser da als Menschen. Irgendetwas kann da nicht stimmen.

Dieses Phänomen war schon dem Schweizer Zoologen Max Kleiber aufgefallen, der im Jahr 1961 diese Diskrepanz korrigierte, indem er eine empirisch ermittelte Konstante mit dem Wert 0,75 in die mathematische Gleichung einfügte. Harry Jerison berechnete in den folgenden Jahren dieses korrigierte Verhältnis von Körpergewicht und Hirngewicht von Hunderten Tierarten. Das Ergebnis bezeichnete er als *Enzephalisationsquotienten* (EQ). Nach dieser

Rechnung haben Menschen einen EQ von 7. (Das heißt: Das Gehirn des Menschen ist 7-mal größer, als zu erwarten wäre, wenn der Mensch ein durchschnittliches Säugetier wäre.) Schimpansen haben einen EQ von 2,4 und Gorillas von 1,14.[37]

Anthropologen haben sich natürlich sofort daran gemacht, den EQ unserer Ahnen zu berechnen. Ich möchte Ihnen diese Zahlenreihe ersparen, denn je nach Datenquelle kann man zwei Ergebnisse herauslesen. Einmal: Der EQ stieg kontinuierlich vom Vormenschen über den Urmenschen zum archaischen *Homo sapiens* bis zum modernen Menschen. Manche Forscher lesen die Daten aber auch so, dass sich nichts tat, bis vor 200 000 Jahren der moderne Mensch die Bühne der Welt betrat. Da soll einer nicht verrückt werden!

Der Enzephalisationsquotient gehört seither zu Anthropologiebüchern wie das Amen zum Gebet. Dieser EQ wird einfach überall zitiert, obwohl er auch Probleme bereitet. Aber die muss man eben wegdiskutieren – irgendeine Erklärung findet sich schon.

Beispielsweise stammt der dem Menschen am nächsten kommende Wert nicht von den Menschenaffen, sondern von Delfinen. Diese Meeressäuger haben mit einem Wert von 5,3 einen mehr als doppelt so großen EQ wie Schimpansen. Auch von den Affen stehen uns nicht etwa Schimpansen am nächsten, wie man annehmen würde, sondern die im südamerikanischen Regenwald lebenden Kapuzineräffchen; ihre relative Hirngröße erreicht etwa die Hälfte der menschlichen.

Ich sehe schon, wie manche von Ihnen triumphieren: Das ist doch allgemein bekannt, dass Delfine intelligent sind. Das schon. Aber das ist keine wissenschaftliche Argumentation. Delfine gehen nicht aufrecht auf zwei Beinen, haben keine Hände zum »Begreifen« und kommunizieren völlig anders als unsereins, nämlich mit Ultraschalllauten. Warum sollte also das Gehirn eines Tümmlers, das immerhin 1,9 Kilogramm wiegt, so aufgebaut sein wie das eines Menschen?

Es stellt sich also die Frage, ob man Gehirne und geistige Leistungen von Tieren so vergleichen kann. In den vergangenen Jahren haben Forscher immer öfter gefragt, was sich mit dem EQ überhaupt messen lässt. Schauen Sie sich noch einmal den EQ von Schimpansen an, dessen Wert mit 2,4 doppelt so hoch liegt wie der von Gorillas mit 1,14. Die gängige Erklärung für diese Diskrepanz lautete: Gorillas leben in einer »Salatschüssel«, sie brauchen nur die Arme auszustrecken und Blättchen zu pflücken. Schimpansen dagegen, *ja Schimpansen,* die müssen intelligent sein, die fressen verstreut im Wald wachsende Früchte, brauchen daher »kognitive Geländekarten«, leben darüber hinaus in komplexen, sozialen Gruppen, und überhaupt … sie sind ja unsere nächsten Verwandten. Sagen Sie das einmal einem Primatologen, dass seine Gorillas im Vergleich zu Schimpansen ganz schöne Doofköpfe sind – aber sehen Sie zu, dass Ihnen ein Fluchtweg offen bleibt.

Was sagt dann der Enzephalisationsquotient überhaupt aus? Nun, es scheint so zu sein, dass der EQ mit der Ernährungsweise einer Tierart korreliert. Affen, die von sehr energiereicher Nahrung leben, haben einen hohen EQ (wie zum Beispiel Kapuzineraffen, Klammeraffen, Schimpansen und Menschen). Affen, die an Kalorien arme Blätter fressen, haben einen niedrigen EQ (wie zum Beispiel Nasenaffen, Brüllaffen, Stummelaffen und Gorillas). Da es, wie wir gesehen haben, einen Zusammenhang gibt zwischen Ernährung und Hirngröße, deckt sich der EQ häufig mit unseren Erwartungen, wie »klug« ein Tier sein sollte. Aber eben nur häufig und nicht immer.

28

Die Frage ist also: Wie kann man intelligentes Verhalten bei Tieren messen, und lässt sich ein Zusammenhang zur Hirngröße herstellen?

Duane Rumbaugh beschäftigt sich seit langem mit dieser Frage. Schon vor Jahrzehnten suchte der Psychologe am Sprachforschungszentrum der Georgia State University nach Möglichkeiten, wie man geistig schwerstbehinderten Kindern Sprache beibringen könnte. Aus diesem Grund wandte er sich der Sprachforschung an Menschenaffen zu. (An seinem Institut lebt übrigens auch der durch zahlreiche Fernsehdokumentationen berühmt gewordene Bonobo *Kanzi.*)[38]

Rumbaugh entwickelte einen ebenso simplen wie faszinierenden Test, um feststellen zu können, wie »clever« unterschiedliche Affenarten sind. Zunächst konfrontierte er die Affen mit zwei Reizen, einem *Plus-* und einem *Minus-*Reiz. Wählte das Tier das *Plus,* dann wurde es belohnt. Dieser Schritt wurde so lange trainiert, bis die Affen entweder zu 67 Prozent oder zu 84 Prozent richtige Antworten gaben. Danach änderte Duane Rumbaugh die Regeln und belohnte die Tiere für die Auswahl des *Minus*-Reizes. Das Ergebnis war beeindruckend: Manche Arten, die auf 84 Prozent *Plus* trainiert wurden, taten sich schwer, wenn die Anforderungen auf *Minus* wechselten, weil sie einfach ein Reiz-Reaktions-Muster gelernt hatten. Ihr Gehirn hatte abgespeichert: Drücke die Plus-Taste und du bekommst eine Erdnuss. Bei 67 Prozent taten sie sich leichter mit der Änderung, weil das Reiz-Reaktions-Muster noch nicht so eingefahren war. Andere Arten kamen hingegen bei 84 Prozent mit der Neuerung leichter zurecht; sie hatten offensichtlich die grundsätzlich Idee der Aufgabe kapiert: Wähle den Reiz aus, der belohnt wird. Bei 67 Prozent waren sie schlechter, weil sie weniger Zeit hatten, den Zusammenhang zu verstehen.

Wie zu erwarten, schneiden bei diesem Test Schimpansen, Gorillas und Orang-Utans um einiges besser ab als niedere Affen wie Makaken und Grüne Meerkatzen, und diese übertreffen in ihren kreativen Antworten Halbaffen wie etwa Lemuren.

Interessanterweise korreliert dieser so genannte *Transfer-Index-Test* mit der absoluten Hirnmasse.* Das heißt: Je größer das Gehirn einer Art, desto cleverer.

Dieser Vergleich erfordert, dass man innerhalb einer klar definierten Gruppe bleibt, wie beispielsweise der Ordnung der Affen. (Menschen mit Delfinen und Mäusen zu vergleichen und dann zu fragen »Wer ist klüger?«, ist somit offenkundig ein Unsinn.) So wiegt das Gehirn des Menschen rund 1350 Gramm, das von großen Menschenaffen 350 bis 500 Gramm, Paviane bringen es nur auf 200 Gramm, die Altweltaffen Afrikas und Asien auf 40 bis 140 Gramm und die Neuweltaffen Südamerikas auf 10 bis 110 Gramm.[39]

Diese Ergebnisse lassen natürlich das Hirnwachstum der Hominiden in neuem Licht erscheinen. Erinnern wir uns: Lucy, die Vormenschendame, hatte ein Hirnvolumen von 400 Kubikzentimetern (wie ein Schimpanse), spätere Vormenschen brachten es schon auf 500 Kubikzentimeter; der erste Vertreter unserer Gattung (*Homo habilis*) verfügte vor 2,5 Millionen Jahren bereits über 600 bis 800 Kubikzentimeter, der Urmensch *Homo erectus* startete mit

---

* Die kognitiven Fähigkeiten korrelieren auch mit der Größe anderer Hirnstrukturen wie der Großhirnrinde und dem Hippocampus.

diesem Volumen und brachte es schließlich auf 1000 Kubikzentimeter; der archaische Mensch hatte bereits 1400 Kubikzentimeter – ebenso viel wie der moderne Mensch. Das Neandertaler-Gehirn maß gar bis 1700 Kubikzentimeter.[40]

Bedeuten diese Zahlen, dass archaische Menschen vor 400000 Jahren genauso klug waren wie moderne Menschen? Darauf werden wir im letzten Kapitel noch einmal eingehen. Sehen wir uns zunächst im folgenden Kapitel an, wie das Gehirn der Hominiden von 400 Kubikzentimeter auf 1400 Kubikzentimeter anwachsen konnte. Im V. Kapitel versuchen wir dann die wichtigsten Funktionsweisen unseres Gehirns zu verstehen, um klären zu können, was den modernen Menschen so erfolgreich gemacht hat.

IV

Omas, Knollen und fette Maden –
die Evolution der Langlebigkeit

29

Ich bin gespannt, wie viel Nahrung wir finden. Es ist später Nachmittag, vielleicht 16 oder 17 Uhr, ich weiß es nicht genau, weil ich meine Armbanduhr abgelegt habe. Ich versuche, mich in der einen Woche, die ich bei den Hadzabe im Norden Tansanias verbringe, so gut wie möglich an deren Lebensrhythmus anzupassen. Die Frauen dieses Jäger-und-Sammler-Volkes ziehen meist zweimal am Tag los, um Samen zu sammeln und Früchte zu pflücken, vor allem aber, um unterirdische Speicherwurzeln von Pflanzen auszugraben. Normalerweise gehen alle Frauen auf diese Sammeltouren mit, junge wie alte, die Kinder im Schlepptau. Oft kommt einer der Männer mit, um die Frauen zu beschützen – nicht vor wilden Tieren, vor diesen fürchten sich die Hadzabe nicht, sondern vor den Viehhirten, die hier leben. Die Zeiten, da dieses Land rund um den Eyasi-See einzig und allein den Hadzabe gehörte, sind längst vorbei. Akan'abena, Susuma, Siguasi, Pantische und ihre Gruppe leben nördliche des Sees. Ein paar Stunden Fußmarsch entfernt liegt Mang'ola, ein großes Dorf, dessen Einwohnerzahl sprunghaft wächst; ein Stückchen weiter steht der riesige Bau eines Gefängnisses; Zwiebelplantagen beanspruchen immer größere Teile des Gebietes östlich des Eyasi-Sees; und seit einigen Jahren kommen auch noch die Barabaig in dieses karge Gebiet. Die Barabaig sind Viehhirten und als solche mit Jägern und Sammlern »grundsätzlich« nicht befreundet. Die Barabaig gelten genau wie die Massai als tapfere Krieger; und die Hadzabe sind aus Sicht dieser Hirten »Wilde« – die allerdings äußerst wirksame Giftpfeile benutzen. Kein Wunder also, dass die Frauen auf ihren Sammeltouren von Siguasi oder Pantische oder einem der anderen Männer begleitet werden. Was mich eher wundert, ist, wie viele Menschen hier kreuz und quer durch die Savanne marschieren. Bevor ich hierher kam, hatte ich erwartet, dass Jäger und Sammler in einer gottverlassenen Wildnis leben, in einer Einöde, in der sich Löwe und Gepard gute Nacht sagen. Und jetzt stehe ich inmitten der Zivilisation, in der ein Häufchen von Menschen versucht, seine traditionelle Lebensweise aufrechtzuerhalten.

Vor 10, 15 Jahren war hier noch Wildnis; da brüllten nachts noch die Löwen, und die Geparden gingen tagsüber auf die Jagd auf Gazellen. Und die Hadzabe praktizierten *power scavenging* –

die Männer nahmen ihre Waffen und verscheuchten die Raubtiere von ihrer Beute. Aber jetzt hört man nicht einmal mehr nachts die Hyänen, und die Kultur der Hadzabe steht vor dem Untergang. Die Zivilisation, dieser unbarmherzige Krake, verschlingt ihre Kinder.

Etwa 1 000 Hadzabe gibt es noch, angeblich. Ungefähr 200 führen noch einen Überlebenskampf zwischen Tradition und Moderne.[41] An einem Tag betteln sie vorbeikommende Touristen an, mit deren Geld sie sich zukiffen und in Grund und Boden saufen, am nächsten Tag gehen sie Wurzeln sammeln und Wild jagen.

Ich habe keine Ahnung, wie groß meine Gruppe überhaupt ist, da vor meiner Ankunft einige Leute nach Mang'ola gegangen sind und ich sie vor meiner Abreise auch nicht mehr sehen werde. Ein alter Mann sei schwer krank, sagt man mir, man habe ihn ins Krankenhaus nach Mang'ola gebracht. Aber aus der anthropologischen Literatur weiß ich, dass eine Hadza-Gruppe aus rund 30 Menschen besteht. Ich lerne vielleicht 15 kennen, ich kann es nicht genau sagen, weil ein ewiges Kommen und Gehen herrscht.

Der Harvard-Anthropologe Frank Marlowe bezeichnet dieses stete Sich-Aufteilen und Wieder-Verschmelzen als *fission-fusion*-Organisation. Ein System, das man von den Wüstenpavianen Äthiopiens kennt. »Hamadryas versammeln sich abends in großen Horden an einem Schlafplatz, um sich so vor Raubtieren zu schützen; am folgenden Morgen zerstreuen sich die Paviane in alle Himmelsrichtungen und suchen in kleinen Gruppen nach Futter«, so Marlowe. »Auch die Hadzabe verbringen die Nacht im sicheren Camp; am Morgen gehen die Männer einzeln auf die Jagd, und die Frauen suchen in kleinen Gruppen nach Wurzeln und Beeren.«[42]

Vormittags gehe ich mit Siguasi auf die Jagd, nachmittags begleite ich die Frauen auf ihrer Sammeltour. Ich weiß nicht, nach welchem System sie losmarschieren, wer oder was entscheidet, wann sie wohin gehen. Nach meinem Eindruck schnappen sie einfach ihre Grabstöcke, ihre Blicke bedeuten mir dann »Komm schon, Mzee«, und dann hetzt der »alte Mann« hinterher. Wir gehen dann eine Stunde durch die Savanne, und ich bin jeden Tag aufs Neue überrascht, wie steinig der Boden ist. Ich hatte mir unter einer Savanne fruchtbaren Boden vorgestellt, ähnlich einem Stoppelacker zu Hause, auf dem allerlei Gräser und Bäume gedeihen und große Tierherden wie Gnus und Zebras herumtrampeln.

Aber hier trampelt nichts herum, außer den Viehherden der Bara-baig. Der Boden ist steinig, was darauf wächst, ist ausschließlich mit Widerhaken bewaffnetes Gestrüpp.

Wenn wir schließlich dort ankommen, wo die Frauen hinwollten, knien sie nieder und beginnen, mit ihren Stöcken ein Loch auszuheben. Eine weit verbreitete Wurzel, die sie das ganze Jahr über ausgraben, nennen sie //ekwa. (Die zwei Striche zeigen einen Klicklaut an. Wenn Sie das Wort richtig aussprechen wollen, müssen Sie zuerst mit der Zunge schnalzen: //ekwa.) Das Graben unter der heißen Sonne ist ein ziemlich harter Job, der vollen Körpereinsatz erfordert, vor allem, weil diese oberirdisch unscheinbaren Pflänzchen ihre Knollen ziemlich tief im Boden verstecken. Die Frauen hauen und stoßen mit der Spitze des harten Grabstockes, sie schaufeln die Erde mit bloßen Händen zur Seite, bis ihnen der Schweiß über die Stirn rinnt. Die kleinen Kinder, die uns begleiten, stehen meist nur herum. Die Mädchen versuchen sich ab und zu spielerisch am Graben; die Jungen pirschen sich lieber mit selbstgebastelten Pfeilen und Bögen an alles heran, was kreucht und fleucht, vom Piepmatz bis zum Schmetterling. Als die Frauen die erste braune Knolle zu Tage fördern, bin ich zunächst etwas enttäuscht: So viel Aufwand für so wenig Ertrag! Das Ding sieht aus wie eine kleine Rübe. Aber dann liegen innerhalb kürzester Zeit 2 Kilogramm von diesen Knollen vor mir. Nach einer kurzen Rast fangen die Frauen, nur ein paar Meter entfernt, erneut zu graben an, da diese Pflanzen Ausläufer bilden. Sie befördern wieder einige Knollen aus dem Boden, dann ziehen wir wieder weiter. Nach insgesamt 2 Stunden packt jede der Sammlerinnen ihre Ausbeute in ein Tuch, knotet es mit wenigen Handgriffen zusammen, wirft sich diese praktische Tragetasche über die Schultern, und dann marschieren wir zurück Richtung Camp. Plötzlich wirft sich die alte Akan'abena auf die Knie und fängt zu graben an. Zuerst wundere ich mich, was sie da tut, aber dann entdecke ich 4 oder 5 Meter entfernt einen Maushügel. Als ich wissen will, warum sie so weit neben dem Hügel gräbt, bekomme ich von den anderen zur Antwort: »So halt, sie weiß es eben.« Es dauert keine Minute, da springt eine kleine Maus genau an der Stelle, wo Akan'abena gräbt, aus dem Loch und rennt wie Speedy Gonzales um ihr Leben; das Mäuschen versucht, sich unter einer Agave zu verstecken, aber wenn eine menschliche Buschmanngruppe hinter einem her ist, hat man als Beute schlechte Karten. Jede der Frauen hat einen Knüppel in der Hand, mit dem sie in Richtung Maus eindrischt. Kurz darauf hält Akan'abena ihre Minitrophäe am Schwanz in die Höhe.

Zurück im Camp setzen wir uns an ein kleines Lagerfeuer, das die meiste Zeit über lodert. Akan'abena wirft die Maus ins Feuer, grillt sie kurz an, nimmt sie dann heraus, bricht das Schwänzchen ab und steckt dieses wie ein Stück *Soletti* in den Mund. Dann öffnet sie mit dem Messer den Bauch der Maus, entfernt die Innereien und wirft das Tierchen wieder ins Feuer, brät es links an, rechts an und nagt es schließlich bis auf die Knochen ab.

So weit meine Sammel- und Jagderlebnisse mit afrikanischen Buschleuten. Natürlich sagt jeder, dem ich diese Geschichte erzähle: »Um Gottes willen, an einem Mäuschen ist doch nichts dran!« Und ich antworte dann immer: »Mag sein, dass an *einer* Maus nichts dran ist, aber diese zu fangen, geht ganz nebenbei, ganz ohne Schweiß und Mühe, und die Savanne ist voll von Mäusen. Solch einen Nager kann man auf dem Heimweg ›mitnehmen‹ wie einen Döner.« Und *Sie* wollen ja auch nicht Ihre ganze Familie mit einem einzigen Döner übers Wochenende bringen. Die große Menge an Kilokalorien stammt bei den Hadzabe sowieso von den gesammelten Wurzeln, Knollen und Beeren.

30

Die Lebensweise der Hadzabe wird seit 4 Jahrzehnten wissenschaftlich erforscht. Anthropologen interessieren sich für dieses kleine Volk, weil es sein Leben unter Bedingungen meistert, unter denen der Mensch vor etwa 2 Millionen Jahren entstanden ist. Es ist noch immer dieselbe Savanne, es sind die gleichen Pflanzen und gleichen Tiere, die potenziell Nahrung oder Gefahr darstellen. Die Umwelt ist die gleiche, aber die Menschen sind natürlich andere.

Zu ihrer Überraschung fanden die Wissenschaftler heraus, dass ein Großteil der Kalorien, welche die Hadzabe zu sich nehmen, nicht von Fleisch stammt, das die Jäger heranschaffen, sondern von tief im Erdreich wachsendem Wurzelwerk. Eine Hadzabe-Frau gräbt pro Stunde zirka 2 000 Kilokalorien in Form dieser //ekwa-Knollen aus, und dass eine Sammlerin »Gemüse« mit einem Nährwert von ungefähr 12000 Kilokalorien nach Hause bringt, ist nichts Ungewöhnliches.[43] Ähnliches spiegeln Forschungsergebnisse zu anderen Jägern und Sammlern wider: Fleisch spielt demnach für die Ernährung von afrikanischen Jäger-und-Sammler-Völkern eine überraschend geringe Rolle.

Wenn wir bedenken, dass die Jagd und der Fleischkonsum von vielen Anthropologen als *die* Triebfeder der menschlichen Evolution angesehen werden, sind das recht überraschende Ergebnisse.

Rufen wir uns noch einmal die »Jagdhypothese« in Erinnerung, die salopp formuliert folgendermaßen lautet: Jagd ist eine komplexe Handlung, die kluge Urmenschen antrieb, Werkzeuge und Waffen herzustellen, um so an mehr Fleisch zu gelangen. Diese zusätzliche Energie investierten Hominiden sozusagen in ein größeres Gehirn, und sie wurden in der Folge noch klüger. Wegen des aufrechten Gangs konnte das weibliche Becken aus Gründen der Statik nicht beliebig vergrößert werden. Daher wurde das Hirnwachstum gleichsam aus dem mütterlichen Bauch nach außen verlegt. Die Mutter hatte damit aber auf Jahre hinweg einen hilflosen, quengelnden Balg am Hals, sodass sie auf die Versorgung durch einen jagenden Partner angewiesen war. Die Unterstützung durch den Vater, der Fleisch anschleppte, erhöhte die Überlebenschancen der Kinder. Als Folge entstanden Kernfamilien, in welchen der Vater die Nahrung beschaffte und die Mutter für die Kinder zuständig war.

Wie wir nun aber gesehen haben, sind es vor allem die Frauen, welche die Nahrung heranschaffen. Und wir sollten langsam auch die Frage zulassen: *Wozu gibt es überhaupt Väter?*

31

Einen Großteil der Gedanken, die ich in diesem Kapitel präsentiere, haben die Anthropologen Kristen Hawkes, James O'Connell und Nicolas Blurton Jones von der Universität Utah entwickelt.[44] Diese Forscher haben mit unglaublicher Akribie dokumentiert, dass es bei den Hadzabe ein Jäger im Jahresmittel nur ein einziges Mal pro Monat schafft, eine größere Menge Fleisch zu erbeuten.[45] Eine ähnliche Beobachtung hat vor 30 Jahren auch Robert Lee bei den *!Kung-San* im südlichen Afrika gemacht. Dort werden von einem Jäger nicht mehr als 2 oder 3 große Antilopen pro Jahr erlegt, und nur wenige Männer töten mehr als 5 große Tiere im Jahr.[46]

Aus anthropologischer Sicht lässt dies nur einen Schluss zu: Wäre eine Familie von dem abhängig, was Papa nach Hause bringt, dann wären wir heute noch auf dem Stand von *Lucy,* dem Vormenschen.

Vergessen Sie also die Mär vom Vater als Ernährer der Familie. Das ist nicht die Rolle, die Mutter Natur im Bühnenstück des Lebens für Männer vorgesehen hat.

Sie werden mir zustimmen, dass ein Tier pro Monat nicht viel ist zum Überleben. Aber diese Zahlen trügen ein wenig. Da Fleisch Allgemeingut ist, von dem sich jeder nimmt, was er braucht, solange etwas da ist, kommt ein Hadza sogar zu relativ viel tierischem Eiweiß, umgerechnet zu täglich 0,7 Kilogramm pro Kopf. Das klingt wiederum nach mehr, als es in Wahrheit ist. Denn erstens bezieht sich diese Angabe nicht auf ein Schnitzel, sondern auf die gesamte ins Camp gebrachte Beute, inklusive Knochen, Haut und Haar. Und zweitens kommt das Fleisch sozusagen schubweise daher: Tötet ein Jäger ein Zebra oder eine Giraffe, dann ist für einige Tage Fleischkost angesagt. Haben die Jäger Pech, kann es sein, dass der Speiseplan wochenlang »fleischfrei« bleibt. Nur während der Trockenzeit, wenn die Männer nachts an den wenigen Wasserstellen den durstigen Tiere auflauern, ist der Ertrag höher. In der übrigen Zeit, wenn sich die Tiere über die ganze Savanne verteilen und die Männer allein umherziehen, gibt es seltener Fleisch.

Wozu, bitteschön, werden Sie jetzt fragen, gehen Männer dann jagen? Tatsächlich kann die Versorgung der Familie mit Fleisch nicht der alleinige Grund dafür sein, dass Väter auf die Jagd gehen, denn dann würden sie eher kleinen Tieren nachstellen, die in der Savanne sehr häufig vorkommen, und nicht die großen bevorzugen. Und im Hinblick auf die Versorgung mit Kalorien wäre es ohnehin am klügsten, wenn sie wie die Frauen Wurzeln und Knollen sammelten. Denn wer nach »Gemüse« sucht, kommt nie mit leeren Händen heim.

Die Praxis bestätigt dies: Ein Jäger ist durchschnittlich 6 Stunden pro Tag unterwegs. Wenn er kein Tier erlegen konnte, sammelt er auf dem Rückweg *Baalako* (Honig) und Baobab-Früchte. Allein diese beiden Nahrungsmittel, Honig und Baobabbrot, machen die Hälfte der Energie aus, die ein Jäger mit nach Hause bringt.

Nennen wir also das Kind ruhig beim Namen: Männer gehen aus dem gleichen Grund auf die Jagd, aus dem Pfauenmännchen ein Rad schlagen. Es geht darum, andere zu beeindrucken und das eigene Ansehen zu steigern. Ob Sie es hören wollen oder nicht: Die Jagd ist ein Angeberjob. Hawkes formuliert es eine Spur wissenschaftlicher: »Die Jagd ist eine attraktive Arena für den männlichen Schaukampf.«[47]

Ein guter Jäger hat bei den Hadzabe einen Status, der dem eines Olympiasiegers oder eines Popstars in westlichen Gesellschaften vergleichbar ist. Beim Volk der Aché im Amazonas-Regenwald haben jene Männer, die als Jäger ein hohes Ansehen genießen, mehr Kinder als Männer mit geringem Status. Ganz ähnlich ist es bei den Hadzabe: Je höher das Ansehen, desto mehr Kinder. Außerdem haben ältere Hadza-Männer, die im Ruf stehen, gute Jäger zu sein, häufiger junge Frauen als Männer mit niederem Status. Kommt Ihnen dieses Phänomen nicht auch irgendwoher bekannt vor?

Wir können also festhalten, dass Männer nicht zur Jagd gehen, um Frau und Kind mit Essen zu versorgen, sondern um andere mit ihren Fähigkeiten zu beeindrucken.

32

Für traditionell denkende Anthropologen, die dem heroisch jagenden Vater noch immer ein Loblied singen, sind das natürlich schlechte Nachrichten. Ich behaupte ja nicht, dass Fleisch für die Menschwerdung überhaupt keine Rolle gespielt hat. 700 Gramm, auf die jeder Hadza täglich kommt, sind wirklich nicht zu verachten. Aber erstens bezweifle ich, dass der Urmensch genauso viel Fleisch herbeischaffen konnte, weil er weder Pfeil und Bogen noch Speer und Schleuder, Fallen oder sonstige Jagdwaffen besaß. Zweitens holen sich auch die Hadzabe nicht ihr 700-Gramm-Beef-Döschen täglich aus dem Supermarkt, sondern das Fleisch wird mitunter in Bergen angeliefert: in Form von 500 Kilogramm Büffel, 800 Kilogramm Giraffe und 2 Tonnen Elefant. Genau das ist auch das Problem, das Föten und Säuglinge sozusagen mit der Jagd haben. Das Gehirn von Neugeborenen verschlingt 74 Prozent der gesamten Stoffwechselenergie; und dieses rasant wachsende Organ braucht *regelmäßig* Nahrung, *täglich*, alle paar *Stunden*, und nicht einmal eine Elefantenkeule und dann monatelang gar nichts.

Bedeutet das nun, dass die ganze Nahrungsbeschaffung zulasten der Mutter geht? Muss sie allein die gesamte Familie durchfüttern, selbst dann, wenn es sich um einen großen, mehrköpfigen Verband handelt?

Um diese Fragen klären zu können, sollten wir uns vergegenwärtigen, wie lange Menschenaffen von ihren Eltern abhängig sind. Allgemein kann man feststellen: Je länger die Lebenserwartung von Säugetieren ist, desto später werden sie geschlechtsreif. Je später die Pubertät einsetzt, desto größer werden Tiere und desto später werden sie von der Muttermilch entwöhnt. Je später Säuglinge von der Muttermilch entwöhnt werden, desto länger dauern die Intervalle zwischen den einzelnen Schwangerschaften, was wiederum mit dem »Stillhormon« *Prolactin* zusammenhängt.

Orang-Utans entwöhnen ihre Kinder im Alter von 6 Jahren, Schimpansen mit knapp 5 Jahren. Bald darauf kommt ein neues Affenbaby zur Welt und die älteren Affenkinder müssen von nun an für ihre eigene Ernährung sorgen. Menschenmütter entwöhnen ihre Kinder durchschnittlich bereits mit 2,9 Jahren; aber die Kinder produzieren noch zirka 20 Jahre lang weniger Energie, als sie verbrauchen. Das heißt, junge Menschen, die unter natürlichen Bedingungen in der Savanne leben, sind viermal so lange von »Zuschüssen« durch ihre Familie abhängig wie Schimpansen.[48] Irgendetwas stimmt da nicht, möchte man meinen. Unsere Art manipuliert sozusagen ihre Reproduktionsbilanz. Denn die Abstände zwischen den einzelnen Geburten sollten eher 10 Jahre betragen, nicht 3 oder 4 Jahre.

Die Anthropologin Kristen Hawkes stellte sich in diesem Zusammenhang folgende Fragen: Wie können sich Menschen eine derart schnelle Geburtenabfolge leisten? Wer füttert die Kinder, wenn die Mutter ihre Energie schon wieder für eine neue Schwangerschaft oder zum Stillen eines neuen Babys braucht?[49] Ihre Studien bei den Hadzabe führten schließlich zu einem für viele überraschenden Schluss: die Großmütter!

Wir wissen alle aus persönlicher Erfahrung, dass Omas immer dann einspringen, wenn »Not an der Frau ist«: wenn die Enkel vom

Kindergarten abgeholt werden müssen, wenn Papa und Mama bis spät in die Nacht arbeiten oder am Wochenende ihre Ruhe haben wollen oder allein in den Urlaub fahren möchten. Die Omas sind immer zur Stelle und stets selbstlos. Sie putzen, kochen und füttern die Kleinen und geben darüber hinaus noch einen beträchtlichen Teil ihres Geldes für die Enkel aus. In deutschen Großstädten ist das nicht anders als bei den Hadzabe in der Savanne.

Die Hadzabe-Omas kümmern sich nicht nur um die Kleinen, wenn die Tochter auf Nahrungssuche geht; nein, die Großmütter gehen selbst mit und sammeln oftmals einen höheren Anteil an Wurzeln und Knollen als die jungen Frauen. Die alten Frauen – häufig schon in den Sechzigern und Siebzigern – verfügen nicht nur über jahrzehntelange Erfahrung, wo sie wann welche Wurzeln, Knollen und Rhizome finden, sie strengen sich beim Graben auch mehr an. Ein Aspekt ist der Anthropologin dabei besonders aufgefallen, nämlich dass das Körpergewicht der Kinder nur so lange mit dem ihrer Mutter korreliert, wie diese nicht schwanger ist und keinen Säugling an der Brust nährt. Hat die Mutter ein Baby, bleibt ihr weniger Zeit für die Sammeltätigkeit und sie kann auch nicht mehr die schweren Grabarbeiten ausführen. Von da an korreliert das Körpergewicht der übrigen Kinder mit dem ihrer Großmutter. Mit anderen Worten: Solange eine Hadzabe-Mutter ein Baby stillt, hängt die Nahrungsversorgung der übrigen Kinder zu einem erheblichen Teil von der Großmutter ab.

Es sind also nicht die Väter, die dafür sorgen, dass die Kinder mit ausreichend Nahrung versorgt werden, sondern vielmehr die Omas. Ohne Großmütter würden Frauen wahrscheinlich nur alle 10 Jahre Nachwuchs bekommen.

33

Wenn Sie Großmutter sind, werden Sie sich über eine solche Nachricht wahrscheinlich freuen. Ohne Oma läuft gar nichts. Sie wussten es ja schon immer! Allerdings gibt es da noch einige theoretische Probleme. Aus Sicht der Gene sollte ein Organismus seine Energie in die Produktion eigener Kinder investieren und nicht in die Kinder anderer Leute. Warum bekommen also Frauen nicht einfach bis ins hohe Alter selbst Kinder? »Weil Frauen mit etwa

50 Jahren in die Menopause kommen«, werden Sie vermutlich antworten.

Aber warum ist das so? Für uns Menschen ist es einfach natürlich, dass Frauen mit 50 Jahren in die Menopause kommen und dass es Omas gibt, sodass es sich eigentlich gar nicht lohnt, weiter darüber nachzudenken; hatte doch unsere Oma auch schon eine Oma und diese ihre Oma. Aber es wäre auch eine andere Möglichkeit denkbar: Tatsächlich können im Tierreich Weibchen im Allgemeinen bis ins hohe Alter Kinder bekommen. Das ist auch nicht unlogisch, wie die Anthropologin Sarah Blaffer Hardy an einem einfachen Beispiel verdeutlicht: »Wenn die Henne mit ihrem Ei sicherstellen will, dass ihre Gene in der nächsten Generation vertreten sind, was könnte sie dann Besseres tun, als lange am Leben zu bleiben, um mit weiteren Eiern der Ewigkeit näher zu kommen?«[50] Genau das machen auch Lachse: sie »legen Eier«, solange sie am Leben sind. Diese Fische wandern aus dem Meer die Flüsse hinauf, laichen an ihrem eigenen Geburtsort ab, und sobald sie die Fortpflanzung hinter sich gebracht haben, beginnt das Massensterben. In Australien gibt es Beutelmäuse, da sterben alle Männchen, nachdem sie ihren »Job« getan, sie also mit den Weibchen kopuliert und ihre Gene weitergegeben haben. Und Schildkröten vergraben noch mit 100 Jahren ihre Eier am Sandstrand. Das heißt also, Tiere pflanzen sich in der Regel fort, bis sie tot umfallen.

Ich höre Sie schon empört ausrufen: »Aber Menschen sind keine Lachse, keine Beutelmäuse und keine Schildkröten!« Gewiss. Aber dieser Mechanismus funktioniert selbst bei unseren nächsten Verwandten. Schimpansen-Weibchen kommen etwa im gleichen Alter in die Menopause wie Frauen – nämlich zwischen dem 45. und dem 55. Lebensjahr. So genau weiß das bei Schimpansen jedoch niemand, da sie dieses hohe Alter nur selten erreichen. Und das hat nichts damit zu tun, dass sie von einem Leoparden gefressen worden sind oder im Tiergarten an einer Infektion eingegangen sind. Es ist einfach so, dass im Tierreich Weibchen im Allgemeinen bis kurz vor ihrem Tod Nachwuchs bekommen können. Die Ausnahme ist also wieder einmal der Mensch. (Sowie Elefant und Pilotwal.)

Aber warum? Warum ist das beim Menschen selbst im Vergleich zu unseren nächsten Verwandten, den Schimpansen, anders? Warum stellen Frauen mit etwa 50 Jahren ihre Reproduktion ein, um dann noch einige Jahrzehnte lang weiterzuleben?

Eine mögliche Lösung kam von dem Evolutionsbiologen George Williams im Jahr 1957. Er entwarf eine Theorie mit dem zungenbrecherischen Namen *antagonistische Pleiotropie*, die in Biologenkreisen weite Verbreitung fand, weil man damit endlich eine Erklärung für die absonderlichen Phänomene *Altern* und *Menopause* hatte. Dieses Wortungeheuer besagt im Prinzip nichts anderes, als dass ein und dasselbe Stück Erbinformation (Gen) in jungen Lebensjahren positive Auswirkungen haben kann und in späten Jahren negative Auswirkungen.

Denken wir beispielsweise an die Kalziumversorgung in unserem Körper. Das für den Kalziumstoffwechsel zuständige Gen sorgt dafür, dass wir starke Knochen haben und dass sie heilen, wenn wir sie uns trotzdem brechen. Dasselbe Gen ist aber auch dafür verantwortlich, dass wir im hohen Alter an Arterienverkalkung leiden. Ein anderes Beispiel ist Cholesterin, das oft zu Unrecht in schlechtem Ruf steht, denn es ist am Aufbau von Zellwänden beteiligt und an der Produktion von Hormonen: Ohne Cholesterin gäbe es keine Geschlechtshormone und ohne Geschlechtshormone keinen Nachwuchs. Das heißt, in jungen Jahren sorgt Cholesterin dafür, dass wir Kinder bekommen, im hohen Alter ist es hingegen für Herz-Kreislauf-Erkrankungen verantwortlich. Ein Evolutionstheoretiker brachte das Phänomen folgendermaßen auf den Punkt: »Lebe jetzt, zahle später.«

George Williams übertrug diese Überlegungen auf die Menopause. Warum, fragte er sich, ist die Menopause von Mutter Natur nicht eliminiert worden? Welchen Vorteil hatte sie für die Frau?

Seine Antwort lautete: Eine Mutter investiert in jedes Kind eine Menge Energie, und diese »Investition« lohnt – aus Sicht des Gens – nur, wenn das Kind gesund das Erwachsenenalter erreicht und sich selbst wieder fortpflanzt. Je älter eine Mutter allerdings wird, desto mehr nehmen die Gebrechen zu, und irgendwann kann sie nicht mehr für ihre Kinder sorgen. Also hört die Frau auf, selbst Nachwuchs in die Welt zu setzen, und investiert ihre Energie in ihre Enkelkinder – die ja auch Träger ihrer eigenen Erbinformation sind. Soweit Williams' Antwort auf die »Erfindung« der Menopause.[51] Doch der Evolutionsbiologe hatte damit das Pferd von hinten aufgezäumt. Wie erwähnt, stellen Schimpansenweibchen etwa im gleichen Alter ihre Reproduktionsfähigkeit ein wie Menschenfrauen. Während Schimpansinnen allerdings bald darauf infolge fortgeschrittenen Alters sterben, leben Frauen noch einige Jahrzehnte weiter. Wir müssen also annehmen, dass *alle* Menschenaffen (inklusive unserer eigenen Art) ursprünglich eine ähnliche maximale Lebenserwartung von zirka 55 Jahren hatten – entsprechend endet kurz davor die Fortpflanzungsfähigkeit. Beim Menschen tickt die biologische Uhr allerdings seit 2 Millionen Jahren noch weiter, und inzwischen hat sich unsere maximale Lebenserwartung auf mehr als 100 Jahre verdoppelt.

Die meisten Leute glauben, das hohe Alter, welches Menschen heute erreichen, sei eine neuzeitliche Erscheinung. Aber das stimmt so nicht. Auch bei Naturvölkern, denen keine moderne medizinische Versorgung zur Verfügung steht, gibt es alte Menschen jenseits der Siebzig: So kennt man 88 Jahre alte !Kung-Buschleute und 77 Jahre alte Aché-Indianer. Und in Europa wurden Menschen bereits uralt, lange bevor es moderne Krankenhäuser und Antibiotika gab. Denken wir nur an die Renaissancekünstler Michelangelo und Tizian, die es auf 89 Jahre beziehungsweise 99 Jahre brachten.

Neu an diesem Phänomen ist lediglich, dass die breite Bevölkerung sehr alt wird, und das hat vor allem mit Hygiene, der geringen Säuglingssterblichkeit, Schutzimpfungen und Antibiotika zu tun. Gegenwärtig liegt die durchschnittliche Lebenserwartung in den Industrienationen bei rund 80 Jahren für Frauen und bei 75 Jahren für Männer. (Japan führt hierbei die Rangliste an: Frauen werden dort 85 Jahre alt, Männer 78 Jahre.)[52] James Vaupel vom Max-Planck-Institut für demografische Forschung in Rostock ist überzeugt, dass »ein großer Teil aller heute in Deutschland geborenen Mädchen 100 Jahre alt werden wird, die Jungen wahrscheinlich 95 Jahre«. Hierin liegt der große Unterschied zu den Naturvölkern, die nur eine durchschnittliche Lebenserwartung von etwa 35 Jahren haben, weil bei diesen die Kindersterblichkeit extrem hoch ausfällt: Bis zu 34 Prozent der Kinder sterben in den ersten 12 Monaten und weitere 12 bis 18 Prozent, bevor sie ihren fünften Geburtstag erreichen. Diese Zahlen sind geradezu astronomisch, wenn man sie mit Daten aus Industrieländern vergleicht. Hier liegt die Sterblichkeit im Promillebereich.[53]

Diese Zahlen betreffen, wie gesagt, die *durchschnittliche* Lebenserwartung, die durch Krankheiten eingeschränkt wird. Die biologisch mögliche Lebensspanne der Spezies Mensch liegt hingegen jenseits der 100 Jahre. Das bezeugt der älteste Mensch, der bisher erwiesenermaßen gelebt hat: Die Französin Jeanne Calment starb im Alter von 122,5 Jahren.[54] (Über den bislang ältesten Schimpansen gibt es keine sicheren Aufzeichnungen; den Gerüchten nach hat *Judy*, die neben Johnny Weismüller die Hauptrolle in den Tarzanfilmen gespielt hat, 65 Jahre erreicht.) Aus diesen Daten können wir also schließen: Wer vor seinem 100. Geburtstag stirbt, stirbt nicht am Alter, sondern an einer Krankheit.

Damit stellt sich uns natürlich die Frage, warum der Mensch seine Lebenserwartung verdoppelt hat, nicht aber der Schimpanse. Warum werden Menschen so außerordentlich alt?

Die einzige mir bekannte vernünftige Erklärung hierzu liefert Kristen Hawkes mit der *Großmutterhypothese*. Um diese zu verstehen, empfiehlt es sich, noch einmal einen Blick auf die Kultur der Hadzabe zu werfen.

Es sind nicht die Männer, die *regelmäßig ausreichend* Nahrung herbeischaffen, sondern die Frauen. Ist eine Mutter schwanger oder stillt sie ein Baby, dann korreliert das Körpergewicht der übrigen Kinder mit dem Gewicht der Großmutter. Durch deren Hilfe können junge Frauen in wesentlich kürzerem Abstand wieder Kinder bekommen und es überleben auch mehr Kinder. Anders gesagt: Hilft die Großmutter, steht mehr Nahrung für die ganze Familie zur Verfügung, und mehr Nahrung bedeutet letztlich einen höheren Reproduktionserfolg. Indem sich Oma lange unentbehrlich macht, fördert sie ihre eigenen Gene, die sie über die Tochter an die Enkelkinder weitergibt.[55]

In Bezug auf die Evolution der Langlebigkeit heißt das: Urmenschen-Frauen, die besonders »langlebige Gene« besaßen, konnten im hohen Alter länger für ihre Enkelkinder sorgen und sorgten derart dafür, dass sich ihre eigenen »langlebigen Gene« durchsetzten. Großmütter haben sozusagen die Langlebigkeit des Menschen »erfunden«.* Mit Blick auf die Hominidenevolution können wir also folgendes Szenario entwerfen: Vor 2,5 bis 1,7 Millionen Jahren wurde das Klima im Osten Afrikas trockener, die Regenwälder gingen zurück, und die Savanne breitete sich aus. Der Urmensch lernte im Zuge dieser Veränderung, unterirdisch wachsende Nahrungsressourcen zu nutzen. (Neben dem Menschen gibt es noch eine weitere Gattung, die das praktiziert, nämlich die Schweine.)

---

* Männer sollten nach dieser Logik alt werden, weil sie von ihrer Mutter dieselben Gene geerbt haben wie ihre Schwestern. Opa ist sozusagen ein »evolutionärer Trittbrettfahrer«.

Diese neue Ernährungsstrategie erlaubte es ihm, sich in einem Lebensraum auszubreiten, der anderen Affenarten verwehrt blieb. Kein anderer Menschenaffe lebt in der Savanne; und die wenigen Schimpansenpopulationen, die nicht im dichten Wald, sondern in einer Übergangszone zwischen Wald und Buschsavanne leben, haben deswegen ein schweres Leben, weil sie sich ausschließlich von Früchten ernähren. Paviane, die sich in die offene Savanne vorgewagt haben, klauben in der Regel nur Samen auf oder reißen Wurzeln aus – sie graben jedenfalls nicht in die Tiefe, wo die wesentlich größeren und an Energie reicheren Knollen zu finden sind. Vielleicht war es ebendiese neue Ernährungsstrategie, die es dem *Homo erectus* erlaubte, von Afrika aus bis in den Kaukasus und nach Java vorzustoßen. Mehr noch: Wenn Kristen Hawkes und ihre Kollegen Recht haben, dann ermöglichte die Versorgung mit diesen energiereichen Knollen das weitere Anwachsen des menschlichen Hirnvolumens.

34

Viele Anthropologen zweifeln diese Hypothese allerdings an. Erstens, weil es bei allen Menschenaffen die jungen Weibchen sind, die im fortpflanzungsfähigen Alter in eine andere Gruppe auswandern, um so Inzucht zu vermeiden. Aber das ist nur die halbe Wahrheit: Es sind häufig die im Rang niederen Schimpansinnen, die ihre Gruppe verlassen – die, die nichts zu verlieren haben. Weibchen aus einer ranghohen Familie wandern in der Regel nicht aus – und unter uns gesagt: sie wären ja auch blöd, wenn sie auf die Unterstützung durch ihre Familie verzichten würden. Es waren ja auch nicht die Bankiers und reichen Kaufleute, die in früheren Jahrhunderten aus Deutschland in die USA ausgewandert sind, um sich ein neues Leben aufzubauen. Niemand gibt viele Vorteile zu Hause auf, wenn ihn in der Ferne nur Nachteile erwarten. Bei Schimpansen ist das nicht anders: In eine fremde Gruppe einzuwandern, bedeutet für eine Schimpansin, in der Hierarchie ganz unten zu sein und von jedem Prügel zu beziehen, selbst wenn es halbstarke Rüpel sind. Als »Neue« hat man nichts zu lachen, und das oft ein Leben lang. Außerdem sprechen auch unsere Erkenntnisse von Jäger-und-Sammler-Gemeinschaften dagegen: Bei den

Hadzabe bleiben zwei Drittel der erwachsenen Frauen im Camp ihrer Mutter; nur ein Drittel wechselt ins Camp des Mannes – und selbst das oft nur eine Zeit lang, da die Scheidungsrate extrem hoch ist.[56]

Der zweite Grund, warum die Großmutterhypothese unter Anthropologen nicht allgemein akzeptiert ist, hat damit zu tun, dass diese Speicherwurzeln schwer verdaulich sind und häufig Giftstoffe enthalten. Für die Hadzabe stellt das kein Problem dar, denn durch Hitzeeinwirkung wird einerseits die Stärke im Gemüse aufgeschlossen und werden andererseits die Giftstoffe zerstört.

Aber beherrschte auch der Urmensch vor 1,8 Millionen Jahren bereits das Feuer? Man kann es glauben (wollen) oder nicht. Die meisten Anthropologen bezweifeln es.

Die Großmütter-Sympathisanten antworten auf diese Kritik, dass das Wurzelwerk auch ohne im Feuer gebraten zu werden ein reichhaltiges Menü abgäbe und dass nicht alle Knollen Giftstoffe enthielten.

»Ich bin mir sicher, dass Urmenschen wussten, welche Pflanzen giftig sind und welche nicht«, sagt die Ernährungswissenschaftlerin Nancylou Conklin-Brittain von der Harvard Universität. »Das Problem ist eher, dass rohe Knollen und Wurzeln schwer zu verdauen sind. Aber ich glaube, mit einem Hammerstein kann man diese Pflanzenteile so weich klopfen, dass eine Menge Energie herauskommt.«

Ich sitze mit Nancylou und ihrem Harvard-Kollegen Frank Marlowe beim Mittagessen in der Cafeteria im Max-Planck-Institut für Evolutionäre Anthropologie in Leipzig; das Institut ist in den vergangenen Jahren zu einer Hochburg dieser Forschungsdisziplin geworden. Die beiden Amerikaner haben auf ihrem Weg nach Tansania einen Umweg nach Leipzig gemacht, um an einer Konferenz über Ernährungsstrategien von Affen (inklusive Menschen) teilzunehmen.

»Mir fällt dazu eine nette Geschichte ein«, sagt Frank mit einem Schmunzeln. »Am Westufer des Eyasi-Sees wachsen Marula-Früchte, die sind so groß wie Tennisbälle und ausgesprochen kalorienreich. Dummerweise wissen das nicht nur die Hadzabe, sondern auch die Paviane, und die fressen die Früchte schon im unreifen Zustand. Zum Glück sind aber die Samen so groß und so hart, dass die Paviane sie ausspucken. Die Hadzabe kommen dann mit Hammersteinen vorbei, um die harten Schalen der ölreichen Samen zu knacken.«

»Klar«, sagt Nancylou und hebt ihre Hände, was soviel heißen soll wie: Menschen sind eben erfindungsreich. »Ich bin überzeugt, dass unterirdische Speicherorgane von Pflanzen für die Evolution des Menschen eine wichtige Rolle gespielt haben.«[57]

In den vergangenen Jahren ist eine weitere, bedeutende These zum Thema »Der Mensch, der Sammler« hinzugekommen. Biochemiker haben darauf hingewiesen, dass die Nervenzellenhüllen unseres Gehirns aus spezifischen *mehrfach ungesättigten Fettsäuren* bestehen. Eine davon nennt sich – bitte, halten Sie sich nun fest – Decosahexaensäure. Glücklicherweise gibt es davon auch eine zungenfreundlichere Abkürzungsform, nämlich DHA. Der Punkt ist folgender: Ohne DHA gibt es kein Hirnwachstum. Für die meisten Tiere ist das kein Problem, da ihr Hirnwachstum ja mit der Geburt abgeschlossen ist, aber für einen Menschen, dessen Hirnvolumen nach der Geburt auf das Mehrfache anwächst, ist die ausreichende Versorgung mit DHA ein »Flaschenhals«, durch den sich ein Baby hindurchzwängen muss. Ein Baby Marke *Homo sapiens* kommt mit etwa 400 Gramm Gehirn zur Welt. Mit einem halben Jahr sind es bereits 650 Gramm. Im Alter von 1 bis 2 Jahren wiegt das Denkorgan schon stattliche 1 045 Gramm. Und zur Schulreife, im Alter von 6 Jahren, hat das Gehirn mit 1 235 Gramm sein endgültiges Gewicht fast erreicht. (Nicht ganz: Gegen Ende der Pubertät wird es noch einmal 100 Gramm mehr wiegen, in den Jahren danach reift nur noch das Stirnhirn heran, bis es das Gehirn auf insgesamt 1 350 Gramm bringt.) Das Erstaunliche an dieser Gewichtszunahme ist, dass sie zur Gänze auf das Konto des »Dickenwachstums« geht, denn ab dem neunten Schwangerschaftsmonat wachsen keine neuen Nervenzellen mehr. Was dann passiert, ist, dass die Verknüpfungen und die Hüllen der Nervenzellen gebildet werden – und damit beginnt die Zeit, da große Mengen DHA gebraucht werden. (Möglicherweise dient der Babyspeck nicht nur als Energiepuffer, der in Notzeiten drei Wochen lang das Überleben garantiert, sondern auch als ein DHA-Speicher!) Worin sind also diese speziellen Fettsäuren enthalten?

DHA ist eine ziemlich seltene Fettsäure. Unser Körper kann sie aus Pflanzen und Fleisch nur in sehr geringen Mengen herstellen. Aus diesem Grund, so der britische Ernährungswissenschaftler Michael Crawford, konnten Gorillas kein großes Gehirn ent-

wickeln, weil sie sich ausschließlich von pflanzlicher Kost ernähren. Schimpansen jagen zwar sporadisch andere Tiere und fressen
Termiten und Ameisen, aber das reicht bei weitem nicht aus, um
ein großes Gehirn zu entwickeln. Die Zufuhr von DHA muss schon
regelmäßig und in größeren Mengen erfolgen. Die von Crawford
favorisierte These lautet: Die Eier von Küstenvögeln sowie Meeres-
tieren wie Krebse, Muscheln und Fische sind besonders reich an
DHA, und bereits der Vormensch habe die Strände nach Meeres-
lebewesen abgesucht.

Unglücklicherweise sprechen keinerlei anthropologische Hinweise dafür, dass die frühe Evolution des Menschen an den
Meeresküsten abgelaufen ist. Wir müssen schon zurück in den
Wald und vor allem in die Savanne, wo der Mensch mit seinem
großen Gehirn entstanden ist. An der Tatsache jedoch, dass der
Vormensch beziehungsweise der Urmensch diese mehrfach ungesättigten Fettsäuren zum Aufbau des Gehirns brauchte, ist nicht zu
rütteln. Die Frage ist nur, wie er daran kam.

Eine mögliche Antwort darauf haben die Anthropologen Martin
Grassberger und Gerald Takehisa-Silvestri gefunden. Dazu müssen
wir uns noch einmal zurück nach Äthiopien begeben.

35

Gerald Takehisa-Silvestri, den unser äthiopischer Guide Eltré und
ich begleiten, hat seit geraumer Zeit kein Wort mehr gesagt; der
Dreiunddreißigjährige marschiert gedankenverloren vor sich hin.
Gerald ist der ruhigste Mensch, den ich kenne; er redet nur selten,
und wenn, dann leise, fast flüsternd – ein angenehmer Kumpel auf
einer Expedition. Seine schmächtige Figur und weiße Haut, die er
in den 3 Wochen, die wir gemeinsam in Galili verbringen, unter
langen, hellen Hosen und bis oben hin zugeknöpften Hemden verbirgt, lassen ihn in dieser gottverlassenen Gegend erscheinen wie
einen Außerirdischen, den Scottie versehentlich nach Middle
Awash gebeamt hat. Als ich ihn das erste Mal traf, im Hotel Axum
am Stadtrand der äthiopischen Hauptstadt Addis Abeba, dachte
ich: Was will der schrullige Typ bloß dort draußen? Der gehört ins
gepflegte Ambiente eines englischen Gentleman-Clubs und wird
bestimmt als erster Anthropologe in die Geschichte eingehen, der

von einem Löwen gefressen worden ist. Aber so ist das mit Vorurteilen: Während wir anderen, die vermeintlich »harten Hunde«, gesundheitliche Probleme bekommen – mit dem Magen, dem Darm, dem Kreislauf ... »*Himmel, die Hitze bringt mich um!*« –, hält Gerald hier heraußen wacker durch und marschiert schweigsam vor sich hin, unbeirrbar.

Für die meisten Anthropologen ist der Name *Middle Awash* gleichbedeutend mit *Eldorado*. Diese wüstenhafte Region in der Mitte Äthiopiens mit ihren kilometerbreiten Gräben und tiefen Rissen in der vulkanischen Erde ist eine einzige fossile Goldgrube. Tatsächlich hat auch Gerald nur ein einziger Grund nach Äthiopien geführt: seine Forschungen aus dem Brutschrank eines Wiener Labors ins Freiland zu bringen und hier, unter möglichst natürlichen Bedingungen, zu überprüfen.

»Hoffentlich waren die Hyänen nicht wieder da«, murmelt er.

»Hast du sie in der Nacht gehört?«, frage ich.

Gerald sieht mich entgeistert an, ganz so, als ob er mich aus einem Tagtraum gerissen hätte, kaut auf seiner Lippe herum und nickt. Er ist besorgt. »Ja, aus dieser Richtung kam das Kichern«, sagt er und deutet auf die Stelle, wo seine Versuchsanordnung liegt, oder vielmehr liegen sollte.

Hyänen bellen nicht wie Hunde, brüllen nicht wie Löwen, heulen nicht lang gezogen wie Wölfe. Ihr Heulen ist kurz, kurz und prägnant. Es beginnt tief, geht dann in einen hohen Ton über und endet abrupt: *HuuUUh!* Zwei Sekunden, nicht länger. Einige Momente verstreichen, dann geht es erneut los. Aber meistens kichern sie nur. *HihiHIHIhi!* Als stünden sie nächtens beisammen – sie, die wahren Herren der Wüste – und erzählten sich Neuigkeiten von diesen absonderlichen zweibeinigen Kreaturen, die tagsüber in ihrem Territorium herumschleichen und Futter auslegen.

Geralds Versuchsanordnung ist in ihrer Einfachheit nicht zu überbieten. In langen Gesprächen, meist abends unter sternenklarem Himmel, erklärt er mir die wissenschaftlichen Zusammenhänge auf verständliche Weise. Das Gehirn des ersten Vormenschen (möglicherweise der etwa 7 Millionen Jahre alte *Toumai* oder *Sahelanthropus*) hatte ein Volumen von 350 Kubikzentimetern, war also etwas kleiner als das eines heutigen Schimpansen. Das Gehirn des ersten Menschen (der etwa 2,5 Millionen Jahre alte *Homo habilis*) maß mit etwa 700 Kubikzentimetern schon das Doppelte. Irgendwoher müssen unsere Urahnen also die Energie genommen haben, um dieses offenbar stetig wachsende Denkorgan zu füttern. Und irgendwo mussten die mehrfach ungesättigten Fettsäuren herkommen. Bloß, woher?

Letztendlich geht es um die Frage aller Fragen: Wieso sind Menschen im Vergleich zu ihren haarigen Verwandten solch geistige Überflieger? Wieso leben sie in Millionenstädten, senden Astronauten zum Mond, schicken Roboter zum Mars, entdecken Antibiotika, kreieren Impfstoffe, erfinden künstliche Herzen und tricksen die natürliche Selektion aus, während Schimpansen und Gorillas – die näher mit uns verwandt sind als beispielsweise ein Pferd mit einem Esel – in den afrikanischen Regenwäldern vom Aussterben bedroht sind? Wieso hat der Mensch, und nur der Mensch, so einen großen Denkapparat, verfügt über Bewusstsein und Sprache?

»Oje, oje! Ich hab's befürchtet!« Gerald, der die letzten Schritte fast gelaufen ist, bleibt abrupt stehen und schaut die Düne entlang. Vor ihm liegt eine staubige, zerrissene Landschaft, in der lediglich ein paar Akaziensträucher dem Wassermangel trotzen, dazwischen eingestreut große, schwarze Basaltbrocken.

»Dschib!«, stellt Eltré lapidar fest und schüttelt den Kopf.

Verdammt, ja! Dschib, die Hyäne, war nachts schon wieder hier. Die Fährte ist gut im sandigen Boden zu erkennen. Dabei hat Gerald den Ziegenkopf sowie Herz, Lunge und Leber des jungen Kamels im Halbschatten zwischen den Felsblöcken regelrecht verbarrikadiert. Über die Kadaverstücke hat er meterweise Maschendraht gelegt, diesen mit Steinen beschwert und darüber Dorngestrüpp gehäuft. Nur die Fliegen sollten Zutritt zu dem Fleisch haben, um darauf ihre Eier ablegen zu können. Und jetzt das! Ich möchte wissen, wovon Dschib lebt, wenn wir nicht hier sind und unfreiwillig füttern.

Ich habe Mitleid mit Gerald, da sein Forschungsprojekt mangels experimentellen Teils nun ernsthaft gefährdet zu sein scheint. Gerade, als ich ihm tröstend den Arm um die Schultern legen will, hellt ein breites Grinsen sein schmales Gesicht auf und seine dunklen Augen strahlen.

»Bin ich froh, bin ich froh! Wir sind gerettet!«, stammelt er erleichtert.

Der Hyäne war das Dornengebüsch offenbar zu spitz, denn sie hat einen Tunnel unter den Verhau gegraben und den Ziegenkopf mitgenommen. Die Innereien des Kamels liegen aber noch da, und darauf wuselt das Objekt wissenschaftlicher Begierde herum: kleine, fette, weiße Maden.

Eltré und ich räumen vorsichtig die Äste des *Wait-a-bit-Strauchs* zur Seite. Keine Frage, wer immer sich diesen Namen ausgedacht hat, muss unliebsame Bekanntschaft mit den winzigen, stahlharten Widerhaken gemacht haben. Aber es gibt hier noch ganz andere Kaliber: Akaziensträucher, deren dürre Äste Dornen haben, so groß wie Hunderter-Nägel; es ist unglaublich, darauf könnte man glatt ein halbes Kamel aufspießen oder eine Hyäne. Vielleicht hätte Gerald diesen Strauch als Barrikade verwenden sollen. Eltré bedeutet mir, mit anzupacken, um noch einen Felsbrocken vom Drahtgeflecht zu entfernen. Dann liegen die vergammelten Kamelinnereien frei vor uns. Himmel, stinkt dieses Zeug!

Während Gerald Vorbereitungen für seine Studien trifft, setze ich mich in ausreichender Entfernung in den Sand, um den Ablauf zu beobachten. Plötzlich sehe ich einen schwarzen Käfer, der eine geköpfte Fliegenlarve in den Zangen hält, um sie genüsslich zu verspeisen. Und einen halben Meter dahinter zieht eine Ameisenkolonne vorbei, jedes Tierchen mit einer Made huckepack, wie ein Güterzug, der mit runden weißen Lebensmittelcontainern vorbeirollt. Ich stehe auf, um den Endbahnhof zu begutachten, folge der Wagenkolonne etwa 10 Meter weit und sehe sie dann, hinter einem Felsblock, in einem Erdloch verschwinden.

Als ich mich wieder umdrehe, holt Gerald gerade eine silberfarbene Thermoskanne aus seinem Rucksack und füllt einen Trinkbecher mit kochend heißem Wasser; anschließend reiht er 10 kleine verschließbare Glasbehälter nebeneinander im Sand auf und füllt diese mit siebzigprozentigem Alkohol.

Ich setze mich neben Eltré, dessen amüsierter Blick bereits erahnen lässt, was jetzt kommt. Gerald streift wie ein Chirurg hauchdünne Einmal-Handschuhe über und packt mit der Pinzette eine fette Made, um sie im heißen Wasser »abzuschrecken«. Dann kommt die Fliegenmade in einen mit Alkohol gefüllten Glasbehälter. Stöpsel drauf. Die Larve ist im Dienste der Wissenschaft gestorben. Gerald packt den nächsten Wurm.

Eltré lacht laut auf, einmal mehr in der Erkenntnis bestärkt, dass diese Weißen verrückt sind.

»Möchtest du davon einen Bissen nehmen?«, fragt Gerald und deutet auf das vergammelte Stück Leber. Ich bin mir nicht sicher, ob er einen Scherz macht, und noch bevor ich dankend ablehnen kann, fügt er hinzu: »Na, siehst du. Wenn du das isst, bist du morgen früh wahrscheinlich tot. Mit den Maden ist das anders.«

Ich weiß nicht, was mich mehr anekelt: Der Gestank von den Innereien oder die zu hunderten darauf herumwuselnden Maden.

»Und du glaubst wirklich«, frage ich, »dass sich Vormenschen und Urmenschen von diesen Maden ernährt haben?« Mein Ton könnte nicht skeptischer sein.

»Die Larven produzieren ein Enzym, das Eiweißstoffe in eine flüssige Brühe verwandelt«, erklärt Gerald und schreckt eine weitere Made, die er wie eine reife Kirsche von einem Ast des *Wait-a-bit*-Busches gepflückt hat, im heißen Wasser ab. Dann lässt er die Larve in den Alkohol plumpsen und drückt den Stöpsel auf den Glasbehälter.

»… und von dieser Brühe ernähren sie sich«, ergänze ich. Unglaublich, diese Fliegenbabys bereiten sich schon selbst ihre Nahrung zu.

»Clever, nicht?«, sagt Gerald und greift mit der Pinzette nach einer weiteren Made, deren Hinterleib zwischen zwei Leberlappen hervorsteht. »Aber das Beste ist, dass die Larven selbst so gut wie steril sein müssen, wenn sie sich verpuppen, sonst würden sie ihrerseits von Mikroben zersetzt werden. Maden sind regelrechte Mikrobenvernichtungsmaschinen, die antibakterielle und fungizide Sekrete abgeben.«

»Was, … die produzieren Penizillin?«, rufe ich aus.

»Zumindest irgendetwas gegen Krankheitserreger.«

Ich bin wirklich beeindruckt, und das leise Lächeln um Geralds Mundwinkel sagt mir, dass er insgeheim stolz auf seine Fliegenbabys ist. Später lese ich, dass in Krankenhäusern Goldfliegenlarven häufig zur Reinigung von schwer heilbaren Wunden eingesetzt werden.[58]

Ich vergegenwärtige mir kurz den Lebenszyklus einer Fliege. Gerald hatte mich irgendwann darüber aufgeklärt, dass es in Äthiopien unterschiedliche Arten von Fliegen gibt, die ihre Eier auf Kadavern ablegen. Ganz genau hat das in dieser Gegend noch niemand studiert, aber er vermutet, dass die meisten zur Gruppe der Schmeißfliegen gehören.

Die Fliegenmütter legen also, angelockt durch den Aasgeruch, viele tausende Eier auf, sagen wir, einer toten Impala-Antilope ab.

Innerhalb eines Tages schlüpfen daraus 0,1 Milligramm leichte weiße »Fressmaschinen«, die in den folgenden 5 Tagen zu fettreichen, 84 Gramm schweren Monstern heranwachsen. (Stellen Sie sich eine derartige Gewichtszunahme beim Menschen vor: Sie bringen ein 3 Kilogramm schweres Baby zur Welt, und 5 Tage später wiegt es ganze 2,5 Tonnen.) Da der Impala-Kadaver inzwischen zum Himmel stinkt, ist es für unsere Fliegenbabys an der Zeit, sich auf den langen Marsch in die Umgebung zu machen, bevor sie selbst von Aas fressenden Löwen, Hyänen und Schakalen aufgefuttert werden. Daher verkriechen sie sich im Umkreis von einigen Metern in Erdlöcher, um sich darin zu verpuppen. Etwa eine Woche nach der Eiablage krabbelt die erste Fliege aus dem Erdboden, geht auf Partnersuche, paart sich, und 12 Tage nach der eigenen Geburt legen die herangereiften Weibchen wiederum tausende Eier auf einem schönen, stinkenden Kadaver ab.[59]

»Die Maden produzieren also ein Antibiotikum«, nehme ich den Gedankengang wieder auf. »Und du meinst, Vormenschen hatten es weniger auf das verdorbene Aas selbst abgesehen, sondern eher auf die sterilen Maden?«

»Genau«, antwortet Gerald. »Wir haben einmal ausgerechnet, dass sich auf einer kleinen Gazelle wie einer Impala etwa 26 Kilogramm Larven tummeln. Das sind 26 Kilogramm fette, eiweißreiche, kalorienreiche Nahrung, die unsere Ahnen nur aufzusammeln brauchten. Ich möchte das als ›Larvenernte‹ bezeichnen, so wie man von einer ›Honigernte‹ bei Zuchtbienen spricht. Vergiss nicht, dass die Erfolgsgeschichte der Hominiden nur dadurch zu erklären ist, dass sie es als ausgesprochene *K-Strategen* geschafft haben, eine Art *r-Strategie* zu integrieren.«

K-Strategen werden Organismen genannt, die nur wenige Nachkommen haben und zusätzlich viel Zeit und Energie für ihren Nachwuchs aufwenden – Menschenaffen, Elefanten und Wale sind gute Beispiele dafür.

Hingegen produzieren r-Strategen massenweise Nachwuchs, kümmern sich aber nicht um ihn, und die Jungtiere »beuten« ihre Umwelt schonungslos aus. Bakterien, Mäuse und Geralds Fliegen sind solche r-Strategen. Eine Fliege legt tausende von Eiern auf einem Kadaver ab und fliegt davon – um die Eier kümmert sie sich nicht weiter. Sobald die Larven geschlüpft sind, fressen diese im Blitztempo so viel sie können – der Kadaver ist ihre Umwelt.

»Was ich damit sagen will,« fährt Gerald in seinen Überlegungen fort, »ist, dass unsere Vorfahren das ganze Jahr über eine ausgewogene, aber energiereiche Ernährung gehabt haben müssen – unabhängig von Trockenzeiten und Regenzeiten. Denn irgendwann haben sie es geschafft, die bei anderen Affen übliche saisonale Paarungszeit zugunsten einer das ganze Jahr über möglichen Schwangerschaft aufzugeben. (Das ist ja eines der hervorstechenden Merkmale von Menschen: Ihre Paarungsbereitschaft ist von der Saison unabhängig.) Aber diese Strategie der permanenten Paarungsbereitschaft kostet sehr viel Energie. Und wenn darüber hinaus das Abstillen auch nur um wenige Wochen früher als bei anderen Hominiden-Clans möglich gewesen wäre, hätte unsere Gruppe den Vorteil gehabt, dass die Mütter exakt um diese Wochen früher wieder hätten schwanger werden können. Auch wenn es in unserer Gruppe pro Generation nur ein einziges Kind mehr ins reproduktive Alter gebracht hätte als in der Nachbargruppe, könnte dies schon der Grund dafür gewesen sein, warum unsere Vorfahren überlebten und andere Hominidenarten ausgestorben sind. Denk dir nur, ein *einziges* Kind mehr. Und vielleicht alles wegen solcher Fliegenlarven.«

Gerald tut so, als würde er sich gleich eine Made in den Mund stecken. Eltré, der unsere Diskussion mit offenkundigem Interesse verfolgt hat, starrt ihn erschrocken an und fragt plötzlich: »Steak?«

Ich pruste los. Gerald reagiert mit dem ihm eigenen leisen Lächeln.

Unsere Guides versetzen uns immer wieder in Erstaunen. Die meisten von ihnen sprechen nur Somali, einige auch Amharisch; kaum einer versteht mehr als zehn Wörter Englisch, die irgendwann einmal, wer weiß wo, aufgeschnappt wurden. Trotzdem werfen sie so häufig das passende Wort in ein Gespräch ein, dass man meinen könnte, sie verstünden Deutsch. Offensichtlich sind diese Nomaden Meister der Beobachtung, die aus dem Kontext heraus die Lage richtig einschätzen können.

»Ja, Eltré – Steak«, sagt Gerald. Er bildet mit den Händen eine Hohlform und zeigt danach mit den Fingern die Zahl 3: »Eine Handvoll Maden, das sind *3 Steaks*.«

Eltré gibt ein helles, lang gezogenes »Huiiii!« von sich. 3 Steaks sind hier in der Halbwüste geradezu ein Berg Fleisch!

Ich vermute, den meisten Europäern erscheint der Gedanke abstoßend, Maden zu verspeisen. Aber Insektenlarven galten von jeher in vielen Kulturen als Delikatesse. So war zum Beispiel Aristoteles mit dem Verzehr von Zikaden vertraut genug, um feststellen zu können, dass sie im Nymphenstadium vor der letzten Häutung am besten schmecken, und unter den ausgewachsenen Tieren seien »zuerst die Männchen schmackhafter, hingegen nach der Paarung die Weibchen, die dann voll weißer Eier sind«. Plinius bezeugt in seiner *Naturgeschichte,* dass auch die Römer Maden verzehrten; der als *cossus* bezeichnete Holzwurm ergab angeblich »köstlichste Gerichte«.[60]

Auch heute ist der Verzehr von Insekten in vielen tropischen Ländern gang und gäbe, wie jeder Thailand-Urlauber bestätigen kann, der in Bangkok schon einmal über die Straßenmärkte geschlendert ist. Auf der Insel Neuguinea veranstalten die Papua zu besonderen Anlässen ein Sagowurmfest. Diese »Würmer« sind die Maden der Rüsselkäfer, einer Palmkäferart. Die Hadzabe essen mit Begeisterung *tamatsuko,* Bienenlarven. Und die Aché-Indianer sammeln auf ihren Streifzügen durch den Amazonas-Regenwald mit Vorliebe die Larven einer Palmkäferart, die in großer Zahl unter vermodernden Palmstämmen gedeihen. Die durchschnittliche Kalorienausbeute beträgt, nach dem Auffinden der Nahrung, 2 367 Kilokalorien pro Stunde, was ungefähr dem Tagesbedarf eines Erwachsenen entspricht.[61]

Unter uns gefragt: Wenn Sie ein ausgemergelter Vormensch wären, der tagtäglich von der Hand in den Mund leben müsste, würden Sie eher 300 Gramm vergammeltes, rohes, verdammt zähes Muskelfleisch hinunterwürgen oder lieber 100 Gramm schmackhafte, zartweiche Maden genießen?

Die Anthropologin Nancylou Conklin-Brittain hat sich die Mühe gemacht, dieses Experiment einmal mathematisch »durchzukauen«. Sie berechnete, wie lange ein Vormensch an so einem Stück rohen Fleisches herumnagen müsste, um es ordentlich verdauen zu können. Tatsächlich wäre ein Vormensch volle 6 Stunden nur mit dem Kauen beschäftigt, und das tagtäglich, wobei diese Rechnung nicht die Jagd auf die Beute oder die Suche nach dem Aas berücksichtigt.

Ich nehme an, Sie stimmen mir zu, wenn ich behaupte: Mit Fleisch allein hätten es unsere Vorfahren niemals zur Krone der Schöpfung gebracht. Wenn man andererseits den Nährstoffgehalt von Insekten genauer betrachtet, wird einem schnell klar, warum manche Kulturen darauf so scharf sind.

100 Gramm afrikanische Termiten enthalten 610 Kilokalorien be-

ziehungsweise 46 Gramm Fett und 38 Gramm Eiweiß. Im Vergleich dazu bringt es ein Big Mac auf magere 238 Kilokalorien und besteht aus läppischen 12 Gramm Fett und 12 Gramm Eiweiß. Auch Geralds äthiopische Fliegenlarven sollten sich als Eiweißbomben erweisen: 100 Gramm Larven bestehen aus 60 Gramm Eiweiß und 26 Gramm Fett. Das entspricht 3 ordentlichen Steaks! Es kommt aber noch besser: Insekten bestehen genau aus jenen mehrfach ungesättigten Fettsäuren, aus denen das menschliche Gehirn aufgebaut ist.

»Maden als ›Hirnschmalz‹?«, werden Sie fragen.

Ja! Manche Insekten bestehen zu einem höheren Anteil aus diesen speziellen Fettsäuren als beispielsweise Fisch; eine große Menge hiervon war also nicht nötig. So merkwürdig das klingen mag, aber Maden geben buchstäblich die Grundbausteine für das menschliche Gehirn ab.

Die Frage ist also, wie Vormenschen und Urmenschen an diese Maden gekommen sind. Man würde meinen, dass in der afrikanischen Savanne tote Tiere nicht lange unangetastet herumliegen. Irgendein Aasgeier wird den Kadaver schon aus der Luft entdecken, und wenn nicht, wird ihn eine Raubkatze nach wenigen Tagen riechen.

»Das mag für den Großteil des Wildes zutreffen«, räumt Gerald ein, während er seine Alkoholfläschchen mit den weißen Maden im Rucksack verstaut. »Aber es verwesen erstaunlicherweise auch Unmengen Kadaver, die nicht von Aasfressern entdeckt werden. In der Serengeti sind das jedes Jahr 26 Millionen Kilogramm, und darauf tummeln sich Milliarden Larven.«

Ich überschlage die Rechnung kurz: 26 Millionen Kilogramm an Tierkadavern durch 365 Tage macht nach Adam Riese über 70000 Kilogramm »Fleisch«, das täglich in der Serengeti vergammelt. Das ist wesentlich mehr, als ich vermutet hätte.

»Und wie viele Maden krabbeln auf so einem toten Tier herum?«, frage ich. »Ich meine, ist es realistisch, dass eine Gruppe von Vormenschen hinmarschiert und sich jeder eine Hand voll nimmt?«

»Wie viele?« Gerald schnauft laut auf, »hab sie nie gezählt. Aber irgendwer hat ausgerechnet, dass sich auf einer kleinen Impala im Laufe von ein paar Tagen 26 Kilogramm Maden entwickeln. Das sollte für deine Gruppe Vormenschen reichen.«

Als ich so auf den Boden vor mir schaue, frage ich mich, was *ich* lieber essen würde: diese vergammelten Kamelinnereien oder die weißen Krabbeltiere darauf?

Gerald schaut mich mit einem Blick an, der das Schlimmste befürchten lässt. Er wird doch nicht meine Gedanken gelesen haben ... *Oh nein, Gerald! Nein, nein, ohne mich, Gerald ... Ohne mich!* (Ich wusste es ja immer: Experimentelle Anthropologen sind nicht immer ganz zurechnungsfähig. Hätte ich geahnt, dass dieser Versuch so ausgehen würde, dass ich Maden essen würde, ich wäre nie hierher gekommen. Niemals! – Ich werde Ihnen am Ende des Kapitels berichten, wie die Sache ausgegangen ist.)

»*Ich* würde die *Larven* essen«, sagt Gerald mit einem Grinsen, sodass ich sofort weiß, dass er es schon einmal probiert hat. Und dann zählt er die Vorteile auf, die Larven gegenüber Fleisch haben: »Sie sind keimfrei, liefern die richtigen Fettsäuren fürs Gehirn, haben viel mehr Energie als Fleisch, und vergiss nicht die Mikronährstoffe. In ihrem Kaliumgehalt sind sie mit Bananen vergleichbar, der Phosphorgehalt entspricht jenem von Emmentaler Käse, und im Magnesiumgehalt sind sie Erdnüssen ebenbürtig. Maden sind also eine ausgesprochen ergiebige und gesunde Energiequelle.«

Die Sonne schickt sich an, hinter dem feurigroten Horizont zu verschwinden, und die abkühlende Luft treibt Windhosen im Zickzackkurs über die ausgedörrte Landschaft. Ich freue mich schon auf das Abendessen, beschließe aber, heute ganz auf Vegetarier zu machen. Während des Fußmarsches zurück ins Camp erörtere ich mit Gerald noch einmal, wie das Gehirn zu Energie und den nötigen Fettsäuren gekommen sein könnte, die es für sein Wachstum braucht. Das Drahtgeflecht nehmen wir mit. Über Leber, Lunge, Herz des Ziegenkadavers und die fetten, weißen Fliegenmaden, die es nicht in ein rettendes Erdloch oder auf einen *Wait-a-bit*-Strauch geschafft haben, werden sich nachts die Hyänen hermachen.

36

Man möchte meinen, dass Fliegen Menschen »gemacht« haben. Klar ist, dass Fettsäuren wie beispielsweise DHA nicht von erjagten Wildtieren stammen können. Die Jägerhypothese ist also lediglich ein Spiegelbild des männlichen Ego – mehr nicht. Als vernünftige Alternative bietet sich die Sammlerinnen-Hypothese an – in welcher Kombination auch immer: Stammte die Energie, wenigstens zum Teil, aus Knollen, die reichlich Stärke und damit Kohlenhydrate boten? Erhielten unsere Ahnen die spezifischen Fettsäuren aus Maden, aus dem Knochenmark und dem Gehirn von Aas sowie aus Schnecken, Muscheln, Fischen, Krebsen und Vogeleiern?

Hat der Mensch mit dieser Form von opportunistischer Nahrungsvorliebe vor 2,5 Millionen Jahren unbewusst einen Entwicklungsprozess losgetreten, der uns heute über unseren eigenen Ursprung nachdenken lässt? Wir wissen es nicht genau. Aber der Stand der anthropologischen Forschung deutet uns diesen Weg.

Ich sehe die alten Sammlerinnen, die ihre Enkelkinder mit hochenergetischer Nahrung versorgen und ganz nebenbei die Lebensspanne des Menschen immer weiter hinausschieben. Mir ist es ziemlich egal, *was* die Großmütter sammeln, Hauptsache, sie tun es, denn eine andere gute Erklärung für die Evolution der Langlebigkeit des Menschen haben wir nicht. Ich sehe Urmenschen, die gelernt haben, alles in sich hineinzustopfen, was sie finden können und was ihnen schmeckt. Dass Maden besonders gut schmecken, ist einleuchtend, wenn man ihre Zusammensetzung kennt. Warum sonst liebt unsereins Schokolade? Weil sie große Mengen an Fett enthält. (Allerdings wird von den Fettsäuren in den Maden das Gehirn größer, vom Fett in der Schokolade eher der Hintern.) Maden sind eine wunderbare Erklärung, wenn man sich an den Gedanken gewöhnt hat, dass sie mit unserer Hirnevolution vielleicht mehr zu tun haben, als vielen lieb ist. Erstens krabbeln diese Tierchen auch dort herum, wo Löwen längst alles Fleisch weggefressen haben, und zweitens muss man nicht die Hominidenevolution an die Meeresküste verlegen, um eine Erklärung dafür zu haben, wie Urmenschen an die mehrfach ungesättigten Fettsäuren gelangten. Indem immer mehr von der *richtigen* Nahrung zur Verfügung stand – mehrfach ungesättigte Fettsäuren –, konnte das Gehirn stetig wachsen – bis vor 500 000 Jahren, als es schließlich ein Volumen von rund 1 400 Kubikzentimetern erreichte, das ungefähr dem unsrigen entspricht. (Als der *archaische Homo sapiens* in den kalten Klimagebieten von der Großwildjagd lebte – so wie in Schöningen oder Bilzingsleben in Deutschland –, hatte das Gehirn längst dieses Volumen erreicht.)

Die Frage, die sich nun stellt, ist: War das Gehirn dieses *archaischen Homo sapiens* vor 500 000 Jahren auch »innen« so gebaut wie unseres? Funktionierte es gar wie unser Gehirn? Warum starben dann diese archaischen Menschen aus und warum lebt der Neandertaler heute nicht mehr? Warum treten erst vor 50 000 Jahren differenzierte Kunstwerke wie Schmuck und die Höhlenmalerei auf, und warum beginnt der moderne Mensch erst jetzt die Welt zu besiedeln? Was unterscheidet archaische Menschen in geistiger Hinsicht von modernen Menschen? Anders gefragt: Was hat den modernen Menschen so unglaublich erfolgreich gemacht?

Um auf diese Fragen eingehen zu können, müssen wir uns im folgenden Kapitel ein grobes Bild davon verschaffen, wie unser Gehirn funktioniert.

Ein kleiner Nachtrag: Ich habe Ihnen ja versprochen, von meinem (fast) unfreiwilligen Selbstversuch mit den Fliegenmaden zu berichten. Natürlich haben wir nicht die Larven von den Kadaverstücken gegessen. Oder dachten Sie, wir sind verrückt!? Zurück in Wien haben mich Gerald und der forensische Anthropologe Martin Grassberger zu einem Madendinner eingeladen. Nun ja, was soll ich sagen? Dass Fliegenlarven wie Bananen, Erdnüsse oder Emmentaler Käse schmecken, kann ich nicht bestätigen. In Kürbissuppe gekocht, schmecken die fetten Larvenkörper etwas schleimig, aber wenn man sie knusprig brät, erinnern sie an die Schwarte eines Schweinebratens ... und wenn ich ehrlich bin, dann schmecken die Dinger nicht einmal übel.

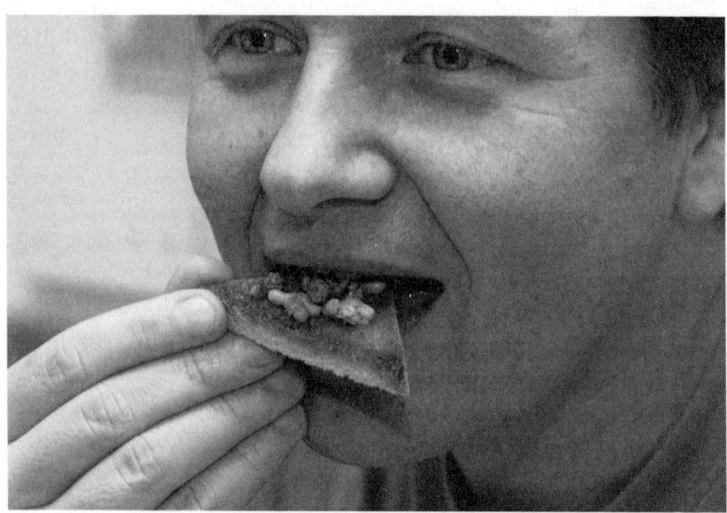

Abbildung 2: Der Mensch ist, was er isst – frei nach Ludwig Feuerbach. In diesem Fall isst der Autor Larven – was er ist, überlässt er der Beurteilung des Lesers.

V

Wie das Gehirn denkt

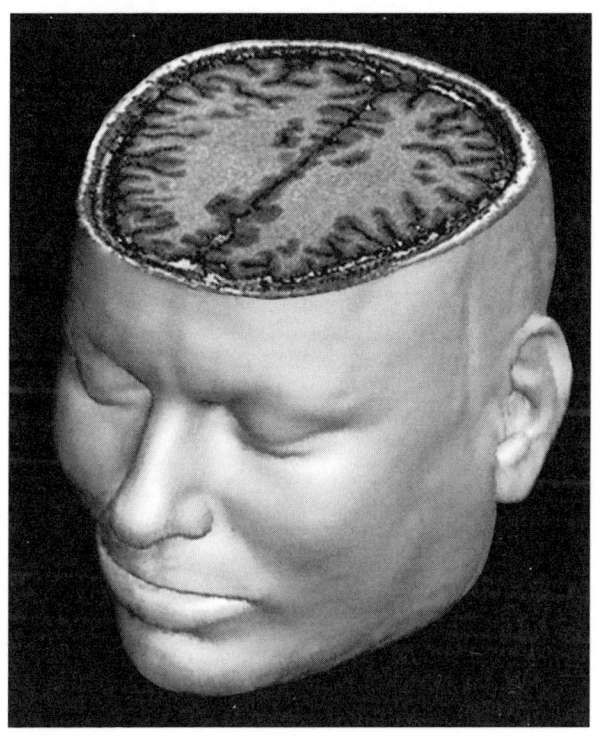

37

Ich beschreibe in diesem Buch fast ausschließlich die Informationsverarbeitung in der Hirnrinde (dem *Kortex*); eine Schwäche, der ich mir bewusst bin und die ich dennoch aus Platzgründen in Kauf nehme. Nicht weil ich den älteren, in der Tiefe liegenden Hirnstrukturen weniger Bedeutung beimesse. Im Gegenteil: Kein Turm steht ohne Fundament, jedes Dach braucht Mauern, auf denen es ruhen kann. Genauso ist es beim Gehirn, wiewohl man die menschliche Hirnrinde besser als riesiges »Kuppeldach« bezeichnen sollte denn als »Turmspitze«. Diese alles beherrschende Kuppel ist zweifellos die Krönung der Evolution. Kein anderes Wesen konnte sich seit der Erschaffung des Lebens vor 3,5 Milliarden Jahren so weit aus den Fesseln der Natur lösen wie der *Homo sapiens*. Die Errungenschaften der modernen Medizin machen das besonders deutlich. Mit ihr gelingt es – zumindest jenen unter uns, die in den reichen Industrienationen geboren worden sind – immer öfter, der natürlichen Selektion ein Schnippchen zu schlagen: Bakterien werden mit hochwirksamen Antibiotika bekämpft, tödliche Seuchen durch Hygiene und Impfungen, ein entzündeter Blinddarm, der bis ins 19. Jahrhundert hinein viele junge Menschen dahinraffte, wird heute einfach operativ entfernt, den Widerspenstigkeiten eines schwachen Herzens arbeitet man mit Betablockern entgegen oder mit einem Bypass. Kein anderes Beispiel führt den Unterschied zwischen *Natur* und *Kultur* so drastisch vor Augen wie die Medizin. Eine ähnliche Unterscheidung kann man auch beim Gehirn treffen: Die tiefen Strukturen repräsentieren die Natur, nur die äußerste Schicht, die Hirnrinde, hebt den Menschen als Kulturwesen darüber hinaus.

Natürlich kann kein höheres Lebewesen ohne das limbische System existieren – das sind jene Strukturen, die in der Tiefe des Gehirns für Emotionen zuständig sind; dabei geht es noch nicht einmal allein um Gefühle wie Liebe und Hass, sondern schlicht um die emotionale Bewertung aller eingehenden Informationen. Das limbische System bewertet: Ist eine Situation oder ein Ereignis gefährlich für mich oder ungefährlich? Auf Basis dieser Bewertung vegetieren 99,9 Prozent aller Tiere dahin; sie leben im Hier und Jetzt, ihr Dasein beruht im Wesentlichen auf Fressen, Schlafen, Fortpflanzung, Kämpfen. Die restlichen 0,1 Prozent sind Men-

schenaffen und Menschen vorbehalten, die ausreichend freie Hirn-
kapazität haben, um in die Vergangenheit schauen und über die
Zukunft reflektieren zu können. Und in diesem Sinne ist das Tier
»Mensch« tatsächlich die Krone der Schöpfung. Die Zahl der Nervenzellen (Neuronen) und die Zahl der Verbindungen zwischen
diesen Nervenzellen (Synapsen) sind im menschlichen Gehirn
astronomisch groß. Und wie wir in diesem Kapitel gleich sehen
werden, ist es die sinnvolle Vernetzung zwischen diesen Nervenzellen, die uns weit in die Vergangenheit blicken und uns von der fernen Zukunft träumen lässt. Es sind diese *neuronalen Netzwerke* –
die uns erlauben, bewusst über unser eigenes Dasein zu reflektieren und mit anderen darüber zu sprechen –, die uns einen Aristoteles, einen Galileo Galilei, einen Charles Darwin geschenkt haben.
Doch um das zu verstehen, müssen wir uns erst ein wenig die
anatomischen Grundlagen unseres Denkapparates ansehen.

38

Wenn Sie schon Bücher über das Gehirn gelesen haben, können
Sie diesen Abschnitt vielleicht überspringen. Wir werden uns auf
den folgenden Seiten die neuroanatomischen Grundlagen aneig-
nen, um die Funktionsweise des Gehirns zu verstehen. Zu diesem
Zweck begeben wir uns in den Seziersaal der Medizinischen Universität Wien, wo ich mich mit dem Anatomen und Evolutions-
forscher Professor Gerd Müller verabredet habe.

Als ich die weiße Tür öffne, schlägt mir der stechende Geruch von
Formalin entgegen, der sich tief in meine Erinnerung eingegraben
hat. Ende der achtziger Jahre stand ich selbst in diesem Seziersaal,
umgeben von den vielen Edelstahltischen mit den blauen Plastikplanen darauf. Ich sezierte mit meinen 5 Kommilitonen eine Frau,
um die Siebzig, und wir hatten in den vergangenen Wochen jeden
Muskel, jedes Äderchen und jeden Nerv freigelegt. Ich empfand
danach kein Mitleid, sehr wohl aber Ehrfurcht vor der Toten.
Schließlich war das Gehirn dran, und es war mein Job, den Schädelknochen oberhalb der Schläfen mit einer Säge zu öffnen. Ich
hatte die ganze Nacht über einen Horror davor gehabt und
schlecht geschlafen. Als ich das Schädeldach rundum aufgesägt

hatte, war ich besorgt, dass das Gehirn wie eine Amöbe herausgleiten und zu Boden purzeln könnte. (Heute erinnere ich mich mit Gruseln an diese Begebenheit und wundere mich, wozu ein Mensch fähig ist.) Natürlich geschah nichts dergleichen, da das Gehirn über das verlängerte Mark am Rückenmark befestigt ist und auch die Blutgefäße und Nervenbahnen ausreichend Halt geben – in meiner Angst hatte ich das vergessen gehabt. Ich durchtrennte alle Verbindungen, nahm das Gehirn heraus und war überrascht, wie klein es war: Es hatte in meinen Händen bequem Platz. 70 Jahre lang hatte es einen Menschen durch sein Leben geleitet. Es hatte in den ersten Lebensjahren alle Informationen, derer es habhaft werden konnte, aufgesogen und langsam und stetig zu einem Weltbild zusammengefügt; es hatte Bewusstsein entwickelt; es vermochte Gedanken sprachlich auszudrücken, vielleicht auch seinen Glauben. Dieses Gehirn, das ich da in meinen Händen hielt, war ein Wunderwerk der Evolution. Ein Wunder, das in lebendem Zustand nur 1 350 Gramm wog, zu fast 80 Prozent aus Wasser bestand, zu 11 Prozent aus Fett, zu 8 Prozent aus Eiweiß sowie ein wenig aus Kohlenhydraten und Salzen. Der Materialwert war nicht einmal der Rede wert, und doch spiegelte sich darin die Welt wider, die gesamte Geschichte der Menschheit und ihrer Erfahrungen. Aber das war nun vorbei.

Inzwischen ist mir Gerd Müller entgegengekommen, lächelnd und in weißem Kittel. Da ich ihn schon lange kenne, habe ich ihn gebeten, mir noch einmal das Gehirn zu erklären. Der Saal ist heute leer, die Medizinstudenten werden erst morgen früh weiter präparieren. Zu meiner Erleichterung hat er bereits mehrere Gehirne von den Edelstahltischen eingesammelt – das eine ist noch ganz, die anderen sind bereits aufgeschnitten.

Müller nimmt das ganze Gehirn in seine Hände, das verlängerte Mark, das durch das Hinterhauptsloch ins Rückenmark übergeht, zeigt zu Boden.

»Betrachtet man das menschliche Gehirn von oben und von der Seite, sieht man fast nur die Hirnrinde, dieses dünne, korallenartige Gebilde hier«, sagt er und fährt die Windungen mit seinem Finger nach. »Furchen trennen das Gehirn in eine linke Hirnhälfte und eine rechte Hirnhälfte sowie in jeweils 4 Lappen: Stirnlappen, Schläfenlappen, Scheitellappen und Hinterhauptslappen.«

»Die beiden Stirnlappen machen den größten Teil des Großhirns aus und ziehen sich vom Augenbereich bis zur Mitte des Schädels.« Müller demonstriert an seinem eigenen Kopf die ungefähre Lage. »Dahinter liegen die Scheitellappen ...«, seine Hand rutscht auf die Rückseite des Kopfes. »Hinten am Kopf befinden sich die Hinterhauptslappen und seitlich oberhalb der Ohren die Schläfenlappen ...«

Ich versuche, mir die Größe der einzelnen Hirnlappen in Erinnerung zu rufen. Demnach macht der Stirnlappen etwa ein Drittel einer Hemisphäre aus, Scheitellappen und Schläfenlappen jeweils ein Viertel und der Hinterhauptslappen etwa 10 Prozent.[62]

»Im Hinterhauptslappen befinden sich die Sehareale, hier werden die visuellen Informationen analysiert, die von den Augen kommen. Der Scheitellappen ist vor allem für die Sensibilität zuständig.«

»Sensibilität heißt Körperempfindungen ... wenn wir einander die Hände schütteln oder ich mich verbrenne, wird das im Scheitellappen registriert«, unterbreche ich.

»... und der Windzug im Gesicht, der drückende Schuh, Schmerzen und Berührungen aller Art«, ergänzt Müller. Er führt daraufhin den Finger zur linken Kopfseite, unmittelbar über und hinter sein Ohr: »Hier im Schläfenlappen liegt das Wernicke-Areal, das für das Verstehen von Sprache von wesentlicher Bedeutung ist.«

»Augenblick mal«, hake ich nach, um das alles richtig einordnen zu können. »Ich versuche das einmal so einfach wie möglich zusammenzufassen: Visuelle Informationen werden hinten analysiert, akustische seitlich und taktile Empfindungen oben. Demnach gehen in der hinteren Hirnhälfte Informationen von der Welt ein.«

»Genau, und von der vorderen Hirnhälfte, also vom Stirnlappen, gehen Aktionen aus. Bewegungen beispielsweise, aber auch das Sprechen, hier vorne befindet sich das Broca-Areal.« Er deutet mit dem Finger auf eine Stelle oberhalb der Schläfe.

»Und wo wird *gedacht*?«, frage ich.

Der Professor wird langsam unruhig. Wissenschaftler sind nicht gewohnt, so zu simplifizieren.

»Na ja«, antwortet er mit einem gequälten Lächeln. »Vorhin haben wir über *primäre Areale* gesprochen, in denen akustische, optische und Empfindungsreize zuerst wahrgenommen werden. Von dort wandern die Reize weiter zu den *Assoziationsfeldern*, die beim Menschen den weitaus größten Teil der Hirnrinde einneh-

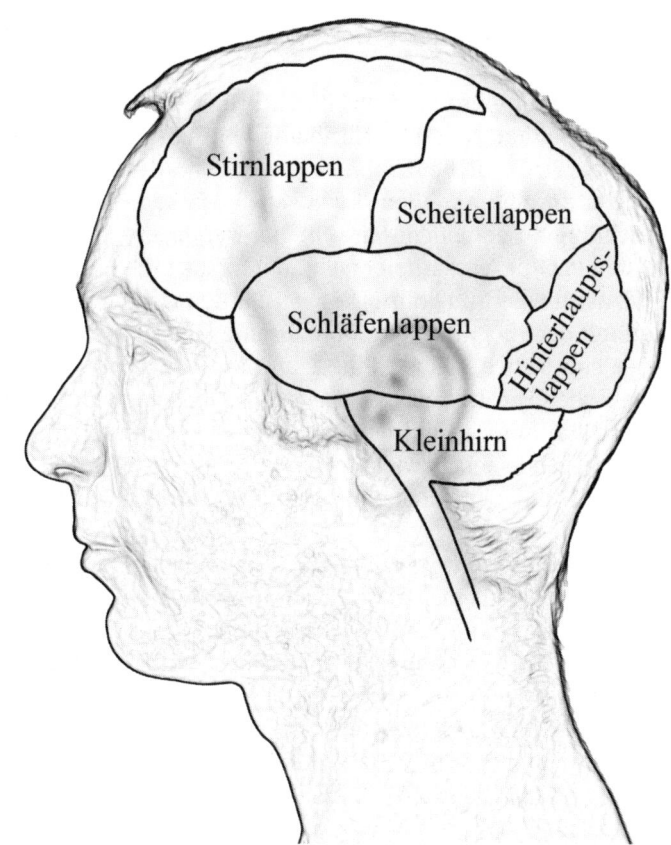

Abbildung 3: Jede Hirnhälfte besteht aus vier Hirnlappen

men. Das hintere Assoziationsfeld liegt an der Schnittstelle von Scheitellappen, Schläfenlappen und Hinterhauptslappen. Hier laufen viele Informationen zusammen, um integriert zu werden.« Schließlich umschreibt Müller mit dem Zeigefinger den großen vorderen Anteil des Stirnhirns. »Dies ist ein weiteres Assoziationsareal, der so genannte *präfrontale Kortex*. Hier werden unter anderem Informationen bewertet. Man kann sagen, dass dies die höchste Instanz ist, wo geplant, entschieden und gesteuert wird – manche Neurowissenschaftler bezeichnen den präfrontalen Kortex daher auch als ›Dirigenten‹.«

Eine schöne Metapher. Es gibt noch mehr davon: »Regisseur«, »Generaldirektor« oder »Organ der Zivilisation«, wie der New

Yorker Hirnforscher Elkhonon Goldberg den präfrontalen Kortex poetisch nennt.*

Müller legt das Gehirn zur Seite, die Hirnrinde ist damit grob beschrieben. Er nimmt nun eine Hirnhälfte vom Edelstahltisch, sodass wir freie Sicht auf die Hirninnenseite haben. Als Laie tut man sich schwer, in dieser weißen, homogenen Masse die einzelnen Hirnabschnitte zu erkennen. Ich sehe das verlängerte Mark, das nach unten ins Rückenmark übergeht, darauf sitzt die Brücke, darüber wiederum das Mittelhirn. Diese Strukturen werden von Anatomen unter dem Begriff *Hirnstamm* zusammengefasst.

Müller hält seinen kleinen Finger an den Hirnstamm – diese überlebenswichtige Struktur ist etwa genauso lang wie sein Finger. »Hier werden Atmung, Blutdruck und Verdauung kontrolliert, also ganz grundlegende, lebenswichtige Funktionen. Darüber liegt das Zwischenhirn mit dem Thalamus, dem Hypothalamus und der Hirnanhangsdrüse.«

Stopp! Langsam und der Reihe nach. Ich versuche, früher gelernte Grundlagen aus meinem Gedächtnis abzurufen. Der *Thalamus* wird häufig als Relaisstation bezeichnet oder auch als »Tor zum Bewusstsein«. Das klingt zwar reichlich pathetisch für eine Struktur, die aussieht wie ein Wachtel-Ei, aber der Vergleich ist insofern zutreffend, als fast alle Umweltreize zuerst hier durchmüssen, um dann an die richtige Stelle in der Hirnrinde weitergeleitet zu werden. Wie der Name *Hypothalamus* vermuten lässt, liegt dieser Bereich unter dem Thalamus. Wenn der Thalamus von der Größe her an ein Wachtel-Ei erinnert, dann ist der Hypothalamus eher mit dem Ei eines Zaunkönigs vergleichbar. Der Hypothalamus ist die Kommandostelle für Hormone, Schlaf und Körpertemperatur; er misst und reguliert, damit sich der Körper immer schön wohl fühlt. Während der Thalamus für die Sinneseindrücke von außen zuständig ist, kümmert sich der Hypothalamus um das Geschehen im Körperinneren. Wenn Ihnen kalt ist, befiehlt er Ihren Muskeln zu zittern, um Wärme zu produzieren; wenn er merkt, dass Ihnen Flüssigkeit fehlt, sorgt er dafür, dass Sie Durst empfinden etc. Der Hypothalamus ist immer um Ausgleich bemüht. Um

---

* Nach Elkhonon Goldberg macht der präfrontale Kortex beim Menschen 29 Prozent seiner gesamten Hirnrinde aus; bei Menschenaffen wie Schimpansen 17 Prozent, bei kleinen Affen wie Makaken 11,5 Prozent, bei Halbaffen wie Lemuren 8,5 Prozent, beim Hund 7 Prozent und bei der Katze 3,5 Prozent.

seine Ziele zu erreichen, bedient er sich häufig der *Hirnanhangs-drüse,* die – anatomisch betrachtet – so etwas wie der verlängerte Arm des Hypothalamus ist und zahlreiche Hormone produziert. So werden von hier oben Hormone losgeschickt, die weiter unten ihrerseits Stresshormone und Sexualhormone aktivieren.

»Jetzt kommen wir zum Großhirn«, fährt Professor Müller fort. »Die beiden Großhirnhälften bestehen aus der Hirnrinde, die an der Oberfläche liegt und die wir schon besprochen haben, und aus 3 so genannten Kernen, die sich in der Tiefe befinden: Das sind die *Basalganglien,* die für die Steuerung von Bewegungsabläufen mitverantwortlich sind, der *Mandelkern* und der *Hippocampus.«*

Die deutsche Übersetzung für Hippocampus lautet *Seepferd-chen,* und dieses ist mit viel Fantasie genauso gut im Gehirn sichtbar wie der Skorpion am nächtlichen Sternenhimmel. Der Hippocampus ist aktiv, wenn man etwas Neues lernt. Beim Pauken von Italienischvokabeln würde Ihr Hippocampus in einem Computertomographen aufleuchten wie ein Feuerwerk. Wenn Sie nach Rom fahren und nach wenigen Tagen die Umgebung Ihres Hotels kennen, war Ihr Hippocampus ebenfalls aktiv.

»Die Funktion des Hippocampus kennt man seit dem Patienten H. M. sehr genau«, so Müller. »Dramatischer kann sie uns nicht vor Augen geführt werden.«

H. M. sind die Initialen des früheren Fließbandarbeiters Henry M. Henry wurde seit seinem zehnten Lebensjahr von epileptischen Anfällen heimgesucht, manchmal hatte er bis zu 10 Attacken täglich. Im Jahr 1953, im Alter von 27 Jahren, entschloss er sich, sich einem operativen Eingriff zu unterziehen. Der Neurochirurg William Scoville bezeichnete diese Operation als »wirklich experimentell«, weil er den Hippocampus aus beiden Schläfenlappen entfernt hatte – und das war sie auch. Auf den ersten Blick schien der chirurgische Eingriff erfolgreich, denn die epileptischen Attacken gehörten der Vergangenheit an und Henry wirkte völlig normal. Aber die Schatten, welche die Operation auf diesen Menschen warf, waren länger und dunkler als vorhersehbar. Henry konnte sich an alles, was *vor* dem Eingriff gewesen war, erinnern; aber neue Erfahrungen blieben nur noch ein paar Minuten in seinem Gedächtnis haften. Die behandelnden Ärzte und Pfleger konnten mit ihm plaudern und scherzen, aber wenn sie das Zimmer verließen und nach 10 Minuten zurückkamen, mussten sie

sich wieder vorstellen. »Guten Tag, ich bin Doktor Scoville ...«
Jedes Mal wieder, jahrelang! Trotzdem führten die Neurochirurgen
noch 7 weitere derartige Operationen durch, bis sie einsahen, was
sie damit anrichteten.

Heute, mehr als 5 Jahrzehnte nach dem Eingriff, lebt Henry in
einem Pflegeheim in der Nähe von Montreal. Er liest eine Zeit-
schrift am Morgen, dieselbe am Nachmittag wieder, und am folgenden Tag erneut – die Nachrichten sind jedes Mal neu für ihn.
Er ist in vielerlei Hinsicht völlig normal, und bei Intelligenztests
schneidet er überdurchschnittlich gut ab. Aber auf einem aktuellen
Foto erkennt er sich nicht wieder. Die Welt ist für ihn vor über
50 Jahren stehen geblieben. Wird er gefragt, wie alt er ist, antwortet
Henry: »Etwa 30«; auf die Frage, wer der amerikanische Präsident
ist, antwortet er: »Truman«; sieht er sich im Spiegel, erschrickt er
regelmäßig – er weiß, dass er das im Spiegel ist, aber das Gesicht
ist nicht das eines Dreißigjährigen. Henry ist sich seiner Krankheit
bewusst, er schreibt sogar kurze Gedichte darüber:

> *Jeder Tag heißt Einsamkeit,*
> *ganz gleich wie viel Spaß ich hatte,*
> *ganz gleich wie viel Kummer.*[63]

»Von H. M. haben wir gelernt, dass der Hippocampus für die Bildung von Langzeitgedächtnis-Inhalten notwendig ist«, fährt Müller
fort.

»Das heißt, *angesiedelt* ist unser Langzeitgedächtnis in der
Hirnrinde«, übernehme ich, »und der Hippocampus schaufelt die
Inhalte dorthin. Aber um die Erfahrungen im Langzeitgedächtnis
zu behalten und von dort wieder abzurufen, dafür brauche ich den
Hippocampus nicht.«

Professor Müller nickt und richtet dann seine Aufmerksamkeit
wieder auf das Hirnpräparat in seiner Hand. Er schaut so konzentriert, als suche er etwas, murmelt etwas vor sich hin, hält die
Hirnhälfte näher ans Licht und schüttelt schließlich den Kopf:
»Den Mandelkern sieht man an diesem Präparat leider nicht. Dieser befindet sich in unmittelbarer Nachbarschaft zum Hippocampus. Das ist eine kleine Struktur mit großer Bedeutung für unsere
Emotionen. Also lebenswichtig.«

»Lebenswichtig?«, sage ich überrascht.

»Ja, natürlich. Furcht ist zum Beispiel eine Emotion. Wer in der

Nacht durch den Wald spaziert, und plötzlich knackst und raschelt es, der fürchtet sich naturgemäß. Diese Alarmreaktion geht vom Mandelkern aus, der den Körper auf Flucht oder Kampf vorbereitet.«

Müller zeigt jetzt mit der Pinzette auf eine lang gestreckte weiße Struktur.

»Das ist der Balken«

»Die ›Telefonleitungen‹, mittels derer die linke und rechte Hirnhälfte miteinander kommunizieren«, scherze ich.

»Faserbündel«, korrigiert er.

Bis vor kurzem dachten Anatomen, dass der Balken von Frauen größer sei als jener von Männern. Diese Vorstellung stützte das Klischee, dass Frauen einfühlsamer und kommunikativer seien, weil ihr größerer Balken besser die *emotionale* rechte Hirnhemisphäre mit der *analytischen* linken Hirnhälfte verbinde. Wie so viele Klischees ist auch dieses Unsinn. Tatsächlich scheint es umgekehrt zu sein – bezogen auf die Größe des Balkens, nicht auf die Einfühlsamkeit. Wie John Allen von der Universität von Kalifornien in Berkeley zeigen konnte, haben Männer einen um 10 Prozent größeren Balken als Frauen. (Das gilt, selbst wenn man berücksichtigt, dass Männer durchschnittlich größer sind und damit auch ihr Gehirn um 100 Kubikzentimeter oder zweieinhalb Golfbälle größer ist.)[64] Was kann man daraus schließen? Jedenfalls nicht, dass *mehr* immer auch *besser* bedeutet.

»Über dem Balken sehen wir die Großhirnrinde, die wir anfangs besprochen haben.«

»Also, ich fasse zusammen«, sage ich. Für die meisten Menschen ist es schwierig, sich das Gehirn plastisch vorzustellen; von dem vielen Fachchinesisch ganz zu schweigen. Doch ganz grob skizziert kann jeder Laie den Aufbau des Gehirns verstehen. »Also, der Hirnstamm ist die Verlängerung des Rückenmarks und für die Steuerung grundlegender Körperfunktionen zuständig. Über dem Hirnstamm liegt das Zwischenhirn mit dem *Hypothalamus* als Regelsystem für Körpertemperatur, Wasserhaushalt, Hormone etc. und dem *Thalamus* als Relaisstation für eingehende Informationen. Auf dem Zwischenhirn liegt das Großhirn.« (Dieses lässt sich wieder unterteilen: Zuoberst liegt, wie ein mächtiges Luftkissen, die *Großhirnrinde;* in der Tiefe der *Mandelkern* – zuständig für Emotionen; die *Basalganglien* – zuständig für Bewegungen; daneben der *Hippocampus* – zuständig für Gedächtnisleistungen.)

»Und auf der Rückseite des Kopfes, unter dem Hinterhauptslappen, liegt das Kleinhirn«, ergänzt Müller.

»Richtig, das hätte ich fast vergessen, obwohl es gar nicht so
klein ist.«

Das Kleinhirn wiegt ungefähr ein Zehntel des Großhirns, rund
140 Gramm. Zuständig ist es vor allem für die Feinmotorik: dass
man Stufen steigen und Rad fahren kann, ohne zu stürzen, aber
auch flüssig Klavier spielen kann – für automatische Bewegungsabläufe also.

Damit ist unser Crashkurs durch die Gehirnanatomie beendet.
Gerd Müller legt die Hirnpräparate wieder zurück auf die Edel-
stahltische unter die blauen Plastikplanen. Zuvor hat er noch
Tücher in Formalin getaucht und damit die Gehirne bedeckt, um
sie vor dem Austrocknen zu schützen. Am nächsten Morgen werden Medizinstudenten daran die Anatomie der »kompliziertesten
Struktur im ganzen Universum«, wie Hirnforscher stolz zu sagen
pflegen, lernen.

39

Wir haben in den vorausgegangenen Kapiteln eine Menge über die
Hirngröße von Hominiden erfahren. Demnach verfügen Vormenschen durchschnittlich über 400 bis 500 Kubikzentimeter Hirnvolumen, der erste Mensch *(Homo habilis)* über rund 600 bis
700 Kubikzentimeter, der Urmensch *(Homo erectus)* über 700 bis
1 200 Kubikzentimeter, archaische Menschen wie beispielsweise
Neandertaler über 1 500 Kubikzentimeter und der moderne Mensch
über etwa 1 400 Kubikzentimeter.

Aber, was sagt das überhaupt aus – *Hirngröße?* Bleiben wir beim
Homo sapiens, bei unserer eigenen Art, und reden wir darüber,
wie viel Hirn überhaupt nötig ist, um leben, ja um überleben zu
können. Zugegeben, das ist eine merkwürdige Frage, aber die Antwort darauf erlaubt uns, diese unbekannte »Masse« in unserem
Kopf, von dem unsere ganze Existenz, unsere Persönlichkeit, unser
Sein abhängt, besser kennen zu lernen.

Das Hirnvolumen variiert beim modernen Menschen zwischen
1 000 bis 2 000 Kubikzentimetern. Als Beispiele werden gerne zwei
Literaturnobelpreisträger angeführt: Anatole Frances Gehirn war

mit weniger als 1 200 Kubikzentimetern unterdurchschnittlich klein. Ivan Turgenjews Gehirn erreichte mit fast 2 000 Kubikzentimetern das bekannte Maximum. Außerdem wissen wir, dass sich viele Menschen, denen im frühen Kindesalter eine Großhirnhälfte entfernt werden musste, normal entwickeln. Der holländische Neurologe Johannes Borgstein beschreibt beispielsweise ein Mädchen, dem man mit 3 Jahren wegen einer Hirnhautentzündung die gesamte linke, »sprachliche« Hemisphäre entfernen musste und das mit 7 Jahren trotzdem zwei Sprachen beherrscht.[65]

Betrachten wir unser Gehirn von unten her, vom verlängerten Rückenmark kommend: Wenn der Hirnstamm seine Aktivität einstellt, ist der Mensch eindeutig tot. Ebenso überlebensnotwendig ist der über dem Hirnstamm liegende Hypothalamus – der kontrolliert Schlaf, Körpertemperatur, Wasserhaushalt und Hormone. Die Struktur darüber, der Thalamus, lässt sich im Tierversuch zwar prinzipiell entfernen; doch die Ratten können nach einem solchen Eingriff nichts mehr sehen, nichts mehr hören und nichts mehr spüren – sie existieren nur noch. Die völlige Entfernung dieser Hirnteile wird beim Menschen meines Wissens nicht vorgenommen. Das Kleinhirn müssen Neurochirurgen gelegentlich wegen eines Tumors entfernen. Die Patienten haben dann häufig mit Rhythmen Schwierigkeiten, etwa beim Gehen, aber auch beim Sprechen.

Eine Organisationsebene darüber liegt das Großhirn. Dass kleinen Kindern eine Hemisphäre entfernt werden kann, haben wir bereits gehört. Bei einem Erwachsenen hat die gleiche Operation zur Folge, dass dieser in tiefe Bewusstlosigkeit fällt. Natürlich reden wir hier davon, was geschieht, wenn ganze Hirnteile entfernt werden, kleinere operative Eingriffe werden andauernd vorgenommen.

Die sicherlich extremste Form menschlichen Daseins führen Kinder, die überhaupt kein Großhirn besitzen. Wenn Sie nicht gerade Medizin studiert haben, werden Sie jetzt vermutlich sagen: »Aha, so etwas gibt es?« Zumindest ist es mir so ergangen, bis ich Reinhard Werth traf. Der Münchner Neuropsychologe untersucht Kinder, die kein Großhirn haben.

Ich hätte Sebastian gerne persönlich getroffen, da ich mir beim besten Willen nicht vorstellen kann, wie ein Kind ohne Großhirn lebt: Kann es überhaupt sitzen, stehen, lachen, weinen, essen?

Hören kann es wohl nicht, denke ich mir, sehen wohl auch nicht; aber kann es Berührungen empfinden? Verhält es sich wie ein Neugeborenes? Wie ein Frosch oder ein Salamander? Nein, auch das nicht. Ein Salamander hat ein komplettes, funktionstüchtiges Gehirn, mit einem Hippocampus, der Erfahrungen im Gedächtnissystem abspeichert, und mit einem Mandelkern, der »Flucht« brüllt, wenn sich der rote Schnabel eines Weißstorchs nähert. Aber Sebastian hat all diese Hirnstrukturen nicht.

Ich frage Reinhard Werth, ob ich Sebastian eventuell treffen könne. Aber der Psychologe zögert: Anrufen bei der Mutter? Fragen, ob ein Journalist vorbeikommen dürfe?

»Wissen Sie«, beginnt er schließlich mit sanfter Stimme, »diese Kinder sterben zumeist sehr früh. Als ich Sebastian das letzte Mal gesehen habe, war er mit seinen 6 Jahren schon fast ein Großvater.«

»Lebt er überhaupt noch?«, will ich wissen.

Werth zuckt mit den Schultern. »Irgendwann kommen die Mütter mit ihren Kindern nicht mehr, und ich rufe natürlich nicht an, um zu fragen: ›Lebt Ihr Sohn noch?‹«

Reinhard Werth bietet jedoch an, mir ein Video über den Jungen zu zeigen. Wir gehen in den Nebenraum. Das Zimmer ist vollgestopft mit allerlei technischen Geräten. Bildschirme, Computer überall, merkwürdige schwarz-weiß gestreifte Trommeln und Apparaturen. Ich habe keine Ahnung, wozu die dienen könnten. Dieser Raum ist für Kleinkinder, die blind sind, sozusagen die Endstation eines langen Untersuchungsreigens. Wenn Augenärzte an den besten Universitätskliniken Deutschlands nicht mehr weiterwissen, landen die kleinen Patienten hier.

»Blindheit kann von geschädigten Augen ausgehen, aber das finden Augenärzte heraus, oder von einem geschädigten Gehirn«, erklärt Werth.

In einem solchen Fall versucht der Neuropsychologe herauszufinden, ob es bei dem betroffenem Kind nicht doch noch ein paar funktionstüchtige Nervenzellen im Sehareal gibt, die er mit Lichtreizen stimulieren kann. Mit viel Glück können diese Kinder, nach einer schier endlosen Behandlung, wieder Licht und Schatten unterscheiden, manche sogar wieder Objekte erkennen.

Werth schaltet den Videorecorder ein und knipst das Licht aus. Ein Kleinkind mit dunklen Augen und rundlichem Gesicht ist zu sehen, das auf dem Schoß seiner Mutter sitzt und ins Leere schaut.

»*Das* ist Sebastian?« Es ist mehr ein Ausruf der Verblüffung als eine Frage.

Reinhard Werth lächelt. »Auf den ersten Blick wirkt der Junge ganz normal, nicht wahr? Allerdings schaut er nicht aus wie ein Sechsjähriger.«

Das stimmt, das fällt mir erst jetzt auf. Auf 3, höchstens 4 würde ich dieses Kind auf dem Schoß seiner Mutter schätzen.

»Kann er selbstständig sitzen?«

Werth schüttelt den Kopf. »Die Mutter muss ihn halten, zumindest stützen, sonst würde er umkippen.«

Damit wären meine nächsten Fragen bereits beantwortet. Sebastian kann also auch nicht selbstständig stehen und schon gar nicht gehen.

»Sehen Sie jetzt die Lichtreflexe in seinen Augen?«, fragt Werth.

Ich nicke. Im Film leuchtet Werth dem Jungen mit einer kleinen Taschenlampe direkt in die Augen, bewegt die Lampe, fährt damit hin und her. Aber Sebastian reagiert nicht: Er zwinkert nicht, folgt nicht dem Lichtreiz, nichts.

»Passen Sie jetzt auf«, sagt Werth und zeigt auf das Video. Er legt dem Kind gerade seine Hand auf den Kopf und beginnt es zu streicheln. Sebastian grinst.

Und ich strahle! »Er freut sich?«

Werth hebt die Hände und lässt sie wieder in seinen Schoß sinken. Ein entschiedenes *Nein* bringt er nicht über die Lippen.

»Er hat keine Hirnstrukturen, die Freude produzieren können.«

Sebastian kann sich also nicht freuen. Wie deprimierend.

Ich höre jetzt ein Rasseln. Im Film schüttelt jemand eine Dose, die mit Steinchen gefüllt ist: erst rechts von dem Kind, dann links. Und plötzlich schaut es dem Geräusch nach, wendet im Zeitlupentempo seinen Kopf: von rechts nach links und wieder zurück.

»Sebastian kann hören?«

»Er folgt dem Reiz«, sagt Werth. Wieder diese ausweichende Antwort.

»Aber Sebastian hat einen Thalamus«, stelle ich fest, »sonst könnte er diesen Reiz nicht wahrnehmen«.

Der Thalamus ist, wie wir bereits gesehen haben, eine Relaisstation, die von den Sinnesorganen eingehende Informationen verteilt. Er ist im wahrsten Sinn des Wortes das *Tor zum Bewusstsein*, weil hier (fast) alle Informationen durchmüssen, bevor sie zum Großhirn gelangen.

Aber zu meiner großen Überraschung schüttelt Reinhard Werth den Kopf.

»Nein, Sebastian hat keinen Thalamus.«

»Wie kann er dann hören?«

»Einige Nervenbahnen ziehen vom Hörnerv zum Mittelhirn. Ich nehme an, von hier geht dieses Reiz-Reaktions-Muster aus.«

Reiz-Reaktions-Muster! Wie sich das anhört.

»Kann er nun hören oder nicht?«

»Das kommt darauf an, wie Sie *hören* definieren. Sebastian hat jedenfalls keine Hörrinde, weil er kein Großhirn hat. Aber er reagiert offensichtlich auf dieses Geräusch.«

»Und er hat nicht eine Spur von Großhirnresten?«, hake ich nach.

Kopfschütteln.

»Und keinen Thalamus?«

»Nein.«

»Kleinhirn?«

Kopfschütteln.

Unglaublich, dass so ein Organismus überhaupt leben kann! *Leben* – wie merkwürdig dieses Wort plötzlich klingt. Ich fühle mich von diesen Informationen wie erschlagen. *Lebt* dieser Junge überhaupt?, frage ich mich. Aber ein Blick auf den Film genügt: Natürlich lebt er! Er atmet, schmatzt jetzt sogar, dreht seinen Kopf nach links, zur Mitte, nach rechts.

»Warum dreht er seinen Kopf, was sucht er jetzt?«, frage ich aufgewühlt.

Werth hebt wieder seine Hände, lässt sie in den Schoß fallen.

»Er sucht nichts«, antwortet er mit sanfter Stimme, »er kann nichts suchen«.

Unfassbar! Dieser Mensch lebt wie … wie ein Insekt? Nein, wie eine Pflanze – rein vegetativ! Ein Strauch, ein Baum, eine Blume!

Ich bin irritiert: Dieses Kind schaut auf den ersten Blick ganz normal aus, und jetzt ertappe ich mich dabei, infrage zu stellen, ob es überhaupt ein Mensch ist.

Plötzlich gähnt Sebastian und macht Kaubewegungen. Er ist müde. Ich starre gebannt auf den Fernseher, da reißt der Film ab, das Bild beginnt zu flimmern.

»Das war's dann«, höre ich Werth sagen.

Wir bleiben still im dunklen Raum sitzen, begleitet vom nervösen Flimmern des Bildschirms. Was für ein ungeheuerlicher

Gedanke, der mir vorhin durch den Kopf geschossen ist: *Ist das überhaupt ein Mensch?* Werth sieht mich stumm an, als wüsste er, was ich denke.

Natürlich ist das ein Mensch!, sage ich mir schnell. *Natürlich!* – Ich schäme mich für diesen Gedanken. Aber er drängt sich sofort wieder auf. Dieses Mal in verkleideter Form: *Was ist überhaupt ein Mensch? Wie ist Menschsein definiert? Durch ein funktionierendes Gehirn und sein Verhalten? – Sicher nicht, dann wäre ein Toter kein Mensch. Aber auch ein Toter ist ein Mensch, nur eben tot. Ist ein Mensch durch sein Aussehen definiert? – Nein, das ist viel zu banal. Oder doch nicht? Ein Schimpanse ist jedenfalls kein Mensch. Das sieht man auf einen Blick. Natürlich könnte man den Menschen einfach »biologisch-technisch« beschreiben: Angehöriger einer bestimmten Reproduktionsgemeinschaft, aufrecht gehend, intelligentes Verhalten – außer wenn er schläft oder am apallischen Syndrom leidet wie Sebastian. Ich werde den Menschen einfach definieren als »einer von uns«. Mehr nicht.*

Plötzlich fällt das Bild vor mir zusammen. Das Flimmern im Fernseher hat aufgehört. Reinhard Werth schaut auf die Uhr. Ich habe seine Zeit schon viel zu lange beansprucht. Ich verabschiede mich schnell, um ihn wieder seinen kleinen Patienten zu überlassen. Als ich den schlauchartigen Flur in Richtung Ausgang entlanggehe, fühle ich mich emotional völlig aufgewühlt, und ich bedaure die Eltern, die hierher kommen müssen.

40

Um genauer zu verstehen, wie das menschliche Großhirn funktioniert, wie es Erfahrungen im Langzeitgedächtnis abspeichert und Erinnerungen abruft, wollen wir uns im Folgenden neuronalen Netzwerken zuwenden. Und wo kann man über neuronale Netzwerke mehr lernen als im Dschungel?

Sarawak liegt im Norden der Insel Borneo, und ich habe mir zwei Wochen Zeit genommen, um in den Mangrovenwäldern Nasenaffen zu beobachten. Wie die Bezeichnung *Nasenaffen* schon vermuten lässt, haben diese Tiere einen riesigen Zinken im Gesicht. Es sind herrliche Geschöpfe, nur leider sehr scheu. Meistens sitzen sie weit weg in den Bäumen und schlafen und fressen den ganzen Tag über. Nur einmal, während der Abenddämmerung, kommen sie mir richtig nahe: Eine kleine Gruppe klettert von den Bäumen herunter und läuft keine 20 Meter von mir entfernt über den schlammigen Mangrovenboden zu den Sonneratia-Bäumen, um dort Blätter zu fressen. Als Letztes hüpft eine Nasenäffin hinterher, die sich seltsam bewegt. Aber als sie sich aufrichtet, um auf den Sonneratia-Baum zu springen, entdecke ich an ihrer Brust ein winziges schwarzes Baby. Da ich soviel Glück habe, bleibe ich natürlich sitzen, obwohl schon die Nacht hereinbricht und mich die Moskitos quälen. Aber Nasenaffen sind unglaublich scheu, und ich weiß, dass ich nur eine kleine Bewegung zu machen brauche, und sie stürmen in Panik davon. So bricht die Nacht herein, ich sitze in den Mangroven mit Blick aufs Meer hinaus und beobachte, wie sich auf den Wellen das Mondlicht spiegelt. Von den Affen höre ich nur noch zufriedenes Grunzen und Schmatzen. Ich bete inzwischen, dass sie nicht in diesem Baum zu schlafen gedenken, normalerweise ziehen sie sich dazu in die Wipfel hoher Bäume zurück, und ich habe nicht vor, die ganze Nacht in den Mangroven zu verbringen.

Plötzlich blinkt es in einem Baum. Es ist ein winziges, einsames Leuchtfeuer in Schulterhöhe; kurz darauf ein zweites Blinken ein Stück daneben; ein drittes, viertes, fünftes ...

Glühwürmchen! Mehr und mehr von diesen winzigen Tierchen knipsen ihre Lämpchen an, und dann geschieht etwas Merkwürdiges: Die Tierchen scheinen ihr Blinken zu synchronisieren. Es müssen schließlich tausende sein, die in dem Baum hocken und ihr Lichtchen gleichzeitig an- und ausknipsen: Licht an, Licht aus. (Die Dayak nennen diese Leuchtkäfer lautmalerisch *Kelip-Kelip*.)

Ich muss sagen, in dieser Finsternis hat dieses Leuchtfeuer etwas Übernatürliches an sich. Aber die Erklärung dafür ist ausgesprochen »natürlich«: Es ist schlicht der »Lockruf« dieser Leuchtkäfer. Die Männchen versammeln sich nächtens zwecks Brautwerbung in einem Baum. Um ihrem Leuchten mehr Kraft zu verleihen und die Weibchen aus größerer Entfernung anlocken zu können, synchronisieren die »Strahlemänner« das Blinken, bis der ganze Baum weithin leuchtet. Dieser Code bedeutet – salopp übersetzt aus der Glühwürmchensprache: He Mädels, wir sind hier, kommt mal rüber! Der Spuk ist so plötzlich vorbei, wie er begonnen hat. Lichtschalter ein, Lichtschalter aus. Es bleibt finster.

Als Forscher darangingen, dieses regelmäßige Blinken mit Mess-
instrumenten zu analysieren, fanden sie zwar heraus, dass es sich
um einen unvorstellbar präzisen biologischen Rhythmus handelt,
doch wie abertausende winziger Käfer ihr blinkendes Hinterteil so
genau synchronisieren, entzog sich lange Zeit der menschlichen
Erkenntnis. Zunächst dachte man an die Existenz eines »Chef-
Glühwürmchens«, das den Ton angibt. Doch diese Erklärung ver-
bietet eigentlich die Logik. Wie sollten diese Würmchen mit ihrer
»Hand voll« Hirnzellen eine hierarchische Organisation aufbauen,
in der es Chefs und Unterchefs gibt?

Die Realität ist viel einfacher und demokratischer: Treffen sich
2 blinkende Würmchen, entscheiden sie sich für eine Frequenz;
kommt ein weiteres Männchen dazu, passt es sich an den Rhythmus der anderen an; am Ende haben tausende Käfer ihre blin-
kenden Hinterteile zu einem einzigen Leuchtfeuer synchronisiert.

Dieses Erlebnis mit dem leuchtenden Glühwürmchenbaum hat
mich stark beeindruckt, und ich habe es später oft erzählt. Aber
im Laufe der Jahre verblasst die Erinnerung, und irgendwann habe
ich aufgehört, von meinen Glühwürmchen zu schwärmen.

Vor ein paar Jahren war ich auf der Suche nach einem Forscher,
der mir auf einfache Weise erklären konnte, wie sich neuronale
Netzwerke bilden. So lernte ich den Neuroinformatiker Werner
Gruber kennen.

Für das Interview haben wir uns an seinem Universitätsinstitut
verabredet. Während ich über die Treppe in das fünfte Stockwerk
hochsteige, lasse ich mir noch einmal die Grundlagen neuronaler
Netzwerke durch den Kopf gehen: Gedanken werden in Form von
Netzwerken gespeichert. Wenn man so will, werden Informationen
lokal in Mini-Netzwerken verarbeitet, diese sind *regional* in Midi-
Netzwerke eingebunden, und diese wiederum sind Teil eines
Maxi-Netzwerks. An einem komplexen Gedanken sind vermutlich
hunderte solcher assoziativer Netze beteiligt – vergleichbar einer
Schauspieltruppe: Jeder spielt seine Rolle, die gemeinsame Dar-
bietung macht das Theaterstück aus.

Institut für Experimentalphysik steht auf dem weißen Schild
neben der dunkelbraunen Holztür. Werner Gruber empfängt mich
mit einem breiten Lächeln und einem jovialen »Servus«. Als wir in
sein Zimmer kommen, in dem sich Hirnbücher zwischen den

Computerbildschirmen stapeln, fällt mir eine merkwürdige Apparatur in der Mitte des Raumes auf: ein Holzbrett mit winzigen Glühlämpchen, Transistoren, Kondensatoren, Widerständen, Fotozellen und jeder Menge Kabelsalat.

Werner bemerkt mein Interesse und erklärt: »Dieses Ding verwende ich, um meinen Studenten zu demonstrieren, wie ein neuronales Netzwerk funktioniert.«

Glühwürmchen!, schießt es mir durch den Kopf. Natürlich, meine Glühwürmchen aus Borneo! Warum habe ich bloß nie daran gedacht?*

Die folgende Demonstration ist in ihrer Einfachheit geradezu genial. Werner schließt eine Batterie an die Apparatur an. Mit einer Taschenlampe leuchtet er kurz auf einen der Fotowiderstände und bringt damit gleichsam den Stein ins Rollen – eines der Lämpchen beginnt zu blinken; ein paar Sekunden später beginnt das benachbarte »Kelip-Kelip« zu blinken, zunächst zaghaft, dann kraftvoller, und dann das dritte, das vierte usw. Anfangs wirken die künstlichen Glühwürmchen noch unkoordiniert, aber mit jedem Mal Blinken gleichen sie sich immer mehr an. Nach eineinhalb Minuten sind die Lämpchen so weit synchronisiert, dass der ganze Tisch pulsiert. Einzelne »Ausreißer«, die etwas zu früh oder zu spät aufblitzen, werden scheinbar durch eine innere Kraft in den gleichmäßigen Takt der Masse gezwungen, bis nach weiteren eineinhalb Minuten kleine, scharfe Leuchtfeuer durch das Zimmer zucken.

»Verdammt!«, entfährt es mir, »wer oder was steuert das?« Ich erinnere mich, dass das Erlebnis mit den Glühwürmchen auf Borneo auf mich ähnlich übernatürlich wirkte.

Werners dröhnendes Lachen erfüllt den Raum. Er steht auf und bringt 2 Tassen Kaffee, Milch, Zucker.

»Die Synchronisation steuert das«, sagt er schließlich.

»Und woher kommt dieses *Verlangen* nach Synchronisation?«

»Naturgesetz«, sagt er bündig und nimmt einen Schluck Kaffee. »Quarks synchronisieren sich und formen Atome. Atome synchronisieren sich, und es entstehen Moleküle. Moleküle synchronisieren sich, und es bilden sich Zellen. Zellen synchronisieren sich

---

* Bereits Mitte des vorigen Jahrhunderts hat der Kybernetiker Norbert Wiener auf den Zusammenhang zwischen der Arbeitsweise des Gehirns und dem synchronisierten Leuchten der Glühwürmchen hingewiesen.

und formen Organismen. Im Leben läuft letztlich alles auf Synchronisation hinaus. Das gilt für Quarks, für Glühwürmchen und für das Gehirn des Menschen.«[66]

Die Funktionsweise ist einsichtig, ich wundere mich trotzdem, dass diese Apparatur funktioniert.

»Und wenn ich dieses Glühwürmchen-Modell auf das Gehirn übertrage«, frage ich, »wie entstehen dann Bilder, Erinnerungen, Gedanken?«

Werner nimmt Bleistift und Papier zur Hand.

»Ganz einfach: So entstehen simple Muster«, sagt er und zeichnet ein Gitter mit 9 Feldern. »Hier tragen wir Größe, Körpergewicht und Haarfarbe ein. Ein spezifisches Merkmal wird durch die elektrische Entladung spezifischer Nervenzellen repräsentiert. Also, du bist *groß*, Gewicht schätze ich *mittel*, Haarfarbe ist *braun*.«

Dann verbindet er die Merkmale miteinander, und heraus kommt eine Art liegender Bumerang. Genauso trägt er seine eigenen Merkmale auf, ein zweiter Bumerang mit der Spitze nach oben entsteht (siehe Abbildung 4).

Selbstverständlich sind Werner und ich nicht nur durch 3 Merkmale charakterisiert, das ist sozusagen die gröbstmögliche Beschreibung. Aber auch im richtigen Leben werden nicht gleichzeitig tausende Personenmerkmale abgerufen, sondern – der Situation angepasst – immer nur einige wenige.

»Dieses Bild«, fährt Werner fort und greift zu einem Vorlesungsmanuskript, »zeige ich meinen Stundenten, um zu zeigen, wie *komplexe* Muster abgebildet werden, beispielsweise 2 Menschen.« (Siehe Abbildung 5.)

Jeder Strich entspricht einer elektrischen Entladung durch eine Nervenzelle. Viele synchron aktive Nervenzellen (Ensembles) ergeben ein geometrisches Muster – zum Beispiel ein Männchen, wie in Abbildung 5, oder einen sonstigen Gedanken. Wem das zu abstrakt klingt, der kann sich ein blinkendes Auto vorstellen. Wenn die Blinker links vorne und links hinten aufleuchten (sie entsprechen zwei Nervenzellen), dann bedeutet dieses Muster »Links abbiegen«. Wenn die rechten Blinker aufleuchten, ist der Gedanke »Rechts abbiegen«. Und wenn alle 4 Lämpchen gleichzeitig blinken, also *synchron aktiv* sind, bedeutet die Botschaft dieses geometrischen Musters »Achtung!«. (Leuchten hingegen alle 4 Blinker *unsynchronisiert* auf, hat man gar kein Bild davon, was los ist.)

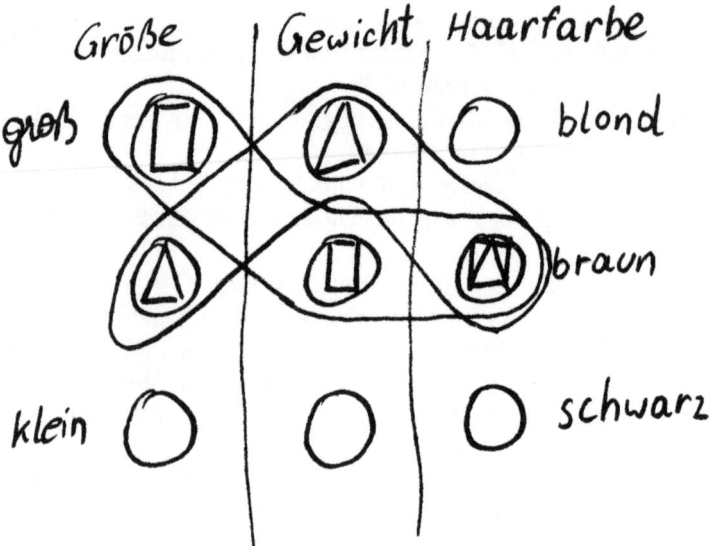

Abbildung 4: Werner Grubers handschriftliche Skizze, wie ein simples Muster, welches Größe, Körpergewicht und Haarfarbe zweier Menschen repräsentiert, durch ein neuronales Netzwerk dargestellt wird

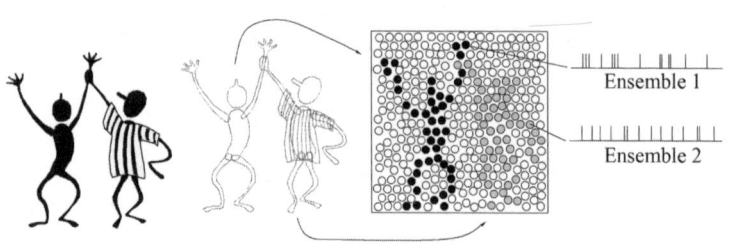

Abbildung 5: Werner Grubers Zeichnung, wie ein komplexes Muster durch Synchronisation dargestellt wird

Wem das Prinzip klar ist, wie neuronale Netzwerke funktionieren, der hat eine Ahnung davon, wie *Denken* funktioniert. Sonderbarerweise mache ich immer wieder die Erfahrung, dass viele Menschen behaupten, »die Wissenschaft« verstünde noch immer nichts vom Gehirn. Das ist so nicht richtig. Neurowissenschaftler verstehen vom Gehirn viel mehr, als die meisten Menschen ahnen.

Ich will damit nicht gesagt haben, dass das Gehirn in seinen Einzelheiten bereits verstanden ist, sonst könnten ja auch hunderttausende Neurobiologen ihren Job kündigen. Aber im Großen und Ganzen ist klar, dass Gedanken in Form von Neuronennetzen in der Hirnrinde abgespeichert werden und dass alle höheren geistigen Fähigkeiten nach dem Prinzip der Synchronisation ablaufen. Wir dürfen nicht erwarten, dass Gedanken wie Fotos in einer Schuhschachtel liegen. Es existieren überhaupt keine Bilder *permanent* in unserem Gehirn, sondern die neuronalen Schaltkreise, die diese Bilder für kurze Zeit »aufleuchten« lassen, werden bei jeder Erregung neu zusammengesetzt.

41

Wechseln wir von der Ebene der Netzwerke eine Etage tiefer. Dort sehen wir den Prototypen einer Nervenzelle (*Neuron*). So ein Neuron sieht aus wie der gute, alte Wischmob, der in Ihrem Abstellraum an der Wand lehnt. Die vielen fingerähnlichen Fasern, die beim Mob die Schmutzteilchen aufgreifen, heißen bei der Nervenzelle *Dendriten* und sind für die Aufnahme chemischer Botenstoffe zuständig. Auf der gegenüberliegenden Seite vom Wischkörper – der beim Neuron übrigens den Zellkern mit der Erbsubstanz enthält – führt der Stiel weg. Bei der Nervenzelle nennt man diesen Stiel *Axon,* und dieses ist für die Weiterleitung des Signals zuständig. So ein Axon kann beim Menschen bis zu 1 Meter lang werden. (1 Meter klingt nicht allzu beeindruckend. Um anschaulich darzustellen, wie lang das vergleichsweise ist, hat ein Neurobiologe ausgerechnet, dass ein Dackel einen 30 Kilometer langen Schwanz hinter sich herziehen müsste.)

Stellen wir uns weiter mehrere Neuronen hintereinander aufgereiht vor, sodass jeweils das Axon der einen Nervenzelle an die Dendriten der nächsten Nervenzelle stößt. Der Übergang von einer Nervenzelle zur nächsten heißt *Synapse.* Eine Synapse ist also das Ende vom Axon der einen Zelle, der Anfang vom Dendriten der folgenden Zelle sowie der Spalt dazwischen. (Genau wie bei einem Straßenübergang: Bürgersteig – Zebrastreifen – Bürgersteig.)

Synapsen spielen beim Lernen, und damit bei der Informationsverarbeitung im Gehirn, eine zentrale Rolle. Werden sie mehrmals hintereinander stimuliert, zum Beispiel weil Sie Englischvokabeln pauken, dann werden sie *verstärkt*. Neurowissenschaftler bezeichnen diese Verstärkung als *Langzeitpotenzierung*. Wenn Sie irgendwann etwas über die molekularen Mechanismen des Lernens, Langzeitgedächtnisses oder über neuronale Plastizität lesen, dann ist genau diese Verstärkung an den Synapsen gemeint. Bildlich gesprochen verkrallen sich dabei die Synapsen der Nervenzellen wie Klettverschlüsse und bilden so ein zusammenhängendes Netzwerk aus.

Tatsächlich funktioniert die Verstärkung an den Synapsen nicht durch physischen Kontakt wie bei einem Klettverschluss, sondern funktionell. Das heißt, sie reagieren auf Reize, die mehrmals hintereinander dargeboten wurden, empfindlicher: Es kommt also zu einer Sensibilisierung. (Der in der Fachliteratur übliche Begriff *Verstärkung* ist also etwas irreführend.) Was sich hier auf mikroskopischer Ebene abspielt, kennen Sie auch aus dem täglichen Leben. Denken Sie nur an Herrn Meier aus Ihrer Nachbarschaft, der seit vielen Jahren mit seinem Dackel um den Häuserblock spaziert. Früher haben Sie Herrn Meier noch schreien gehört: »Komm endlich! Sitz! Platz! Lass das!« Heute schlurfen die beiden nur noch wortlos hintereinander her, und der Dackel erkennt am kleinsten Augendreh seines Herrchens, wo es langgeht.

Wenn Sie eine Fremdsprache lernen, passiert an Ihren Synapsen genau das Gleiche: Zuerst müssen Sie Vokabeln pauken, indem Sie diese wiederholen, wiederholen und noch mal wiederholen; wenn Sie die Sprache schon ein wenig beherrschen, werden die Denkpausen immer kürzer; schließlich können Sie reden wie der sprichwörtliche Wasserfall. Neurophysiologisch gesehen, haben die neuronalen Netzwerke, die diese Vokabel repräsentieren (genau wie Herrn Meiers Kommandos), immer empfindlichere Synapsen ausgebildet.

Dass Sie dieses System irgendwann überlasten könnten, brauchen Sie nicht zu befürchten. Neurowissenschaftler gehen davon aus, dass das menschliche Gehirn aus 100 Milliarden Nervenzellen besteht. Und jedes Neuron geht 1000 bis 10 000 Verbindungen mit anderen Nervenzellen ein. Dennoch machen diese Neuronen, die *grauen Zellen,* nur 40 Prozent des Hirnvolumens aus. Die restlichen 60 Prozent sind Kabelsalat, wissenschaftlicher ausgedrückt: »Leitungsbahnen« oder »Axone« oder »weiße Masse«.[67] Allein die Großhirn-*Rinde,* nicht dicker als der Deckel dieses Buches, enthält rund 20 Milliarden Nervenzellen. Wie der Ulmer Psychiater Manfred Spitzer in seinem Buch *Lernen* vorrechnet, ist nur »eine von 10 Millionen Fasern mit der Außenwelt verbunden, die anderen verbinden das Gehirn mit sich selbst«. Was daraus folgt? Na, dass das menschliche Gehirn vor allem mit sich selbst beschäftigt ist: mit denken, träumen und Bewusstsein![68]

42

Vielleicht habe ich im vorigen Abschnitten den Eindruck vermittelt, dass Erinnerungen in Form neuronaler Netze in unserer Hirnrinde herumhängen wie Spinnweben auf einem alten Scheunenboden. Das stimmt natürlich nicht, unter unserem Schädeldach herrscht vielmehr strikte Raumordnung, wo folgende Funktionen verteilt sind: hinten Sehen, seitlich in der linken Hemisphäre Sprachverarbeitung, seitlich in der rechten Hemisphäre Sprachmelodie, oben Sinnesempfindungen und vorne Arbeitsspeicher, Motivation, Moral und andere »höhere Aufgaben«. Diese Bereiche sind natürlich stark miteinander verkabelt, und das aus gutem Grund: so werden beispielsweise aktuelle visuelle Eindrücke mit Bildern von früher abgeglichen; und diese Bilder sind seitlich im Schläfenlappen gespeichert. Damit ich nicht vergesse, worüber ich gerade nachdenke, muss der Arbeitsspeicher im Stirnhirn aktiv sein etc.; genau genommen ist bei jeder Sinnesmodalität – Sehen, Hören, Riechen, Empfinden – das gesamte Hirn aktiv.

Bleiben wir bei unserem Beispiel mit Herrn Meier und seinem Dackel, den Sie wieder einmal auf der Straße treffen. Die visuellen Reize gelangen von den Augen zum hinteren Pol Ihres Gehirns. Tatsächlich beginnt die Analyse des Bildes nicht erst in der Hirnrinde, sondern bereits auf der Netzhaut der Augen, wo Zapfen und Stäbchen unterschiedliche Reize auffangen.* Die Zapfen sind für das Farbsehen am Tage zuständig, die Stäbchen sind unsere

---

* Falls Sie zu den Menschen gehören, die sich partout nicht merken können, dass es Stäbchen, aber nicht Zäpfchen heißt, hier eine kleine Eselsbrücke. Mein Zoologieprofessor Georg Schaller machte uns Studenten den Unterschied mit dem denkwürdigen Satz klar: »In den Augen hat man Zapfen, *Zäpfchen* schiebt man woanders hinein.«

Nachtsichtgeräte. Diese Reize werden nun zum Thalamus geleitet. Von diesem *Tor zum Bewusstsein,* wie wir diese Struktur tief im Gehirn genannt haben, ziehen drei unterschiedliche Kanäle zur Hirnrinde: ein Kanal, der die Bewegung und Position eines Bildes analysiert (die *Wo*-Bahn); ein zweiter Kanal, der die Form analysiert, und ein dritter Kanal, der für die Farbe zuständig ist (die Kanäle zwei und drei heißen auch *Was*-Bahnen).

Wird das primäre Sehareal im Hinterhauptslappen durch einen Unfall zerstört, ist man blind, obwohl die Augen funktionieren. Das bedeutet aber nicht, dass man im Normalfall im primären Sehareal schon das ganze Bild sieht. Tatsächlich erkennt man hier nur Linien: Es gibt Zellen, die nur waagrechte Linien erkennen, andere sehen nur senkrechte und dritte nur schräge Linien. Mit anderen Worten: Im primären Sehareal nehmen wir den *Umriss* eines Objekt wahr, die Grenzlinien, die Konturen. Und ich nehme an, dass in diesem Areal Menschen ausschauen wie ein Scherenschnitt.

Evolutionsbiologisch betrachtet, ist das durchaus sinnvoll. Stellen Sie sich vor, Sie schlendern als Urmensch durch die afrikanische Savanne, pfeifen gedankenverloren vor sich hin, und plötzlich steht 15 Meter vor Ihnen eine schmatzende Säbelzahnkatze. In diesem Fall braucht Sie die Fellfarbe und das Geschlecht des Tieres wirklich nicht zu interessieren. Sie sollten die »Mieze mit den großen Zähnen« nur möglichst schnell erkennen – dazu reichen die Konturen –, Ihre Beine in die Hand nehmen und um Ihr Leben laufen.

Außer diesem primären Sehareal gibt es in der Hirnrinde noch mindestens 31 weitere Felder, die für das Sehen zuständig sind. So zieht die *Wo*-Bahn mit ihren Faserbündeln zum Scheitellappen, wo Bewegungen und räumliche Tiefe analysiert werden. Dieses System sorgt dafür, dass Sie mit dem Hammer einen Nagel in die Wand schlagen können, beim Gehen nicht in einen Kanalschacht fallen, im Winter bei einer Schneeballschlacht mit Ihren Kindern nicht von einem Schneeball ins Gesicht getroffen werden und dass Sie abschätzen können, ob Sie das vor Ihnen fahrende Auto rechtzeitig überholen können, bevor der Entgegenkommende zu nahe kommt.

Die *Was*-Bahn dagegen zieht sich durch Sehareale, die Farben und Formen erkennen, zum unteren Schläfenlappen. Ferner gibt es auch Schaltkreise, die den Schläfenlappen und den Scheitellappen

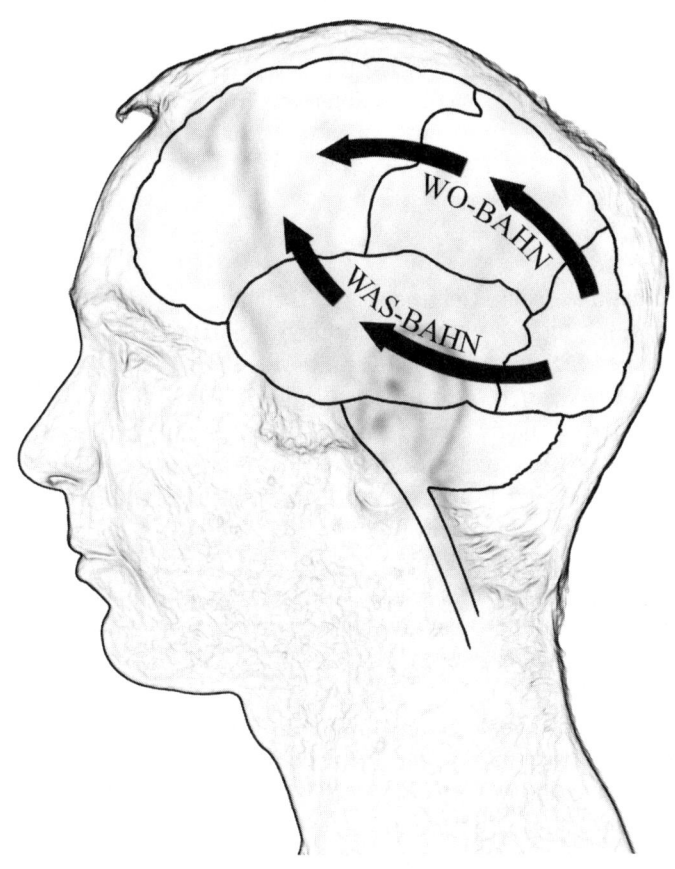

Abbildung 6: Die Wo-Bahn analysiert die Bewegung und Position eines wahr-genommenen Bildes. Die Was-Bahn ist für die Farbe und semantische Bedeutung zuständig.

mit dem Stirnhirn verbinden, sodass man festhalten kann, dass mit der Verarbeitung von Bildern ein Großteil unseres Gehirns beschäftigt ist.

Laien sind oft darüber verwundert, wie stark spezialisiert einzelne Hirnareale oder gar Nervenzellen sind. Und manchen Kognitionswissenschaftler veranlasst diese Spezialisierung dazu, von Modulen im Gehirn zu sprechen. Doch dieser Vergleich ist nicht richtig, denn die Aktivität einzelner Zellen und Areale ergibt nur im Verband mit vielen über die Hirnrinde verstreuten Netzwerken Sinn. Diesen Unterschied macht hoffentlich der folgende Abschnitt deutlich, in dem ich Ihnen einige Geschichten aus der Welt der Neuropsychologie erzählen möchte.

43

Schädigungen des Gehirns nach Unfällen oder Hirnschlägen führen häufig zu charakteristischen Ausfällen, wodurch die Störungen für Neuropsychologen überhaupt erst zu diagnostizieren sind. *Aphasien,* also Sprachstörungen, treten bei 90 Prozent der Menschen nach einer Schädigung in der linken Hemisphäre auf. Ist das hintere Wernicke-Sprachzentrum beeinträchtigt, haben die Patienten Probleme mit dem *Sprachverständnis.* Ist das vordere Broca-Sprachzentrum beschädigt, verstehen die Patienten zwar an sie gerichtete Fragen, aber die *Sprachproduktion* funktioniert nicht richtig. Ist die Schädigung im unteren Schläfenlappen lokalisiert, fehlt die Objekt-Erkennung. Liegt die Läsion im oberen Scheitellappen, wissen die Patienten mit den Objekten nicht umzugehen.

Verletzungen der rechten Hirnhemisphäre haben völlig andere Folgen, die weniger bekannt sind und deshalb als umso merkwürdiger erscheinen. Zum ersten Mal höre ich von Reinhard Werth von dieser eigenartigen Krankheit mit der Bezeichnung *Neglect.*

»Neglect heißt auf Deutsch *Vernachlässigung*«, erklärt der Neuropsychologe. »Wenn diese Erkrankung stark ausgeprägt ist, existiert für die Patienten die linke Hälfte nicht«.

Ich ziehe die Augenbrauen hoch.

»Was heißt, die linke Hälfte existiert nicht?«

»Nun ja, … sie existiert einfach nicht«, sagt der Neuropsychologe mit einem Lächeln. »Ich hatte beispielsweise eine Patientin, die ihren Teller genau bis zur Mittellinie leer aß, die linke Hälfte blieb unangetastet. Wenn ich dann fragte: ›Warum essen Sie nicht fertig?‹, war sie erstaunt und antwortete: ›Der Teller ist doch leer‹. Als ich den Teller vor ihren Augen um 180 Grad drehte, war sie völlig aufgelöst und sagte: ›Ja, wo kommt denn das auf einmal her?‹«

Neglect-Patienten schauen nicht nach links, weil in ihrem Bewusstsein *links von ihrer Körpermittellinie* nicht existiert. Wenn

Werth einen Bleistift vor seiner Patientin in die Höhe hielt und sie aufforderte, dem Objekt nachzuschauen, und er dann den Bleistift in das linke Gesichtsfeld der Patientin zog, blieben die Augen der Frau genau in der Körpermittellinie hängen und verloren das Objekt. Derartige Beispiele gibt es zuhauf, vielfach beschrieben vom Meister der neuropsychologischen Literatur, Oliver Sacks. Er berichtet von Männern, die nur ihre rechte Gesichtshälfte rasieren, und von Frauen, die sich nur rechts schminken. Links existiert für sie einfach nicht.

»Ich hatte einen Patienten, der stützte sich auf einer Party mit der linken Hand auf die Wurstplatte des Büffets, völlig unbewusst natürlich«, sagt Werth. »Man konnte mit ihm über alles in der Welt reden, nur eben nicht über die linke Raumhälfte und seine linke Körperhälfte. Wenn ich sagte: ›Geben Sie mir Ihre rechte Hand‹, bekam ich die rechte Hand. Wenn ich die linke Hand wollte, kam schon wieder die rechte. Wenn ich ihn aufforderte, mir beide Hände zu reichen, sagte er: ›Komisch, ich habe doch zwei Hände, wo ist die zweite Hand bloß? Ich weiß nicht, was los ist, ich finde sie nicht.‹ Ansonsten war er ganz normal intelligent.«

Neglect tritt in der Regel nach einer Schädigung des rechten Scheitellappens auf; seltener auch links, die Auswirkungen sind dann allerdings schwächer. Zum Glück für die Betroffenen lassen die Symptome auch bei schweren Schädigungen im rechten Scheitellappen meist im Laufe von einigen Wochen nach und verschwinden schließlich ganz.

»Die Patienten beginnen langsam wieder auf Bewegungen links von ihrer Körpermitte zu reagieren«, sagt Reinhard Werth. »Wenn ich sie einige Monate später frage, warum sie nicht auf die linke Raumhälfte geachtet haben, antworten sie: ›Diese Hälfte hat einfach nicht existiert‹.«

»Wie kann bei einem normal intelligenten Menschen«, frage ich verwundert, »die halbe Welt aufhören zu existieren?«

»Das ist so wie mit dem Raum hinter Ihrem Rücken«, erklärt Werth. »Solange Sie nicht an ihn denken, existiert er einfach nicht. Und wenn Sie nicht hingesehen haben, als Sie zur Tür hereinkamen, wissen Sie nicht einmal, was da hinter Ihnen herumsteht. Solange wir darüber nicht geredet haben, hat dieses Eck in Ihrem Bewusstsein nicht existiert.«

Eine einfache Erklärung eines komplexen Phänomens. Jetzt will ich's wissen. Ich drehe mich um und sehe: ein Waschbecken, darüber einen Spiegel, ein weißes Handtuch an einem Haken, einen Mülleimer, einen schwarzen Plastikstuhl mit einem Stoß Papier darauf, eine verchromte Infusionsstange. Eigenartig – aber ich nehme diese Dinge in dem Raum wirklich zum ersten Mal wahr.

Was beim Neglect neurologisch passiert, ist einigermaßen erforscht. Im Scheitellappen werden Reize in einem Koordinatensystem räumlich eingeordnet, wobei die eigene Körpermittellinie als Bezugspunkt dient. Verletzungen am Übergangsbereich vom Scheitellappen zum Schläfenlappen führen zum Neglect-Syndrom. Da beim Neglect zumeist der Scheitellappen der rechten Hemisphäre geschädigt ist, geht das Koordinatensystem für die linke Raumhälfte verloren, und für die Patienten gibt es diese Raumhälfte fortan nicht mehr. Bessern sich die Symptome, kann Reinhard Werth die Aufmerksamkeit seiner Patienten durch starke Reize wie helle Lichtpunkte oder bewegte Objekte in die linke Raumhälfte lenken, und langsam schleicht sich über die rechte *Wo*-Bahn die linke Hälfte der Welt wieder ein.

44

Neuropsychologische Bücher sind voll von derartigen, oft tragischen Lebensgeschichten. Da gibt es Mediziner, die sich keine Gesichter merken können, Techniker, die plötzlich nicht mehr wissen, wie man mit einem Hammer umgeht, Patienten, deren linke Welt aufhört zu existieren. Und Autoren wie Oliver Sacks und Vilaynur Ramachandran haben sie einem breiten Publikum zugänglich gemacht. Die Bücher tragen bezeichnenderweise Titel wie *Der Mann, der seine Frau mit einem Hut verwechselte* oder *Die blinde Frau, die sehen kann*. Für Menschen wie Sie und ich sind die darin enthaltenen Lebensgeschichten schlicht unvorstellbar. Da erleidet ein Maler einen leichten Schlaganfall, den er anfangs gar nicht bemerkt. Als er sein Atelier betritt, sieht er alles nur noch schwarzweiß, auch seine bunten Leinwände. Bald wird ihm klar, dass nicht die Bilder sich verändert haben, sondern er selbst. Wie sich herausstellt, wurde durch ein Leck in einem Blutgefäß das bohnengroße Farbareal am Hinterhauptslappen geschädigt, von Hirnforschern als V4 bezeichnet. Von nun an kann der Maler nur noch Schwarz, Weiß und Grauwerte sehen; selbst die Haut seiner Frau sieht »rattenfarben« aus«.[69] Allen diesen Fällen ist gemeinsam, dass infolge eines Hirnschlages, einer Infektion oder einer Verletzung ein bestimmtes Areal im Gehirn beschädigt ist. Das bedeutet aber nicht, dass wir in der Hirnrinde *Module* haben, mit denen wir zum Beispiel Farben oder Gesichter sehen. Denn dann brauchten wir im Kopf ein Männchen, einen Homunkulus, der auf diese Hirnareale hinunterblickte wie auf einen Fernsehbildschirm. Diese spezialisierten Areale sind vielmehr Teil eines größeren Ganzen: Auch die Zapfen in der Netzhaut des Auges sind, wie Sie sich erinnern, am Sehen von Farbe beteiligt. Doch die Erkenntnis, dass Rot eben Rot ist und Blau eben Blau, entsteht in weit verteilten neuronalen Netzwerken im Großhirn, die bei Erregung aufflackern und dann in ihrer Gesamtheit für die jeweilige Farbe stehen.

Natürlich gibt es noch viele weitere Beispiele, die allein ihrer Skurrilität wegen wert wären, erzählt zu werden. Die Welt der Neuropsychologie ist eine dem Gesunden fremde, unvorstellbare Welt, die einmal gesehen zu haben *(gesehen,* aber um Himmels willen nicht *erlebt!),* nachdenklich stimmt. Ich muss gestehen, dass in Gesprächen mit Neuropsychologen ungläubiges Kopfschütteln häufig verbunden ist mit Lachen. Doch hinter all diesen Geschichten stecken Schicksale, geradezu Tragödien, die für Außenstehende kaum fassbar sind und über die in der populärwissenschaftlichen Literatur nicht geschrieben wird, weil sie nicht unterhaltsam genug sind. Als ich vor einigen Jahren zum ersten Mal den Neuropsychologen Georg Goldenberg im Krankenhaus München-Bogenhausen wegen eines Interviews aufsuchte, betreute er eine Patientin, die von ihrem Ehemann in den Kopf geschossen worden war, bevor er Selbstmord verübte. Die Frau überlebte, war aber erblindet. Unglücklicherweise war auch der Hippocampus durch die Kugel zerstört worden, sodass sie von einem Augenblick auf den anderen vergaß, dass sie nicht sehen konnte. Der Chefarzt war gerade damit beschäftigt, der Patientin auf Umwegen beizubringen, dass sie nie wieder würde sehen können.

Ich fragte naiv: »Ist das nicht grausam? Wäre die Frau nicht glücklicher, wenn sie *nicht* wüsste, dass sie blind ist?«

Goldenbergs Antwort lautete, dann lerne diese Patientin nie, mit ihrer Behinderung umzugehen, was für einen Blinden aber überlebenswichtig sei.

Verständlich – aber für einen gesunden Menschen fast unmöglich, nachzuvollziehen. Man stelle sich das einmal vor: Man steht auf, will aus dem Zimmer gehen und … läuft gegen den Türrahmen, weil man vergessen hat, dass man blind ist; man fällt zu Boden, wacht Sekunden später auf, weiß aber nicht, warum einem der Schädel brummt, weil man vergessen hat, dass man gegen den Türrahmen gerammt ist. Ist eine solche Welt für einen Gesunden überhaupt vorstellbar? All diese Störungen sind aber gar nicht so selten. Eine verstopfte oder geplatzte Arterie im Gehirn und innerhalb von Sekunden verändert sich die Welt.*

Ich hoffe, Ihnen mit dieser Auswahl ein grobes Bild davon vermittelt zu haben, wie der hintere Teil unseres Großhirns funktioniert. Im letzten Abschnitt von Kapitel V werden wir uns dem menschlichsten aller Hirnteile zuwenden, dem Stirnhirn. Der jetzt folgende Abschnitt über die Sprache schlägt sozusagen die Brücke vom hinteren Teil des Gehirns zum vorderen.

45

Der Mann ist eine erbarmungswürdige Erscheinung. Seit 7 Jahren ist er halbseitig gelähmt und ans Bett gefesselt. Immer wieder wird er von epileptischen Anfällen gequält. Das Schlucken bereitet ihm seit einiger Zeit Schwierigkeiten, was auf eine fortschreitende Lähmung hindeutet. Sein rechtes Bein ist so wund gelegen, dass er vom Pariser Pflegeheim Bicêtre, in dem er schon seit 21 Jahren lebt, ins Krankenhaus überstellt werden muss. Was dieser Patient auch gefragt wird, aus seinem Mund kommen immer nur die gleichen zwei Silben: »Tan-Tan.« – »Wie alt sind Sie?« – »Tan-Tan.« – »Woher stammen Sie?« – »Tan-Tan.« – »Haben Sie Familie?« – »Tan-Tan.« Wenn der Mediziner Paul Broca nachbohrt, entfleuchen dem Einundfünfzigjährigen doch noch einige Worte: »Sacré nom de Dieu – Gottverdammt!«[70] Monsieur Tan, wie ihn alle nennen, stirbt nach nur einer Woche im Krankenhaus am 17. April 1861. Als

---

* Vielleicht haben Sie sich gefragt, wie man einer solchen Patientin beibringt, dass sie blind ist. Das funktioniert nur über Wiederholen – Wiederholen – Wiederholen. Es wird ihr schlicht tausend Male erklärt. Genau wie Sie Radfahren durch stundenlanges Üben gelernt haben. Die Patientin wird am Ende nicht explizit wissen, dass sie blind ist, aber sie wird *implizit* richtig handeln.

Broca das Gehirn des Patienten entnimmt, entdeckt er ein riesiges Loch am Fuße des linken Stirnlappens.

Der Zufall will es, dass ein halbes Jahr später ein vierundachtzigjähriger Mann in dasselbe Krankenhaus eingeliefert wird. Monsieur Lelong kann nach einem Schlaganfall nur noch fünf Wörter brabbeln: Lelo (seinen Namen), oui (ja), non (nein), tois (für drei, ohne »r« ausgesprochen) und toujours (immer). »Wissen Sie, wie man schreibt?«, fragt Broca. »Oui«, antwortet Lelong. »Können Sie schreiben?« – »Non.« – »Versuchen Sie es«, fordert ihn Broca auf, doch der Mann kann den Federhalter nicht führen. »Haben Sie Kinder?« – »Oui.« – »Wie viele?« – »Tois«, und bei dieser Antwort zeigt Lelong 4 Finger. »Was haben Sie getan, bevor Sie ins Bicêtre kamen?« – »Toujours«, antwortet Lelong und macht mit seinen Armen Bewegungen wie beim Graben mit einem Spaten.

Tatsächlich, so erfährt Broca, war der Mann früher Gräber.[71] Als Lelong stirbt, entdeckt der Anatom Paul Broca am Fuß des linken Stirnlappens eine Schädigung in der gleichen Region wie bei Monsieur Tan.

13 Jahre später, im Jahr 1874, beschreibt der deutsche Neurologe Carl Wernicke ein anderes Phänomen: Patienten, die nach einer Schädigung der oberen Windung des linken Schläfenlappens zwar noch fließend Wörter artikulieren können, aber deren Bedeutung nicht mehr erkennen; infolge dieser Störung geben die Betroffenen oft einen regelrechten Wortsalat von sich. Damit scheint klar, dass Sprache in der linken Hirnhälfte verarbeitet wird. (Wie man heute weiß, ist das bei 90 Prozent der Menschen so; 5 Prozent verarbeiten Sprache in beiden Hirnhälften, weitere 5 Prozent nur rechts.)

Noch heute werden die Begriffe *Broca-Areal* und *Wernicke-Areal* in jedem Neurologiebuch verwendet. Als Laie vermutet man, dass in diesen Arealen Sprache *lokalisiert* ist. Doch dabei handelt es sich um eine Ungenauigkeit, die durch die moderne Hirnforschung längst widerlegt ist. Die hierfür maßgeblichen Verfahren laufen in tausenden neuropsychologischen Laboratorien nach dem gleichen Muster ab: Ein Proband liegt in der engen, laut dröhnenden Röhre eines funktionellen Magnetresonanztomographen (fMRT) und wird mit ausgetüftelten Sprachtests konfrontiert. Dabei zeichnet der Computer die Aktivitäten des Gehirns auf. Sind die Fragen vor allem grammatikalisch kniffelig, dann leuchtet hauptsächlich das linke Stirnhirn auf. Geht es um die Bedeutung von Wörtern, blitzt der mittlere Anteil des Schläfenlappens auf. Abbildung 7 zeigt das Ergebnis eines derartigen Sprachtests anhand des Gehirns des Autors.

Sie werden mir beipflichten, dass dieses fMRT-Bild höchst verfänglich ist; es scheint die Vorstellung von »Sprachmodulen« im Gehirn geradewegs zu bestätigen: Das vordere Modul dient der Sprachproduktion, das hintere der Sprachwahrnehmung; vorne werden Zeitwörter verarbeitet, hinten Objekte.

Doch so einfach ist die Sache nicht. Bei meinen Recherchen lande ich im Max-Planck-Institut für Kognitionswissenschaften in Leipzig, einer wissenschaftlichen Hochburg für die Erforschung der Verarbeitung von Sprache im Gehirn. Mir gegenüber sitzt die Neuropsychologin Sonja Kotz, die ich mit der Frage konfrontiere, ob *sie* in einem Buch die beiden Ausdrücke *Broca-Areal* und *Wernicke-Areal* verwenden würde. An ihren Augen kann ich die Gedanken regelrecht ablesen: Diese Ausdrücke sind bequem, schließlich kann jeder damit etwas anfangen.

»Nein«, sagt sie. »Ich würde diese Begriffe als einfache Bezeichnungen für die Lokalisation von Sprachfunktionen nicht mehr verwenden. In den vergangenen Jahren ist gezeigt worden, dass das Broca-Areal nur aktiv ist, wenn *komplexe* Sätze analysiert werden und damit eine hohe Rechenleistung vom Gehirn gefordert wird. Bei grammatikalisch *einfachen* Sätzen leuchtet das Broca-Zentrum überhaupt nicht auf.«

»Heißt das gar«, bohre ich nach, »dass sowohl Sprachwahrnehmung als auch Sprachproduktion vom Schläfenlappen ausgehen und dass das Broca-Areal nur indirekt mit Sprache zu tun hat, wenn komplexe geistige Leistungen gefragt sind?«

»Vielleicht«, antwortet Kotz nach kurzem Zögern, »das ist derzeit noch umstritten. Aber ja, … es sieht so aus.«

Und der amerikanische Kognitionswissenschaftler Philip Lieberman brachte es kürzlich folgendermaßen auf den Punkt:

»Die herkömmliche Theorie, welche die neuronale Basis von Sprache mit dem Broca-Areal und dem Wernicke-Areal gleichsetzt, ist falsch.«[72]

Die neurobiologischen Prinzipien der Sprachverarbeitung scheinen jedenfalls in groben Zügen geklärt. Ein anerkanntes Modell haben die Forscher am Leipziger Max-Planck-Institut entworfen.

»Zunächst kommt es zu einer akustischen Analyse des Gesagten«, erklärt Sonja Kotz. »Danach wird zuerst die Grammatik ver-

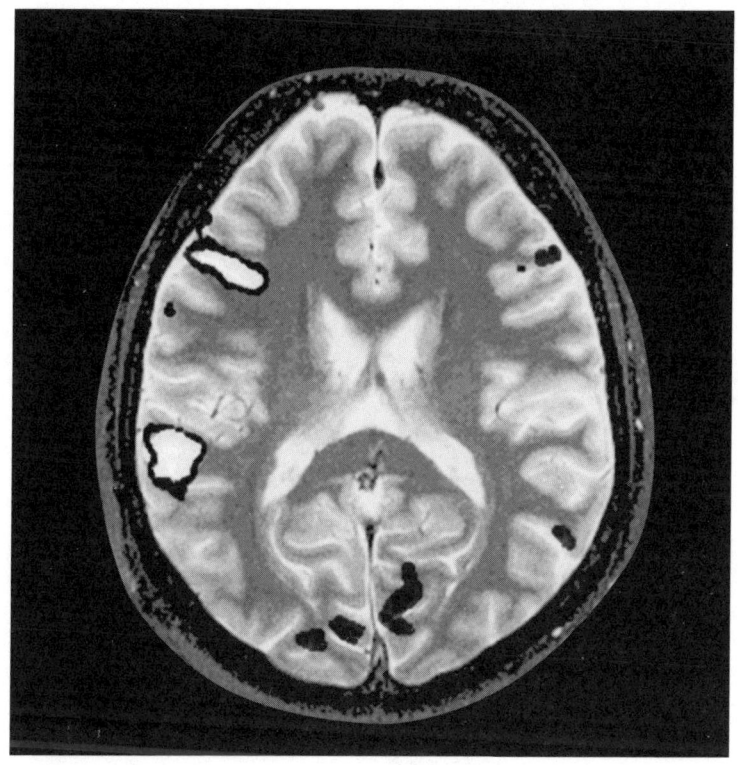

Abbildung 7: Das Gehirn des Autors während eines Sprachtests. Vorne, respektive links oben, leuchtet das Broca-Areal auf, hinten das Wernicke-Areal. Die Aufgaben für Wortbedeutung und Grammatik wurden nacheinander durchgeführt und sind nur auf dem Bild gleichzeitig dargestellt. (Die Aufnahme ist gespiegelt dargestellt.)

arbeitet und im folgenden Schritt die Wortbedeutung. So eruiert das Gehirn: Wer tut was wem?«

Diese Verarbeitungsschritte erfolgen in der oberen Hirnwindung des Schläfenlappens (ein Teil davon ist das Wernicke-Areal), von außen betrachtet liegt diese Region über dem Ohr. Der vordere Teil dieser Hirnwindung ist vor allem für die Analyse der Grammatik zuständig; er erkennt, ob es sich um ein Zeitwort oder um ein Hauptwort handelt. Ist die Information komplex und erfordert sie eine hohe Rechenleistung, wird sie ins Stirnhirn, in die Region um das Broca-Areal weitergeleitet. Im mittleren Anteil des Schläfenlappens erhalten die Hauptwörter ihre Bedeutung. Und im hin-

165

teren Teil der Schläfenwindung werden Wortbedeutung und Grammatik miteinander verknüpft; vor dort gelangen die Informationen über ein mächtiges Nervenfaserbündel zum Stirnlappen.

Betrachten wir die einzelnen Schritte etwas genauer. Wenn zwei Menschen miteinander reden, werden zunächst Buchstaben gesammelt, oder genauer gesagt *Phoneme,* die kleinsten lautlichen Einheiten.

B- versus P-,

B-a-,

B-a-l-, B-a-c-, B-a-u-,

B-a-l-l, B-a-c-h, B-a-u-m usw.

»In diesem Beispiel werden alle Wörter, die mit *Ba* beginnen, im Schläfenlappen gleichzeitig aktiviert und danach durch ein Selektionsverfahren aussortiert, bis der Kontext stimmt«, erklärt Kotz. Hier geht es noch nicht um die Wortbedeutung, also um die Semantik, sondern das Gehirn versucht zunächst, das passende Wort aus dem neuronalen Lexikon herauszufiltern.

»Was heißt *neuronales Lexikon?*«, frage ich. »Haben Menschen so eine Art *Duden* hinter dem Ohr abgelegt, in dem das Gehirn Wörter nachschlägt, die es hört?«

Sonja Kotz lacht: »Bildlich gesprochen funktioniert das so, ja. Aber es sind natürlich keine Buchseiten, sondern Mini-Netzwerke.«

Im darauf folgenden Schritt wird die Grammatik analysiert, indem das Gehirn zu klären versucht, um welche Wortkategorie es sich handelt und wo im Satz diese Wörter stehen.

»Es ist ja ein Unterschied, ob man sagt: ›Er hat den Ball gekauft‹, oder ob man fragt: ›Kaufte er den Ball?‹«, erklärt Kotz. »Das heißt, ich muss in dieser frühen Phase erkennen, ob es sich um ein Hauptwort oder um ein Zeitwort handelt und wo diese Wörter stehen (vorne oder hinten im Satz), ob es eine Aussage oder eine Frage ist.«

Tatsächlich erfolgt die Verarbeitung im Schläfenlappen und im Stirnlappen gleichzeitig, wobei das Broca-Areal, wie gesagt, erst dann aktiv wird, wenn der Satzbau kompliziert ist und daher hohe Rechenleistung gefragt ist.

Ansonsten ist die obere Windung des Schläfenlappens (Wernicke-Areal) für die Sprachverarbeitung zuständig, wobei vorne der Satzbau verarbeitet wird, in der Mitte bekommen die Wörter ihre Bedeutung, und der hintere Anteil hilft vermutlich, Bedeutung und Satzbau unter einen Hut zu bringen. Von hier wandern die Wörter dann in den hinteren Teil der Assoziationsrinde.

»Stellen Sie sich vor, Sie hören einen Hund bellen. Da kommen in der Regel noch allerhand Assoziationen hinzu: Ob es sich um das heisere Gekläff eines kleinen Dackels handelt oder das tiefe Bellen einer riesigen Dogge. Erlebnisse aus Ihrer Kindheit fallen Ihnen unter Umständen ein. Vielleicht sind Sie einmal vom Nachbarshund gebissen worden. Und wenn Sie an Wörter denken wie *Hass* oder *Liebe,* dann haben Sie vermutlich auch keine konkreten Objekte vor sich, aber vielleicht Erinnerungen an Menschen oder Erlebnisse, Töne, Gerüche ... Diese unterschiedlichen Modalitäten müssen irgendwo zusammenfließen, und dieser Bündelpunkt ist die hintere Assoziationsrinde. Dort werden die Gedanken zusammengeführt und ins Stirnhirn weitergeleitet.«

Das Stirnhirn agiert als neuronaler Manager, der alles überprüft und notfalls »von oben her« korrigierend eingreift. Es ist dafür verantwortlich, dass wir Sprache in einen größeren Kontext einzuordnen vermögen und in unser persönliches Weltbild.

»Stellen Sie sich vor, ich sage: ›Der Ball spielt eine bedeutende Rolle.‹ Dann muss ich den Kontext verstehen: Spielt der Ball *auf dem Fußballplatz* eine bedeutende Rolle oder spielt *der Opernball in Wien* eine bedeutende Rolle? Wenn das unklar ist, wird sich mein Stirnhirn einschalten, und ich werde nachfragen: ›Ja, welchen Ball meinst du denn?‹«

Sie fragen sich, woher Neurowissenschaftler das alles wissen? Erstens zeigen bildgebende Verfahren wie die funktionelle Magnetresonanztomographie, welche Hirnregionen bei welcher Tätigkeit aktiv sind. Zum zweiten registrieren die Wissenschaftler so genannte *ereigniskorrelierte Hirnpotenziale.* Dabei werden sehr viele EEG-Messungen gemittelt und so die charakteristischen, elektrischen »Alarmreaktionen« in einer Hirnstromkurve sichtbar gemacht.

»Unser Gehirn arbeitet ja gewissermaßen mit Erwartungshaltungen«, führt Kotz weiter aus.

Das heißt, es denkt immer einen Schritt voraus. Wird eine Regel verletzt, kommt es schon nach 100 bis 160 Millisekunden zu einem »Aufschrei« in Form einer elektrischen Entladung, welche die Leipziger Neuropsychologen als ELAN bezeichnen. (ELAN ist die Abkürzung für *Early Left Anterior Negativity*.) Ein Beispiel: *Der Fisch wurde im… geangelt.* Das Gehirn registriert einen Regelbruch in diesem Satz, da ein Wort fehlt, und reagiert mit einer elektrischen Alarmreaktion. Ist hingegen die Wortbedeutung falsch, etwa in dem Satz: *Der Honig wurde im Weiher geangelt,* braucht das Gehirn eine Spur länger, um auf den Fehler zu kommen, nämlich 400 Millisekunden. Unmittelbar darauf, also nach insgesamt 600 Millisekunden, analysiert das Gehirn den Satz neu, um ihn abermals zu interpretieren.

Das Gleiche geschieht, wenn der »Ton nicht zur Musik passt«, also die Satzmelodie nicht stimmt. Diese wird übrigens in der rechten Hirnhälfte analysiert. Lautet ein Satz beispielsweise: *Frau Meier verspricht, ihrem Mann den Dackel zu füttern,* dann schlägt das Gehirn nach 400 Millisekunden Alarm. Und nach 600 Millisekunden kommt es zu einer Neuinterpretation: *Frau Meier verspricht ihrem Mann, den Dackel zu füttern.*

46

Die Frage, die sich uns nun stellt, lautet: Wie lernt das menschliche Gehirn diese Regeln?

Im Jahr 1957 veröffentlichte Noam Chomsky, der noch heute am Massachusetts Institute of Technology (MIT) in Boston lehrt, das Buch *Syntactic Stuctures,* mit dem er die Linguistik revolutionierte. Chomsky wandte sich energisch gegen die damals verbreitete Vorstellung von Behavioristen wie John Watson und B. F. Skinner, wonach der menschliche Geist wie ein unbeschriebenes Blatt sei. Nach Chomskys Überzeugung besitzt das Gehirn des Menschen ein angeborenes Sprachorgan, also ein Modul, das eine erblich festgelegte Universalgrammatik enthält. Wie eine solche Universalgrammatik evolutionsbiologisch entstehen und wo im Gehirn sich dieses Sprachmodul befinden soll, ließ Chomsky offen.

So einflussreich Chomskys Modell zum Spracherwerb in der Linguistik bis heute auch ist, er saß damit einem Irrtum auf. Denn Spracherwerb kann man auch anders erklären – ohne dass man zweifelhafte Makro-Mutationen bemüht, die angeborene Sprachmodule hervorbringen. Dieser Ansatz führt uns zurück zur Entwicklung des kindlichen Gehirns und zur Bildung neuraler Netzwerke.[73]

Die Nervenzellen eines menschlichen Embryos wachsen in schier unglaublichem Tempo: In den ersten Wochen und Monaten entstehen pro Minute 250 000 Nervenzellen. Im achten Schwangerschaftsmonat besitzt das embryonale Gehirn zirka 200 Milliarden Nervenzellen. Doch dann setzt eine erstaunliche Entwicklung ein: Milliarden Nervenzellen, die in eine falsche Richtung gewachsen sind, keinen Kontakt zu anderen Nervenzellen herstellen konnten oder in Untätigkeit verharren, werden von der messerscharfen Sichel der natürlichen Selektion gekappt und wieder abgebaut. 4 Wochen später kommt das Baby mit rund 100 Milliarden Nervenzellen zur Welt. Mehr wird es auch im späteren Leben nicht mehr haben.

Während der Schwangerschaft werden im Gehirn des Embryos die neuronalen Schaltkreise angelegt, die für die Anforderungen im späteren Leben nötig sind: Sehen, Hören, Sprechen, Gehen, Weinen, Schlucken etc. Die Schaltkreise des Hirnstamms, wo die Überlebensfunktionen angesiedelt sind, sind bei der Geburt voll ausgereift: Das Neugeborene kann atmen, schlucken, schreien und schlafen. Doch die neuronalen Netze in der Hirnrinde werden im Wesentlichen erst ab jetzt geknüpft. Dabei lassen sich bestimmte Etappen des Reifungsprozesses unterscheiden: Dieser beginnt im hinteren Teil des Gehirns und endet vorne, anders ausgedrückt: Die Entwicklung läuft von den *primären Hirnrealen,* die für die Grobverarbeitung von Reizen zuständig sind, zu den *tertiären Hirnrealen* oder *Assoziationsarealen,* wo das Denken stattfindet. Als Letztes scheint die »höchste« Instanz des Gehirns erst nach zwei Jahrzehnten voll auszureifen – der Assoziationsanteil des Stirnhirns.

Zuerst werden also gegen Ende der Schwangerschaft viele Milliarden Nervenzellen beseitigt, danach werden unnötige Kontaktstellen (Synapsen) zwischen Nervenzellen zerstört. Erhält eine Nervenzelle nicht genügend Signale von anderen Neuronen, verkümmert sie und wird »geschlossen«, ganz so wie der Tante-Emma-Laden um die Ecke, der von zu wenig Kunden frequentiert wird. Bleiben wir bei diesem Vergleich: Firmen, die in einer Marktwirtschaft genau jene Waren anbieten, die von Kunden gewünscht werden, florieren und gründen neue Filialen. Nervenzellen, die von ihrer Umgebung hohen Input bekommen, bilden neue Kontaktstellen zu anderen Nervenzellen aus. Das heißt, unser Gehirn funktioniert nach marktwirtschaftlichen Prinzipien. Evolutionsbiologen sprechen in diesem Zusammenhang von der natürlichen Selektion, Hirnforscher vom neuronalen Darwinismus.

Dass dieses Prinzip des *neuronalen Darwinismus* von einem Immunologen erkannt wurde, dem Nobelpreisträger Gerald Edelman, ist vermutlich kein Zufall. Auch unser Immunsystem besteht aus einem groben, angeborenen Anteil und einem feinen, erworbenen Anteil, dessen Know-how von der jeweiligen Umwelt abhängt. (Aus diesem Grund bekommt man so leicht Durchfall, wenn man in ferne Länder reist. Unser Immunsystem braucht erst ein paar Wochen, um mit den lokalen Mikroorganismen Bekanntschaft zu schließen. Das Immunsystem muss lernen!)

Um es noch einmal zu betonen: Nervenzellen passen sich der Umwelt an. Lebenserfahrung formt das Gehirn. In der Sprache der Neurobiologen heißt das: Nervenverbindungen, die beansprucht werden, werden verstärkt; was nicht gebraucht wird, geht verloren.

Einen entscheidenden Hinweis auf die Anpassung von Hirnzellen an die Umwelt lieferten David Hubel und Torsten Wiesel, die in den siebziger Jahren an der Harvard Universität arbeiteten. Die beiden Physiologen untersuchten Kinder, deren Augen schwere Linsentrübungen zeigten und die zu erblinden drohten. Um den Zusammenhang genauer zu studieren, nähten Hubel und Wiesel neugeborenen Kätzchen das Lid eines Auges zu. Sie kamen zu dem Ergebnis, dass nach nur einer Woche die Sehfähigkeit dieses Auges für immer gestört blieb. Da die nötigen Umweltreize fehlten – in diesem Fall Lichtreize auf der Netzhaut –, kam es nicht zur Ausbildung entsprechender Nervenverbindungen. Darüber hinaus entdeckten Hubel und Wiesel, dass eine Linsentrübung bei erwachsenen Menschen, sofern diese operativ behoben wurde, nicht zur Erblindung führte. Daraus schlossen die beiden späteren Nobelpreisträger, dass es in der frühen Kindheit eine so genannte *kritische Periode* geben muss. Bei kurzlebigen Tieren dauert diese kritische Periode zumeist nur einige Wochen. Ein berühmtes Beispiel dafür ist ein Experiment mit Kätzchen, die in einem Raum aufwachsen, dessen Wände nur mit senkrechten Streifen ausgemalt wurden; später können diese Tiere keine waagrechten Linien wie beispielsweise Stufen sehen. Das heißt also, dass die Umwelt während einer kurzen Zeitspanne die Hirnstruktur und seine Funktion beeinflusst. Fehlt in dieser Zeit die entsprechende Stimulierung, können sich die Schaltkreise nicht mehr normal ausbilden, das jeweilige Fenster bleibt für immer geschlossen.[74]

Beim langlebigen Menschen dauert diese kritische Periode wesentlich länger, in der Regel mehrere Jahre, sodass man von *sensibler Phase* spricht.[75] Heute vermuten Wissenschaftler, dass es mehrere solcher »Zeitfenster« gibt. Das Sehsystem ist ein Beispiel, der Erwerb der Muttersprache ein anderes.

Sensible Phasen beruhen vermutlich auf den geradezu explosiven Wachstumsschüben der neuronalen Kontaktstellen (Synapsen). Ein Beispiel: Hat ein Neugeborenes in seinem Seharal noch 2 500 Synapsen pro Nervenzelle, so hat sich diese Zahl 6 Monate später auf 18 000 vervielfacht. Danach nimmt die Zahl infolge des neuronalen Darwinismus langsam wieder ab, stabilisiert sich bis zum Alter von etwa 2 Jahren auf rund 15 000 Synapsen pro Nervenzelle, um danach auf das notwendige Maß zurechtgestutzt zu werden. Bei einem Erwachsenen beträgt die Zahl der Kontaktstellen zwischen 1 000 und 10 000 pro Nervenzelle.

Was spielt sich also im Gehirn ab, wenn ein Mensch seine Muttersprache lernt?

Ein Kind saugt jeglichen Umweltreiz in sein kleines Gehirn auf wie ein Staubsauger, ganz gleich ob es Mamas oder Papas zärtliche Stimme ist, Oma bei ihren Gesangsstunden oder Herr Meier, der seinen Struppi herumkommandiert – alles wird sortiert und geordnet. Treten diese Reize immer wieder auf, bilden sich dauerhaft neuronale Netze aus. Unsere Gehirne lernen also Regeln.

Der Psychiater Manfred Spitzer bezeichnet in seinem Buch *Lernen* das Gehirn als »Regelextraktionsmaschine« und beschreibt anhand von Tomaten, was damit gemeint ist. Jeder von uns hat in seinem Leben schon Tausende Tomaten gegessen oder zumindest gesehen. Aber niemand kann sich an jede einzelne Tomate erinnern. Es wären auch völlig nutzlose Informationen, die unsere Gehirne mit Tomaten vollstopfen und überlasten würden; darüber hinaus hätten wir nichts davon, schaut doch die eine Tomate aus wie die andere. Wichtig ist die allgemeine Beschreibung: Tomaten sind rot, rund, schmecken gut, man kann sie zu Ketchup verarbeiten oder damit andere Menschen bewerfen. Dieses Wissen haben wir, weil wir im Leben schon tausenden Tomaten begegnet sind und Eigenschaften einem allgemeinen Muster folgen. Das heißt, unser Gehirn ist auf das Lernen von Allgemeinem aus. »Dieses Allgemeine wird aber nicht dadurch gelernt, dass wir allgemeine

Regeln lernen«, macht Spitzer deutlich. »Nein! Es wird dadurch gelernt, dass wir Beispiele verarbeiten (eben zum Beispiel viele tausend Wörter in der Vergangenheit oder nicht weniger Tomaten) und aus diesen Beispielen die Regeln *selbst* produzieren.«[76]

Die Welt ist nach bestimmten Regeln aufgebaut – nennen wir sie einfach Naturgesetze –, die von neuronalen Netzen erkannt werden. (Wenn Sie mir nicht glauben, blättern Sie zurück zu den ominösen Glühwürmchen: Dass in den Tropen ganze Glühwürmchen-Bäume aufblitzen, liegt am Synchronisations-Effekt der Tierchen und nicht an einem angeborenen »Baum-Blitz-Modul«.)

Erinnern wir uns an das Interview mit Sonja Kotz vom Max-Planck-Institut für Kognitionswissenschaften in Leipzig. Bei der Sprachverarbeitung, erklärte uns die Neuropsychologin, analysiert unser Gehirn in einem ersten Schritt die akustisch-phonologischen Anteile. Und genau das macht auch das heranreifende Gehirn eines Babys: Es lernt in den ersten Lebensmonaten, die Phoneme seiner Muttersprache zu unterscheiden und damit die spezifische Akustik. Noch im Alter von 6 Monaten kann es die Phoneme des Deutschen, Russischen und Chinesischen unterscheiden. Aber bereits mit einem Jahr ist dieses Fenster geschlossen, und das Kleinkind kann das nicht mehr.

Etwa im Alter von 18 Monaten beginnen Kleinkinder richtig zu sprechen – ich meine nicht, die ersten Wörter zu artikulieren, das geschieht schon viel früher, sondern Wörter aneinander zu reihen. Dass das Gehirn gerade mit 18 Monaten so weit entwickelt ist, dass ein Kind zu reden beginnt, erscheint nicht unvernünftig, erinnern wir uns doch daran, dass ein Mensch eine »Tragzeit« von 21 Monaten hätte – wäre er ein ganz normaler Affe und würde die Schwangerschaft entsprechend der Hirngröße dauern (siehe Kapitel III). In dieser Zeit bilden sich im Gehirn so viele Nervenverbindungen (Synapsen) aus wie nie zuvor und nie mehr später; und auch der Energieverbrauch der Großhirnrinde beginnt wie eine Rakete in die Höhe zu schießen. Diese ersten Wortketten lauten beispielsweise:

Alle leer
Mama nicht
Papa Hut
Bär Pipi
Hund mach[77]

In den folgenden Monaten werden diesem Telegrammstil erste syntaktische Regeln hinzugefügt; zum Beispiel lernt das Kind, durch Imitation die Vergangenheitsform unregelmäßiger Zeitwörter zu bilden:

Ich sehe – ich sah
Ich laufe – ich lief

Mit etwa 3 Jahren hat das Kind schließlich die Regeln für schwache Verben erkannt und diese so weit verinnerlicht, dass es sie nun auf alle Zeitwörter anwendet. Durch dieses »Übergeneralisieren« ergeben sich plötzlich merkwürdig anmutende Fehler:

Ich laufte in den Kindergarten
Ich fahrte in den Kindergarten
Ich habe mein Auto geseht
Du hast ja alles aufgeesst.[78]

Das Deutsche besitzt etwa 180 dieser unregelmäßigen Zeitwörter. Wie diese Bezeichnung schon sagt, folgen sie in der Bildung der Vergangenheitsform nicht der allgemeinen Regel, sie müssen daher auswendig gelernt werden. (Zum Leidwesen all jener, die Deutsch als Fremdsprache erlernen.) In einem nächsten Schritt lernt das Kind bis zur Schulreife auch diese Ausnahmen richtig zu beherrschen, also:

Ich lief in den Kindergarten
Ich fuhr in den Kindergarten
Ich habe mein Auto gesehen
Du hast ja alles aufgegessen

Dass der Spracherwerb tatsächlich so funktioniert, kann man im Computer mit künstlichen neuronalen Netzwerken wunderbar simulieren. Zunächst lernt das Netzwerk einfache Strukturen beziehungsweise Grammatikregeln; darauf aufbauend immer komplexere Regeln.[79]

Das ist nicht weiter verwunderlich, so funktioniert es nun mal im Leben. Das Gymnasium baut darauf auf, dass man zuvor in der Grundschule die einfachen Regeln des Schreibens und Rechnens gelernt hat; und an der Universität wird erwartet, dass man Grammatik und Mathe einigermaßen beherrscht.

Das unreife kindliche Gehirn bekommt die Regeln der Muttersprache allerdings nicht vom Lehrer eingetrichtert oder vom lieben Gott eingepflanzt, sondern es nimmt nur das wahr, was es im jeweiligen Reifungszustand imstande ist zu verstehen. Es filtert einfache Informationen heraus, alles andere rauscht an ihm vorbei. Und je mehr das kleine Gehirn gelernt hat, desto komplexer werden die Informationen, die es herausfiltern kann. Erklären Sie einem sechsjährigen Grundschüler die höheren Sphären der Mathematik, und er wird Sie mit großen Augen anstarren. Das Kind wird Ihr Geschwätz einfach nicht wahrnehmen, weil es Sie nicht versteht. Aber 15 Jahre später könnte es leicht sein, dass die Rollen vertauscht sind. Der Clou ist, dass das unreife, kindliche Gehirn (beziehungsweise das künstliche neuronale Netzwerk im Computer) zuerst das Einfache lernt und darauf aufbauend Komplexes. Das gilt für die Mathematik genauso wie für Sprache und andere geistige Leistungen. Und aus diesem Grund lernt man eine Muttersprache selbst dann, wenn ein Mensch nicht einen einzigen Gedanken an Grammatik verschwendet hat.

Der normale Spracherwerb ist für Kinder bis zu einem Alter von 6 Jahren sichergestellt – bis dahin lernt ein Kind auch eine zweite und eine dritte Sprache als Muttersprache. (Wenngleich sich das erste »Fenster« für die akustisch-phonologische Unterscheidung bereits mit 3 Jahren zu schließen scheint.) Bis zur Pubertät wird der normale Spracherwerb immer schwieriger – wie jeder bestätigen kann, der sich als Erwachsener viele Jahre lang mit dem Erlernen einer Fremdsprache abgequält hat. Die Ursachen dafür, warum diese Zeitfenster von der Natur geschlossen werden, liegen im Reifungsprozess des Gehirns: Die Kontaktstellen (Synapsen) sind im Großen und Ganzen ausgebildet, die Isolierung der Fasern (Myelinisierung) abgeschlossen, der junge Erwachsene hat sich all das Wissen angeeignet, das er für das Überleben braucht.

In der heutigen Kultur des lebenslangen Lernens klingt diese Erklärung fast paradox. Aber wir sollten nicht vergessen, dass wir – durch die biologische Brille gesehen – nichts anderes sind als *eine* von vielen Affen-Spezies. Der »Sinn« des Lebens liegt in der Weitergabe seiner Erbinformation. Man muss also erwarten, dass ein Tier mit der Geschlechtsreife auch seine Hirnentwicklung abgeschlossen hat. Für Urmenschen traf das sicherlich zu, und im Wesentlichen stimmt es auch für uns. Ein interessanter Aspekt ist, dass beim modernen Menschen gerade jene Hirnareale *nach* der Pubertät reifen, die für Fähigkeiten zuständig sind, die viele als spezifisch menschlich erachten: Selbstbewusstsein, Einfühlungsvermögen, Moral.

47

Sofern es überhaupt einen Hirnteil gibt, der für den Menschen charakteristisch ist, dann ist es das Stirnhirn. Es macht fast ein Drittel des gesamten Großhirns aus und ist sozusagen das »Direktorium« der Denkmaschinerie. Es steuert Ihre Motivation und Ihre Antriebsenergie, es trifft moralische Entscheidungen, nach denen Sie handeln oder auch nicht. Und wenn Sie so wollen, dann ist dieser vorderste, über den Augen liegende Hirnteil das Substrat Ihrer Persönlichkeit und Ihres *Ichs*. Wenn es also einen Hirnteil gibt, der *Sie* ausmacht, dann sind es Ihre beiden Stirnhirnlappen.[80]

Vielen Neurowissenschaftlern werden sich bei diesen Worten geradezu die Haare sträuben: Sie erinnern zu stark an Vorstellungen des 19. Jahrhunderts, an den unseligen *Homunkulus,* jenes metaphorische Männchen, das irgendwo im Gehirn sitzt und diffuse Gedanken zu einem konkreten Bild zusammenfasst. Aber so funktioniert das Gehirn nicht. Wir sollten daher den Homunkulus dort belassen, wo er hingehört – in der Mottenkiste der Wissenschaften. Ihre Persönlichkeit und Ihr *Ich* haben nicht im Stirnhirn ihren »Sitz«, umgekehrt aber gilt: Ohne Stirnhirn verlieren Sie Ihre Persönlichkeit und Ihr *Ich*. Darüber werden wir auf den folgenden Seiten sprechen.

Sehen wir uns zunächst das Stirnhirn und seine Zuständigkeiten genauer an: Der hintere Teil ist für Bewegungen zuständig. Wenn Sie eine Seite dieses Buchs umblättern oder wenn Sie sich vorstellen, dass Sie diese Buchseite umblättern, dann werden die Bewegungsabläufe im hinteren Anteil des Stirnhirns geplant und ausgeführt. Wir beschäftigen uns hier mit dem vorderen Teil des Stirnhirns, den Anatomen als *präfrontalen Kortex* bezeichnen (siehe Abbildung 8).

Mit dem präfrontalen Kortex geht häufig die Beschreibung als »exekutives Organ« einher. Das heißt, genau wie der Direktor eines Unternehmens oder der Generalstab des Militärs erhält der präfrontale Kortex von allen anderen Hirnstrukturen ständig Lageberichte. Hier laufen Informationen sowohl aus der Außenwelt wie auch aus der Innenwelt zusammen: Gedanken und Gefühle, Sinneseindrücke, die wir über Augen, Ohren und Haut empfangen, Stimmungen und Triebe werden auf dieser Bühne zum großen Schauspiel des Lebens zusammengefügt. Diese Informationen laufen nicht hierarchisch von unten nach oben; nein, sie sind in ständigem Fluss in alle Richtungen, sodass das ganze Gehirn daran beteiligt ist. Viele Neurobiologen betrachten daher den präfrontalen Kortex nicht als oberste Instanz, sondern als Integrationsstelle eines größeren Ganzen.

Wenn es in Psychologiebüchern darum geht, die Funktion des Stirnhirns zu beschreiben, fällt fast immer der Name *Phineas Gage*. Ich werde daher die tragische Lebensgeschichte dieses jungen Mannes hier nur kurz zusammenfassen. Der interessierte Leser findet eine ausführliche Darstellung in Antonio Damasios Buch *Descartes' Irrtum*.[81]

Im Sommer 1848 lässt die Rutland & Burlington-Bahngesellschaft durch den Osten der Vereinigten Staaten Bahngleise verlegen. Phineas Gage und sein Bautrupp sind dabei, Felsen aus dem Weg zu sprengen. Gage, der als Vorarbeiter dort beschäftigt ist, lässt ein Loch in den Fels bohren, um dann eigenhändig zuerst Sprengpulver und danach Sand mit einer zwei Meter langen Eisenstange hineinzustopfen. Dabei passiert ihm ein Missgeschick: Die Eisenstange trifft direkt auf die Sprengladung, die augenblicklich explodiert. Als sich die Rauchschwaden verzogen haben, liegt der Fünfundzwanzigjährige am Boden, über und über mit Blut verschmiert, benommen, aber bei Bewusstsein. Durch die Wucht der Explosion ist die sechs Kilogramm schwere Eisenstange durch seine linke Wange geschossen, hat den vorderen Teil seines Gehirns durchbohrt und ist auf der Schädeloberseite wieder ausgetreten. Gage wird von seinen Leuten zum Arzt gebracht. Er ist bei vollem Bewusstsein, und während Doktor Williams seine Wunde reinigt, erzählt er, wie es zu dem Unfall kam. In den folgenden Wochen kommt es wegen der offenen Wunde zu schweren Infektionen, aber auch diese überlebt der kräftige, junge Mann, was zu jener

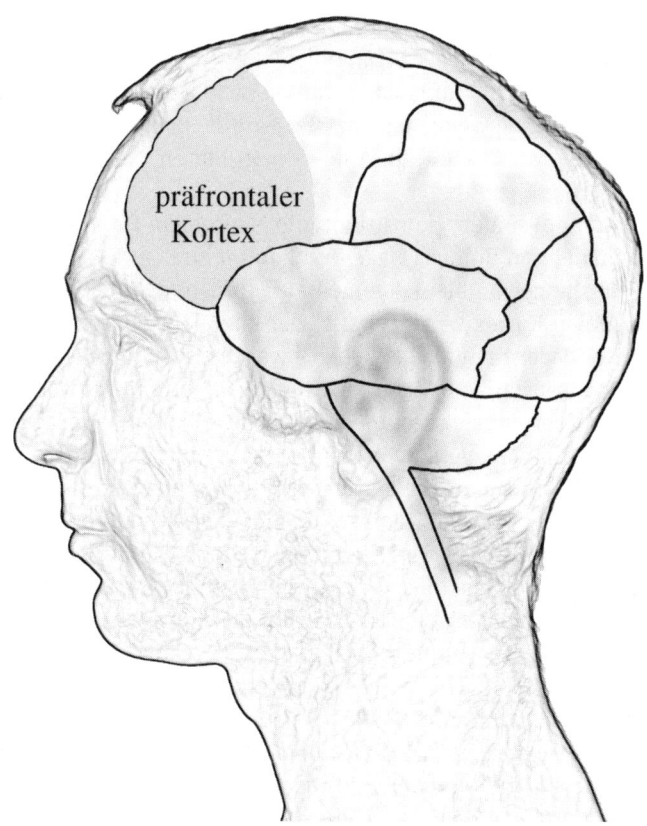

präfrontaler
Kortex

Abbildung 8: Der graue Bereich zeigt den präfrontalen Kortex. Der äußere Anteil wird als »lateral« oder »dorsolateral« liegend bezeichnet; der innere (in dieser Zeichnung nicht sichtbare) Anteil als »medial« oder »orbitomedial« liegend.

Zeit eher ungewöhnlich ist, da es noch kein Penizillin gibt. 2 Monate später wird Phineas Gage für geheilt erklärt; das Einzige, was von dem Unfall zurückbleibt, ist ein zerstörtes linkes Auge. Gage nimmt wieder seinen Job als Vorarbeiter bei Rutland & Burlington auf, wo er mit offenen Armen empfangen wird, ist er doch ein fähiger Mann mit einem freundlichen Charakter. Doch schnell bemerken Gages Arbeitskollegen dessen verändertes Wesen: Er flucht auf abscheuliche Weise, ist launisch, schlägt auf andere ein, benimmt sich häufig wie ein kleines Kind und hat doch die »animalischen Leidenschaften eines starken Mannes«, wie sein Arzt, Doktor Harlow, schreibt. Schon bald wird Phineas Gage von der Firma entlassen. Er tingelt eine Zeit lang durchs Land, verdient sich seinen Lebensunterhalt als Schauobjekt im Zirkus, entwirft immer wieder absurde Zukunftspläne, die er nicht verwirklichen kann, und gerät immer weiter ins soziale Abseits. Schließlich stirbt er, verarmt und vereinsamt, im Alter von 38 Jahren.

Fast 150 Jahre später rekonstruiert die Neurologin Hanna Damasio den Schädel von Phineas Gage und kommt zu dem Ergebnis, dass die Eisenstange vor allem den medialen (inneren) Anteil des linken präfrontalen Kortex zerstört hat.[82] Der laterale (äußere) Stirnhirnanteil war dagegen intakt geblieben – was überrascht, bedenkt man, dass die Eisenstange 2 Meter lang und 6 Kilogramm schwer war.

Dieser zentral gelegene, mediale Stirnhirnteil ist sozusagen für soziales Verhalten verantwortlich: Man beschimpft andere Menschen nicht und man schlägt erst recht nicht nach ihnen, wie es Phineas Gage getan hat. Man sollte daraus aber nicht den Schluss ziehen, dass asoziales Verhalten vom medialen präfrontalen Kortex ausgeht. Im Gegenteil, er kontrolliert und unterdrückt Triebe und überschießende emotionale Regungen, die aus der Tiefe des Gehirns kommen. Mit dieser Selbstkontrolle haben übrigens Tiere so ihre Probleme. Denken Sie nur an Hunde, die im Park übereinander herfallen und miteinander raufen, genauso an Schimpansen, die völlig unkontrollierte Tobsuchtsanfälle bekommen können, und natürlich auch an kleine Kinder, deren Stirnhirn – und damit die Hemmungsfunktion – erst noch reifen muss.

Ist beim erwachsenen Menschen der Stirnlappen geschädigt, dann entfällt diese Hemmungsreaktion. Neuropsychologen können diese Funktion einfach überprüfen. Beim *Stroop-Test* wird einer Person eine Karte gezeigt, auf der beispielsweise in roter Tinte das Wort *Blau* geschrieben steht, in grüner Farbe steht das Wort *Gelb* usw. Als Antwort sollen die *Worte* genannt werden, unabhängig von der Farbe, in der sie geschrieben wurden. In diesem Fall also *Blau* und *Gelb*. Dieser Test ist nicht ganz so simpel, wie es sich anhört, aber gesunde Menschen haben damit kein Problem. Dagegen antworten Personen mit einer Stirnhirnschädigung *Rot* und *Grün*, weil ihnen die Hemmungsfunktion fehlt, die verhindert, genau das zu sagen, was sie *sehen*. Dieses Beispiel macht deutlich, wie sehr zukunftsorientierte Planung sowohl vom zielgerichteten Handeln abhängt wie auch von der Hemmung aller Aktivitäten, die diesem Plan zuwiderlaufen.

Im Alltag sind wir permanent mit diesem Aufgabenwechsel konfrontiert. Etwa wenn Sie sich im Auto einer Kreuzung nähern und die Ampel von grün auf gelb springt – dann müssen Sie spontan entscheiden, ob Sie noch auf das Gaspedal treten oder schon auf die Bremse. Sie müssen in nahezu jedem Moment Ihres Lebens Entscheidungen treffen, welche Informationen für Ihr Handeln gerade nützlich und welche wertlos sind. Glücklicherweise handelt es sich dabei zumeist um Trivialitäten: Suche ich meine Hauspantoffeln unter dem Bett oder in der Garderobe, stelle ich die abgespülte Kaffeetasse in den Küchenschrank oder lasse ich sie gleich griffbereit neben der Kaffeemaschine stehen, soll ich mit dem Auto fahren oder das kurze Wegstück zu Fuß gehen? So alltäglich diese Entscheidungen sind, sie verlangen ausgesprochen komplizierte neuronale Verarbeitungsprozesse, die im präfrontalen Kortex ausgeführt werden. Der Neuropsychologe Elkhonon Goldberg bezeichnet diese Fähigkeit unseres Arbeitsgedächtnisses als »mentales Jonglieren«.[83] So wie ein Jongleur gleichzeitig 5 Bälle in der Luft hat und sie ständig in Bewegung halten muss, verarbeitet der präfrontale Kortex zahlreiche Informationen gleichzeitig, um in jedem Moment die richtige Entscheidung treffen zu können. Das Arbeitsgedächtnis ist im äußeren Teil des Stirnhirns (dorsolateral) angesiedelt. Andererseits lässt sich seine Funktion nur in Verbindung mit dem inneren Anteil des Stirnhirns (orbitomedial) verstehen, von wo unter anderem die Hemmungsfunktion ausgeht. Diese beiden präfrontalen Hirnteile bilden ein auf Gedeih und Verderb eingeschworenes Gespann.

Wenn, wie im Fall der Demenz, die äußeren Stirnhirnstrukturen gestört werden, treten Symptome geistiger Verwirrung auf, wie sie häufig bei Alzheimer-Patienten zu finden sind. Ist hingegen, wie im Falle des unglücklichen Phineas Gage, der innere (mediale) Anteil des Stirnhirns geschädigt, fallen die Betroffenen im Laufe ihres Lebens die soziale Stufenleiter immer tiefer hinunter, weil sie unfähig geworden sind, sich sozial kompatibel zu verhalten. Dabei hatte Phineas Gage seine Verletzung nur auf einer Seite des Stirnhirns. Es gibt aber auch Patienten, bei denen – infolge eines Hirnschlags oder einer Infektion – *beide* inneren (medialen) Anteile zerstört sind. Diese Schädigungen erlauben uns, weitere Funktionen des präfrontalen Kortex aufzuzeigen.

A. C. ist ein Patient mit einer solchen Hirnschädigung. Der achtundfünfzigjährige Leipziger liegt seit einigen Monaten im Bett und bewegt sich nicht, redet nicht, isst nicht, trinkt nicht. Er liegt nur da, wie eingemauert. Aber er ist weder bewusstlos noch gelähmt. Und plötzlich greift er nach der Bettdecke und zieht diese bis zum Kinn hoch; nach dieser kurzen Bewegung verharrt er wieder für Monate ohne jegliche Regung.

»Dieser akinetische Mutismus, an dem A. C. leidet, kommt sehr selten vor«, erklärt Yves von Cramon, Direktor am Max-Planck-Institut für Kognitionswissenschaften in Leipzig und weltweit einer der wenigen Experten für diese seltene Stirnhirn-Erkrankung. Während seiner fünfunddreißigjährigen Laufbahn habe er nur 5 Patienten mit akinetischem Mutismus gesehen, erzählt er, weltweit seien nur ein Dutzend Fälle bekannt.

Was A. C. infolge der Schädigung der beiden Stirnlappen fehlt, ist der innere Antrieb. Er könnte, wenn er »wollte«, aufstehen, sich bewegen, reden, was auch immer – aber er ist unfähig, einen Plan zu fassen. Aufforderungen von außen – von Ärzten, Krankenschwestern, Familienangehörigen – prallen einfach von den »Gefängnismauern« ab. Der Patient hört die anderen, nimmt deren Worte wahr, aber die Worte lösen in ihm einfach nichts aus. Die Diagnose *akinetischer Mutismus* ist für manche gleichbedeutend mit dem Urteil »lebenslänglich« – denn für sie besteht keine Möglichkeit, je wieder aus diesem Gefängnis herauszukommen. Die Erkrankung bedeutet das Ende des freien Willens, da dem Betroffenen die Fähigkeit abhanden gekommen ist, seine Absichten in Handlungen umzusetzen: Der Patient ist zwar nicht tot, aber auch nicht wirklich lebendig.

Was für ein merkwürdiger Zustand, geht es mir durch den Kopf: nicht tot, aber auch nicht wirklich am Leben … so wie Sebastian, der Junge ohne Großhirn. Wie aus weiter Ferne höre ich von Cramons Stimme: »Ein Patient wie A. C. lebt in einem Zwischenreich.« *Zwischenreich* … ein eigenartiges Wort. Wie es sich wohl in einem Zwischenreich lebt? Lebt man dort überhaupt? Natürlich! Aber *will* man dort leben? Nein. *Will* man tot sein? Auch nicht. Patienten mit akinetischem Mutismus *wollen* überhaupt nichts, sie können nicht *wollen*. Es ist, als wäre in einem Theater die Bühne weggebrochen. Die Schauspieler sind nach wie vor existent, aber ihnen ist die Möglichkeit abhanden gekommen, das Schauspiel des Lebens aufzuführen. Menschen mit akinetischem Mutismus existieren einfach nur.

Wahrscheinlich hat meine Verwunderung über solche Extremformen des Daseins einfach damit zu tun, dass früher Unerklärliches heute durch die Neurobiologie zunehmend erklärbar wird. Der Geist, das *Ich*, die Moral ... welcher Neurobiologe hätte noch vor 20 Jahren die Stirn gehabt, darüber ein Buch schreiben zu wollen? Doch gegenwärtig kommen jedes Jahr zig Bücher zu diesen Themen auf den Markt. Hat nicht von Cramon vorhin erklärt, Moral sei für ihn nichts Metaphysisches, sondern ein schlichter Entscheidungsprozess des Stirnhirns? Und wo sollten wir den *Geist* sonst suchen, wenn nicht im Gehirn? Oder das *Bewusstsein?* Habe ich nicht in den vergangenen Jahren genügend Neurowissenschaftler getroffen, die das Bewusstsein mit dem Prozess der neuronalen Synchronisation beschreiben (also den »Glühwürmchen« in unserem Gehirn, die mit einer Frequenz von 40 Hertz pulsieren und so jedes Mal ein Bild aufleuchten lassen)?

Später erkläre ich von Cramon, wie sehr es mich manchmal irritiert, dass im Gehirn zwar keine Module existieren, es aber dennoch so spezialisierte Areale gibt, die für Moral und für das *Selbst* zuständig sind.

Von Cramon nickt. »Ja, das ist immer wieder überraschend.« Erst vor kurzem habe man im linken Stirnlappen ein kleines Areal identifiziert, dessen Nervenzellen immer dann losfeuern, wenn es um Kontrollprozesse geht. Genauer gesagt, ist dieses Areal – das auch zellanatomisch anders gebaut ist als seine Umgebung – aktiv, wenn Sie Entscheidungen treffen müssen. (Entscheidungen in jeder Lebenslage: Ob Sie am Morgen noch ein wenig im Bett liegen bleiben oder gleich aufstehen, ob Sie die Kaffeetasse auf den Tisch stellen oder in der Hand halten, ob Sie auf das Gaspedal treten, um noch bei Grün über die Kreuzung zu fahren, oder ob sie bremsen. Ein Mensch muss nahezu den ganzen Tag über Entscheidungen treffen.)

»Also doch Module?«, frage ich.

Kopfschütteln. »Nicht wie bei Baukästen, wo man ein Modul, das eine bestimmte Funktion hat, einfach herausnehmen und durch ein anderes ersetzen kann«, entgegnet von Cramon. »Unser Kopf ist kein Fernseher. Ich glaube, um Hirnfunktionen erklären zu können, müssen wir uns über das ganze Gehirn verteilte dreidimensionale Netzwerke vorstellen sowie spezialisierte Areale. Eine *areale Spezifität*, die man auch zellanatomisch sehen kann.«

Auch nur eine andere Umschreibung für *Modul*, werden Sie jetzt denken. Ist es aber nicht. Gehirne sind aus evolutionsbiologischen

Gründen physikalischen Bauprinzipien unterworfen. Beispielsweise ist das Gehirn hochentwickelter Tiere rund, wie das des Menschen, um die Wege für die Nervenleitungen kurz zu halten. Wenn man bedenkt, in welchem Schneckentempo sich Reize in unserem Gehirn ausbreiten – im besten Fall mit 140 Metern pro Sekunde, im schlechtesten Fall mit 2 müden Metern pro Sekunde –, ist das auch notwendig. In meinem Computer pflanzen sich die *bits* nahezu mit Lichtgeschwindigkeit fort. Und derartige physikalische Prinzipien, die wir leider Gottes noch nicht verstehen, sind vermutlich auch der Grund für die areale Spezifität. So gibt es das primäre Sehareal im Hinterhauptslappen und das primäre Hörareal im Schläfenlappen. Aber das bedeutet nicht, dass man dort sieht beziehungsweise hört – wenngleich sie für diese Funktionen unabdingbar sind. Und ebenso wenig ist der äußere (laterale) Teil des Stirnhirns der Sitz des Arbeitsgedächtnisses und der innere (mediale) Teil der Sitz Ihres *Ichs* – doch Schädigungen an diesen Arealen führen zu spezifischen Ausfällen.

Wenden wir uns noch einmal der allgemeinen Aufgabe des präfrontalen Kortex zu. Ein Charakteristikum von uns Menschen ist, dass wir nicht *sofort* handeln müssen. Wir können eine Idee aufgreifen, sie abspeichern und 10 Jahre später umsetzen. (Beispielsweise ist es mir mit diesem Buch so ergangen.) Diese Fähigkeit unterscheidet uns von anderen Tieren, die nicht weit in die Vergangenheit blicken oder Zukunftspläne schmieden können. Natürlich gibt es aber auch hier Abstufungen, die man am besten im Vergleich zu anderen Affen aufzeigen kann. Begeben wir uns dazu noch einmal in den Gombe-Nationalpark nach Tansania.

Der Zoologe Tony Collins erforscht dort seit über 30 Jahren Paviane. In dem Gebiet leben insgesamt einige hundert Paviane sowie etwa 45 Schimpansen. Die beiden Gruppen treffen immer wieder aufeinander; die Alten ignorieren in der Regel einander, die Kinder spielen miteinander. Manchmal stürzen sich allerdings die Schimpansenmännchen auf ein Paviankind, um es zu töten und zu fressen. Dann kommt es zu einem fürchterlichen Kampf zwischen erwachsenen Schimpansen und Pavianen. Aber schon wenige Tage später haben die Paviane diesen dramatischen Zusammenprall anscheinend vergessen.

Als ich Tony frage, was für *ihn* – der die beiden Arten so gut kennt – der Unterschied zwischen den Menschenaffen und den Pavianen ist, überlegt er einen Moment lang und sagt: »Paviane leben im Hier und Jetzt. Schimpansen schauen auch in die Vergangenheit und in die Zukunft. Zwar nicht so weit wie Menschen, aber sie tun es. Paviane können das nicht.«

Aus den Augen, aus dem Sinn. In dieser geistigen Zwangsweste leben 99,9 Prozent der Tiere. Menschenaffen haben sich schon ein wenig daraus befreit. Menschen haben diese Reiz-Reaktions-Kette völlig durchbrochen. Wir speichern neue Informationen ab, abstrahieren und assoziieren, klinken uns gedanklich aus der Gegenwart aus und lassen uns in neue Welten und neue Zeiten hinüberziehen. Romanautoren leben geradezu von dieser kreativen Fähigkeit des präfrontalen Kortex. Er gleicht Neues mit vergangenen Erfahrungen ab, drängt Unwichtiges zurück und setzt Wichtiges zu neuen Bildern zusammen. So gibt er Ziele vor, strukturiert die gedanklichen Handlungsstränge und sorgt dafür, dass diese Ziele umgesetzt werden. Mit dem präfrontalen Kortex können wir »bildliche Vorstellungen des Zukünftigen« entwickeln, wie es der Neurologe Elkhonon Goldberg nennt.[84] Man könnte sogar so weit gehen zu behaupten: Erst die Evolution des Stirnhirns erschuf die Zukunft. Ohne Stirnhirn könnten Menschen nicht planen oder vorausschauend handeln, sie existierten wie Paviane und die anderen 99,9 Prozent der Tiere im Hier und Jetzt. Sie könnten auch nichts Neues erfinden. Ohne die Evolution der Stirnhirnlappen hätten Hominiden keine Werkzeuge und damit keine Zivilisation hervorgebracht.

Das Charakteristikum des Stirnhirns ist, neben seiner immensen Größe, seine Verkabelung. Es ist extrem stark mit allen anderen Hirnteilen vernetzt. In ihm fließen Informationen aus der Außenwelt und aus der Innenwelt (dem eigenen Körper) zusammen – es grenzt den Menschen als Individuum ab. Wenn man eine Person, die in einem funktionellen Magnetresonanztomographen liegt, bittet, sich auf sich selbst zu konzentrieren, dann leuchten bezeichnenderweise die inneren Stirnlappenteile auf. Alle Prozesse, die mit dem *Selbst* zu tun haben, scheinen in die Mitte des Großhirns gepackt worden zu sein. Man könnte also sagen: *Selbstbewusstsein* wird vom präfrontalen Kortex hervorgebracht.

Das Stirnhirn ist von Bedeutung »für ein höheres Bewusstsein, für Urteilskraft, für Vorstellungsvermögen, Empathie, Identität, die *Seele*«.[85] Phineas Gage hat nahezu all diese Eigenschaften mehr oder weniger eingebüßt. Er hat nicht nur seine Persönlichkeit verloren, sondern auch die Fähigkeit zu entscheiden, wie er sich im

Umgang mit anderen verhalten soll, was richtig und was falsch ist. Nicht, dass gesellschaftliche Konventionen in den Stirnlappen angesiedelt wären, im Gegenteil. Diese sind, weit übers Gehirn verstreut, in Form von neuralen Netzwerken im Langzeitgedächtnis gespeichert. Aber die Integration dieser gesellschaftlichen Normen, die Beurteilung, was gut und was böse ist, passiert im präfrontalen Kortex. Wenn Sie so wollen, können wir sagen: Erst die Evolution des Stirnhirns erschuf Moral.

Natürlich kann man darüber spekulieren, inwieweit dieser psychische und soziale Reifungsprozess mit der neurobiologischen Reifung einhergeht. Gesichert ist, dass das Gehirn sozusagen von hinten nach vorne reift, das Stirnhirn ist zuletzt dran und erst im dritten Lebensjahrzehnt voll ausgereift. Nervenzellen reifen, indem die für die Erregungsleitung nötigen Fetthüllen aufgebaut werden. Und damit kommen wir auf die in Kapitel IV beschriebenen *mehrfach ungesättigten Fettsäuren* zurück, die vor allem in Fliegenlarven und in Meeresgetier vorkommen.

Viele Neurowissenschaftler behaupten, und das aus gutem Grund, dass die geistige Entwicklung von Kindern wesentlich vom Aufbau dieser Fetthüllen abhängt.[86] Außerdem erhöht sich die Zahl der Verbindungsstellen (Synapsen) zwischen den Nervenzellen bis zur Pubertät. Es sind dies jene Jahre, in denen Kinder und Jugendliche ihre wichtigsten Lebenserfahrungen sammeln. Sobald ein Mensch erwachsen ist, verringert sich die Zahl der Synapsen wieder. Dass die Persönlichkeit eines jungen Menschen erst langsam reift, ist keine Neuigkeit. Aber mittlerweile haben Forscher gelernt, die neurobiologischen Grundlagen ein wenig zu verstehen, und ein wesentlicher Teil der Erklärung scheint zu sein, dass die Fetthüllen der Nervenzellen im Stirnlappen erst im dritten Lebensjahrzehnt vollständig ausgebildet sind.[87]

Im Stirnhirn reift zunächst der mediale (innere) Baustein, der dafür verantwortlich ist, dass Kinder ihre inneren Impulse und emotionalen Regungen zu kontrollieren vermögen. Kinder verfügen über diese Selbstkontrolle, die eines der Kriterien für die »Schulfähigkeit« ist, erst ab einem Alter von rund 6 Jahren. Eine zweite Voraussetzung ist die Fähigkeit, seine Aufmerksamkeit auf etwas zu konzentrieren – auf den Lehrer, Lehrinhalt etc. Daher beschreiben Neurobiologen diesen inneren Stirnhirnteil manchmal als »Taschenlampe« oder auch als »Hand, die den Lichtkegel der Taschenlampe« führt. Darüber hinaus ist dieser mediale Anteil des Stirnhirns für Moral und für die Altersweisheit verantwortlich.

Der äußere (laterale) Baustein reift als Letztes im Gehirn. Er fungiert einerseits als Arbeitsgedächtnis, mit dessen Reifung sich die geistige Leistungsfähigkeit kleiner Kinder stetig verbessert. Andererseits ist er für das flexible und kreative Denken zuständig. Er degeneriert im Alter früher als sein zur Körperinnenseite hin liegender Nachbar. Neurobiologen umschreiben diesen Umstand mit der englischen Redewendung: »Last in, first out.« Also: »Was zuletzt kommt, geht zuerst.« Genau diese Entwicklung kann man häufig an den eigenen Großeltern beobachten: Das Kurzzeitgedächtnis funktioniert immer schlechter, und die geistige Flexibilität und Kreativität lässt zunehmend nach. Hingegen arbeitet das auf der ganzen Hirnrinde verstreut liegende Langzeitgedächtnis tadellos.

Mit Blick auf Entscheidungsträger in Politik und Wirtschaft meint Yves von Cramon: »Es ist sicherlich eine gute Idee, Alte um Rat zu fragen. Aber es ist auch gut, wenn diese sich aus dem operativen Geschäft heraushalten.«

Auch Elkhonon Goldberg weist auf die möglichen gesellschaftlichen Folgen dieses neuralen Reifungsprozesses hin, indem er die Frage aufwirft, wie weit der Verlauf der Menschheitsgeschichte damit zusammenhängt, dass in der Vergangenheit häufig Teenager Königreiche regierten und Armeen in den Kampf führten. So waren Pharao Ramses der Große, Alexander der Große und der biblische König David alle um die 20 Jahre jung, als sie ihre großen militärischen Eroberungszüge durchführten. Und Goldberg fragt weiter, ob nicht einige der wichtigsten Entscheidungen in der Geschichte von »biologisch unreifen Gehirnen« getroffen wurden: »Könnte es sein, dass ein großer Teil der Menschheitsgeschichte das neurologische Äquivalent einer jugendlichen Rabauken-Szene ist und dass man sich die verhängnisvollsten Konflikte in der antiken und mittelalterlichen Geschichte am ehesten nach dem Modell in William Goldings Roman *Der Herr der Fliegen* vorstellt? Die Rolle der Ältesten als Vermittler, Beschwichtiger und generell als ›weise Männer‹ war in der antiken Gesellschaft von größter Wichtigkeit. Liegt das daran, dass die Ältesten im Besitz der neurologischen – und nicht nur der sozialen – Reife waren?«[88]

VI

Der entfesselte Geist – die kulturelle Evolution des Denkens

48

Bis vor wenigen Jahren dachten viele Neurowissenschaftler, dass die Evolution des Menschen insofern eng mit der Entwicklung des Stirnhirns zusammenhinge, als sich die vorderen Teile des Stirnlappens beim Menschen gegenüber anderen Tieren überproportional vergrößert hätten. Demnach würde bei einer Katze der präfrontale Kortex 3,5 Prozent ausmachen, bei einem Makaken-Affen 11,5 Prozent, bei einem Schimpansen 17 Prozent und beim Menschen 29 Prozent.[89] Diese Ergebnisse passten zu der Tatsache, dass moderne Menschen eine hohe Stirn haben, während Neandertaler »Flachköpfe« waren. Wenn man bedenkt, dass von den Stirnlappen das bewusste Handeln ausgeht, dass sie für abstraktes Denken, Voraussicht, Moral und das *Selbst* wichtig sind, dann passt dieses Bild von einer »Höherentwicklung« vom einfachen Säuger über den niederen Affen und Menschenaffen zum modernen Menschen.

Doch neue Forschungsergebnisse mit Computertomographen zeigen, dass die Sache nicht so einfach ist wie gedacht, dass vielmehr die Stirnhirnrinde von Orang-Utan, Gorilla, Schimpanse und Mensch anteilsmäßig gleich groß ist.[90]

Was das für das Stirnhirn bedeutet, können Sie sich am besten vergegenwärtigen, wenn Sie einen Luftballon ein wenig aufblasen, darauf mit einem Stift ein Schimpansengehirn malen und dann dreimal soviel Luft hineinpusten, sodass der Ballon der Größe eines menschlichen Gehirns entspricht. Das heißt, Menschen haben zwar anteilsmäßig nicht mehr Stirnhirn als andere große Menschenaffen, sehr wohl aber in absoluten Zahlen. Niedere Affen, wie beispielsweise Rhesusaffen und Kapuzineraffen, haben auch relativ ein kleineres Stirnhirn.

Was wir daraus schließen können, ist, dass der Mensch – entgegen einer weit verbreiteten Meinung – keine anderen Hirnstrukturen hat als die übrigen Menschenaffen. Es ist natürlich anzunehmen, dass es immer wieder zu internen Neuverschaltungen kam. Beispielsweise geht die aufrechte Fortbewegung nicht nur mit einer Veränderung im Skelettbau und in der Muskulatur einher, sondern notwendigerweise auch mit der entsprechenden Reorganisation im Gehirn; genauso muss es im Zuge der Sprachentwicklung zu einer neuronalen Umorganisation gekommen sein. Aber das waren kleinere Anpassungen, keine großartigen Neuerungen.

Für uns ist wichtig, dass der Mensch keine neuen Hirnstrukturen aufzuweisen hat. Viele Neurobiologen sind inzwischen überzeugt, dass Schimpansen genauso ein Broca-Areal und ein Wernicke-Areal – die klassischen menschlichen »Sprachareale« – ihr eigen nennen wie wir Menschen.[91]

Wer an die Erschaffung des Menschen durch Gott glaubt, mag sich an dieser Vorstellung stoßen, dass das menschliche Gehirn nichts anderes ist als ein gewöhnliches Affenhirn. Für Evolutionsbiologen ist dieser Gedanke nicht verwunderlich, ja sogar selbstverständlich, schließlich ist der Geist nicht vom Himmel gefallen.

Ausgerüstet mit diesem Wissen, sollten wir uns noch einmal mit dem in Kapitel III erwähnten *Transfer-Index* beschäftigen. Der Psychologe Duane Rumbaugh hat 121 Tiere aus 12 Affen-Gattungen mit dem Transfer-Index-Test geprüft. Es ging darum, festzustellen, ob ein Affe aus einer Aufgabe Regeln extrahieren und diese auf ein neu gestelltes Problem übertragen (»transferieren«) kann; also ein Intelligenztest für Affen. Und wie sich herausgestellt hat, korreliert das clevere Verhalten der Affen mit der *absoluten* Hirngröße. Vor allem aber zeigte sich die kombinatorische Gabe der Menschenaffen: Sie kapierten ziemlich schnell die Spielregeln und wendeten diese auf neue Aufgaben an, sodass sie um Längen besser abschnitten als die kleinhirnigen Affen. Da dieser Test vor allem die Leistungsfähigkeit der Stirnlappen beansprucht – Arbeitsgedächtnis, Aufgabenwechsel und Konzentrationsfähigkeit –, können wir annehmen, dass diese Ergebnisse auch mit der Größe des präfrontalen Kortex korrelieren. So schnitten Gorillas und Schimpansen besser ab als Makaken, Meerkatzen und Kapuzineraffen, und diese erzielten eine höhere Punktzahl als Lemuren und andere Halbaffen.[92]

Diese Ergebnisse klingen nicht unbedingt berauschend, wenn man den *Homo sapiens* als Maß aller Dinge nimmt. Wer hat schon bezweifelt, dass der Mensch mit seinem gigantischen Denkapparat eine Intelligenzbestie ist? Doch bei den anderen Affen haben sich Anthropologen, Zoologen und Neurobiologen verlaufen. Spätestens seit den siebziger Jahren des vergangenen Jahrhunderts zogen sie den Enzephalisationsquotienten (EQ) heran, um die Cleverness einer Tierart zu beurteilen. Und dabei kam heraus, dass Gorillas relativ doof und Kapuzineraffen ausgesprochene Geistesgrößen sind. Kein Verhaltensforscher, der sich mit Affen auskennt, würde das unterschreiben wollen. Aber diese Diskrepanz ignorierten viele Wissenschaftler lieber, denn die Daten schienen anderes auszusagen.

Natürlich ist Größe nicht alles. Sie ist gleichsam die biologische Grundausstattung und stellt so etwas wie den unbehauenen Marmorklotz dar, den der Künstler erst zurechtmeißeln muss. Was wir von der Natur mitbekommen, sind die groben Strukturen. Für den Feinschliff sind wir selbst verantwortlich.

49

Um zu verstehen, wie es zu diesem Feinschliff kommt, müssen wir kurz ausholen. Vielleicht haben Sie schon einmal ein Hundebaby vom Züchter gekauft oder besser noch aus dem Tierheim gerettet? Dann kennen Sie das Phänomen: Vor kurzem haben Sie sich noch am Anblick des tollpatschigen Wollknäuels erfreut und jetzt, nur wenige Monate später, müssen Sie diesem halbstarken, haarigen Ungeheuer klar machen, dass *Sie* und sonst niemand das Alphatier im Rudel sind. Noch ein paar Monate und Ihr Hund ist erwachsen und vom körperlichen Entwicklungsstand her ihrem zwanzigjährigen Sohn oder ihrer Tochter vergleichbar. Nun ist es keineswegs so, dass Ihr Hund besonders rasch gewachsen wäre, vielmehr machen Menschenkinder einen exorbitant langen Reifungsprozess durch. Der Grund dafür ist einzig und allein beim Gehirn zu suchen.

Beim Menschen reift das Gehirn zum größten Teil außerhalb des mütterlichen Körpers heran. Die Eltern haben in der Folge extrem hohe Investitionskosten zu tragen: durch Stillen, Ernährung, Kleidung, Schulbildung und Universität. Selbst bei Naturvölkern buttern Eltern ihren Kindern durchschnittlich 20 Jahre lang zu; erst ab diesem Alter bringen sie mehr Nahrung zurück ins Lager, als sie selbst verbrauchen.

Da der Mensch im Vergleich zu anderen Affen mit durchschnittlich 2,5 Jahren eine sehr schnelle Geburtenfolge hat, ist es nicht ungewöhnlich, dass eine Mutter gleichzeitig 4 oder 5 heranwachsende Kinder versorgen muss und zusätzlich die hohen Energiekosten einer neuen Schwangerschaft trägt. Bei Hunden, respektive deren wilden Vorfahren, den Wölfen, ist das anders: Nach ein paar Wochen des Säugens fressen die Kleinen ihr erstes Fleisch, und spätestens mit einem Jahr sind sie Selbstversorger. Und wie wir gesehen haben, versorgen auch Schimpansinnen nicht gleichzeitig mehrere Kinder mit Nahrung; mit einer Geburtenfolge von 5 Jahren wird das nächste Kind erst geboren, wenn das ältere Geschwister bereits auf eigenen Armen und Beinen durch die Äste turnt.

Menschenmütter haben also aus zwei Gründen extrem hohe Stoffwechselkosten: erstens, weil das Gehirn des Nachwuchses extrem lange Reifungszeiten beansprucht, und zweitens wegen der ungewöhnlich schnellen Geburtenfolge unserer Art.

Worin liegt also der große Vorteil dieser langen Hirnreifung außerhalb des mütterlichen Körpers? Die Antwort lautet: in der Plastizität unseres Nervensystems. Was das bedeutet, lässt sich am einfachsten mit einem beeindruckenden Beispiel beschreiben: Im siebten Schwangerschaftsmonat besteht das primäre Seharal eines Fötus aus 620 000 Nervenzellen pro Kubikmillimeter. In den folgenden 2 Monaten bis zur Geburt schrumpft die Zahl dramatisch auf 100 000 Nervenzellen. Das primäre Seharal eines Erwachsenen zählt nur noch 40 000 Nervenzellen pro Kubikmillimeter.[93] Dabei handelt es sich keineswegs um einen Verlust im negativen Sinn, ganz im Gegenteil: Die Verringerung von Nervenzellen ist vielmehr Folge eines »Feinschliffs«. Dieser Prozess lässt sich in etwa mit der Arbeit von Michelangelo vergleichen, als er seinen *David* schuf: Aus einem riesigen Marmorklotz meißelte er zunächst eine grobe Kontur, danach folgte der Feinschliff des Kunstwerks.

Sie werden nun fragen, wer beim Gehirn die Rolle Michelangelos spielt. Das sind wir selbst, unsere Eltern, unsere Geschwister und Freunde, die Gesellschaft. Vermutlich denken Sie jetzt, dass der Behaviorismus wieder Einzug in die Wissenschaft gehalten hat. Bekanntlich ging John Watson Mitte des vergangenen Jahrhunderts davon aus, dass Menschen als unbeschriebenes Blatt zur Welt kämen, und er behauptete vollmundig, man brauche ihm nur ein Dutzend gesunder Kinder und ein bestimmtes Milieu zu geben, und er mache daraus Ärzte, Anwälte, Bettler oder Diebe.

Inzwischen schlägt das Pendel in die andere Richtung aus: Fast täglich wird in den Medien von Alkoholismus-, Brustkrebs- oder Gewalttätigkeits-Genen etc. berichtet. Der Max-Planck-Genetiker Svante Pääbo schrieb dazu bereits vor einigen Jahren im Wissenschaftsmagazin *Science*, dass er noch Anfang der neunziger Jahre immer wieder darauf hinweisen musste, dass nicht nur die Umwelt den Menschen forme, sondern dass es auch noch Gene gäbe. Inzwischen habe sich dieser Trend wieder umgekehrt, und er unterstreiche immer wieder, dass auch Umweltfaktoren für Krankheiten, Verhaltensweisen und Persönlichkeitszüge mitverantwortlich seien.[94]

Schwarzweißmalerei – forciert von marktschreierischen Wissenschaftlern, die von Fördergeldern profitieren, von Medienmanagern, die einzig ihre Auflagenhöhe im Kopf haben, und von Journalisten, die verlernt haben zu hinterfragen – ist für uns, die wir das Gehirn verstehen wollen, nicht sonderlich hilfreich. Faktum ist – es sind Gene *und* Umwelt, die das menschliche Gehirn formen. Und es ist erst der Feinschliff, der aus einem ganz gewöhnlichen Menschenaffen den domestizierten Affen macht.

Beginnen wir also am Anfang: Menschen kommen so früh wie möglich zur Welt. Eine Geburt mit 8 Monaten, 7 Monaten oder 6 Monaten ist biologisch möglichen, aber nur mit Hilfe modernster High-Tech-Medizin; bei Naturvölkern enden Frühgeburten in der Regel tödlich. Wären wir Menschen – bezogen auf die Hirngröße – ganz normale Säugetiere, dürften wir eigentlich erst nach 21 Monaten Schwangerschaft zur Welt kommen. Nun stellen Sie sich folgende Situation im Kreißsaal vor: Sie haben gerade eine Kaiserschnittgeburt hinter sich, alles andere wäre wegen des großen Kopfes des Kindes unmöglich, da drückt Ihnen der Arzt schon Ihr 10 Kilogramm schweres Riesenbaby in die Arme. Als es Sie sieht, lächelt es und gluckst: »Hallo, Mama.« Ihr Mann, der etwas abseits steht, fühlt sich plötzlich ob seiner aufkeimenden väterlichen Gefühle vernachlässigt. Er tippt dem Neugeborenen auf die Schulter und flötet: »Hallo, Konrad, hier ist dein Papi.« Konrad dreht sich daraufhin um und trällert erfreut: »Papi auch da.«

Wäre das nicht schön? Tatsächlich funktioniert das so ähnlich bei Elefanten – natürlich nicht, was die Sprache betrifft, aber Elefantenmütter bringen ihre Babys nach 21 Monaten Schwangerschaft zur Welt, und diese können innerhalb weniger Minuten laufen. Den Grund dafür kennt jeder, der hin und wieder Naturfilme im Fernsehen ansieht: Löwen haben absolut nichts gegen ein zartes Stück Elefantensteak einzuwenden; darüber hinaus ist eine Elefantenherde den ganzen Tag in Bewegung, um genügend Futter zu finden.

Wäre es also nicht auch für Menschenkinder von Vorteil, so weit in der Entwicklung fortgeschritten das Licht der Welt zu erblicken, zumal Sterberegister vor Augen führen, wie gefährlich gerade das erste Lebensjahr ist?

Vielleicht. Vielleicht aber auch nicht. Ich tippe auf *Nein*. Und ich kann Ihnen auch verraten, warum. Ich habe meine Zweifel, ob das Kind geistig »normal« wäre. Das erste Lebensjahr ist so ziemlich der wichtigste Abschnitt für die Entwicklung des Kindes, was allein die Tatsache belegt, dass sich in dieser Zeit das Hirnvolumen verdreifacht. Vor allem aber passen sich die Nervenzellen während dieser rasanten Wachstumsphase an die Umwelt an. Reifung ist nicht nur ein Prozess »von innen heraus«, wie wir gehört haben, sondern ein Wechselspiel zwischen Natur und Kultur. Kein anderes Tier ist für dieses Wechselspiel so gut angepasst wie der Mensch. Die Gründe dafür sind die frühe Geburt sowie der hinausgezögerte Reifungsprozess innerhalb einer Gruppe.

Wenn ein Kind zur Welt kommt, sind sein Rückenmark und sein Hirnstamm, von wo die überlebenswichtigen Funktionen ausgehen, vollständig ausgereift. Der Großhirnrinde ist noch auffällig ungeformt. Der Ablauf der Hirnentwicklung scheine genetisch festgelegt, schreibt Lise Eliot in ihrem wunderbaren Buch *Was geht da drinnen vor*.

> *»Weshalb sonst brächten alle Neugeborenen der Welt nach praktisch identischem Zeitplan dieselben liebenswerten Meilensteine hinter sich? Ob in Tragetüchern befördert oder im Kinderwagen gefahren – alle gesunden Babys lernen mehr oder weniger im selben Alter (mit ein paar Wochen Unterschied) mehr oder weniger auf dieselbe Weise laufen und sprechen.«*

Die Neurowissenschaftlerin und dreifache Mutter schildert anschaulich, wie sich die menschliche Denkmaschine, im Unterschied zu einem Computer, selbst programmiert:

> *»Stellen Sie sich vor, Sie kaufen einen PC, und statt irgendeine Software zu installieren, schließen Sie ihn einfach an den Strom an, und den Rest erledigt der Computer: Er setzt sich selbst sein Betriebssystem zusammen, installiert die Treiber für CD-ROM, Systemlautsprecher, Drucker, Modem und alle sonstigen Zusatzgeräte, mit denen er ausgestattet ist. Kurz danach findet er, dass ein Textverarbeitungspro-*

gramm nützlich wäre, und erstellt sich eines auf Englisch,
Spanisch, Deutsch oder Hebräisch – was immer ihm die
bestmögliche Kommunikation mit der Umwelt ermöglicht.
Schließlich muss er lesen und rechnen können und instal-
liert folglich ein Zeichenerkennungs- und ein Kalkula-
tionsprogramm.«[95]

Wäre das nicht ein wundervoller Computer, den sich jeder von uns wünschte? Tatsächlich funktioniert genauso das kindliche Gehirn: Es greift auf neuronale Schaltkreise zurück, wenn sie gebraucht werden, schließt sie an und passt sie an die jeweilige Aufgabe an – Laufen, Reden, Lesen, Klavierspielen usw.

Im wirklich Leben passieren diese Installationen allerdings nicht aktiv, also vom Gehirn ausgehend. Es entscheidet sich nicht dafür, Deutsch, Englisch oder Hebräisch zu lernen, sondern es passiert ihm einfach, indem es in der jeweiligen Umwelt auf-wächst. Ob es will oder nicht, stellen die Nervenzellen Verbin-dungen her, und wo diese Verbindungen benötigt werden, kommt es zu einer Verstärkung, wo nicht, werden die Kontakte (Synap-sen) gekappt.

Amerikanischen Hirnforschern ist es gelungen, mit bildgeben-den Verfahren (PET) den Energieverbrauch und damit die Aktivität der Großhirnrinde von Kindern zu messen. Die Ergebnisse zeigen, dass die Hirnrinde (Kortex) von Neugeborenen nahezu inaktiv ist. Erst nach einigen Monaten steigt der Energieverbrauch im Hinter-hauptslappen an, wenn offensichtlich die Verbindungen mit den Seharealen hergestellt werden. Zwischen einem halben Jahr und einem Jahr werden die Stirnlappen zunehmend aktiv, wodurch zu erklären ist, dass das Baby in dieser Zeit wacher wird, seine Auf-merksamkeit besser zu fokussieren und erste Worte zu sprechen vermag etc. Der Energieverbrauch steigt schließlich die folgenden 6 Jahre kontinuierlich an und das Gehirn verbraucht dann doppelt so viel Glukose (Traubenzucker) wie das eines Erwachsenen.[96]

Dieses Aktivitätsmuster entspricht weitgehend der Bildung und der Kappung der Verbindungsstellen (Synapsen) in der kindlichen Großhirnrinde. Mit anderen Worten, spiegelt es die *sensiblen Pha-sen* wider. Während dieses Zeitraums ist das Kind eine Lern-maschine, die immer wiederkehrende Muster in sich aufsaugt wie ein Staubsauger: Bewegungsabläufe genauso wie die Regeln der Muttersprache und gesellschaftliche Normen. (Sie dürfen also darüber spekulieren, welche Auswirkungen die zahllosen Gewalt-filme im Fernsehen auf das Gehirn ihres Kindes haben!)

Wenn diese sensiblen Phasen schließlich vorbei sind, dann nimmt die Formbarkeit des Gehirns drastisch ab. Zwar nicht völlig, so bleibt bis zu einem gewissen Grad unser Nervensystem bis ins hohe Alter formbar, wie jeder weiß, der als Erwachsener mühsam eine Fremdsprache gelernt hat. Aber während der sensiblen Phasen wäre einem dieses Wissen einfach zugeflogen.

Gerade die Sprache ist ein schönes Beispiel für den formenden Einfluss der Umwelt. Kommunikation ist ein sozialer Akt. Um sicherzustellen, dass Menschen einer Gemeinschaft dieselbe Sprache sprechen, ist die Sprachfähigkeit von der sprachlichen Umwelt abhängig. Ein Kind lernt die Sprache, die es hört – oder, im Falle von Gebärdensprache, die es sieht. Wächst es in einer amerikanischen Familie auf, lernt es Englisch, wächst es in einer deutschen Familie auf, lernt es Deutsch. Wird zu Hause Englisch und im Kindergarten Deutsch gesprochen, lernt es beide Sprachen als Muttersprache. Das heißt, diese neuronalen Schaltkreise entstehen nur dann regulär und dauerhaft, wenn das Kind mit Sprache konfrontiert ist. Das Gehirn extrahiert dann während der sensiblen Phase die sprachlichen Regeln aus der Umwelt.[97]

Was passiert, wenn Menschen in dieser sensiblen Phase nicht mit Sprache in Berührung kommen, zeigen die dramatischen Fälle der so genannten »Wolfskinder«. Kaum ein anderer Bericht liest sich so erschütternd wie der von Genie, die Unvorstellbares über sich ergehen lassen musste.[98]

Ort des Verbrechens war Los Angeles. 12 Jahre lang durfte dieses Mädchen eine kleine, abgedunkelte Kammer auf der Rückseite des Elternhauses nicht verlassen. Nicht nur das: Der psychotische Vater hatte Genie im Alter von einneinhalb Jahren mit Riemen an einen Kinderstuhl mit Töpfchen gefesselt, auf dem sie Stunde um Stunde, Tag für Tag, jahraus, jahrein ausharren musste. Nur nachts befreite der Vater sie von ihren Fesseln, um sie in einen Schlafsack zu stecken, der so eng war wie eine Zwangsjacke. Darum herum wickelte er zusätzlich ein Drahtgeflecht. Nachts im Käfig, tagsüber gefesselt, war es Genie überlassen, die Jahre ihres Lebens irgendwie zu ertragen. Seiner Frau verbot der Mann, mit der Tochter zu sprechen. Er selbst knurrte und kläffte in ihrer Gegenwart nur wie ein Hund. Tagsüber wurde Genie gefüttert, ansonsten gab es keinerlei Abwechslung: Sie hatte keine Spielsachen, kein Radio, keinen

Fernseher, bekam nichts zu sehen und kaum etwas zu hören. Selbst die Kammer war kahl, mit rosa Tapeten ausgekleidet, ohne Schrank, ohne Teppich, ohne Bilder. Manchmal, wenn Genie einen Laut von sich gab, schlug der Vater sie mit einem Stock, der griffbereit in der Ecke stand. Also lernte Genie zu schweigen ...

Schließlich gelang es der Mutter, mit ihrer Tochter zu fliehen. Für das Mädchen hatte dieses Martyrium damit im Alter von 13,5 Jahren ein Ende. Aber Genie hatte erhebliche Probleme mit der Koordination ihrer Bewegungen, weil sie immer gefesselt war; sie konnte nur auf eine Entfernung von wenigen Metern scharf sehen, was genau der Größe ihres Gefängnisses entsprach; und sie war unfähig, zu sprechen und Sprache richtig zu verstehen, weil sich während der sensiblen Phasen keine neuronalen Schaltkreise dafür ausbilden konnten. Obwohl sie in den folgenden Jahren intensiven Förderunterricht von Sprachwissenschaftlern und Psychotherapeuten erhielt, kam Genie nie über das sprachliche Niveau einer Zweijährigen hinaus. Sie lernte zum Beispiel nie, die Bedeutung von *ich* und *du* zu unterscheiden, von Grammatik ganz zu schweigen. Aber Genie war nicht schwachsinnig, wie manche Wissenschaftler glaubten, sondern schnitt bei zahlreichen psychologischen Test gut ab. Doch sie hatte in all jenen Bereichen, in denen die sensiblen Phasen ungenutzt verstrichen waren, schwerste geistige Defizite. Eines davon betraf die Sprache.[99]

50

In nahezu jeder populärwissenschaftlichen Publikation, welche die Entwicklungsgeschichte des Menschen behandelt, wird darauf hingewiesen, wie eng der Mensch mit dem Schimpansen verwandt ist, dass sich die Erbinformation der beiden Arten in nur 1,2 Prozent unterscheidet, und dann folgt meist der Lobgesang auf den *Homo sapiens*. Aber warum haben eigentlich Menschen Sprache und Schimpansen nicht?

Ihr Gehirn ist im Wesentlichen genauso aufgebaut wie das unsrige, ihre Stirnlappen sind im Verhältnis genauso groß, und sie verfügen vermutlich über ein Broca- und ein Wernicke-(»Sprach«-) Areal wie wir. Ist es schlicht und einfach der fehlende *Input* wie im Falle von Genie, dass Schimpansen keine Sprache entwickeln?

Könnten sie unter bestimmten Bedingungen gar die gleichen Fähigkeiten hervorbringen wie Menschen – freilich in abgespeckter Form? Sind Schimpansengehirne vielleicht so etwas wie kleine Menschengehirne – sozusagen eine *Limited Edition?*

Tatsächlich wurde ein derartiger Versuch Ende der vierziger Jahre von Keith und Cathy Hayes durchgeführt. Das Psychologenehepaar hatte ein eigenes Kind und nahm ein etwa gleichaltriges Schimpansenbaby, das auf den Namen *Viki* hörte, in der Familie auf. Zweck dieses Experiments war, zu erforschen, ob ein Schimpanse Sprache lernen kann, wenn er in derselben Umwelt aufwächst wie ein Mensch. Die Hayes zogen ihre beiden Sprösslinge mit Hingabe und Liebe auf: Das Kind wurde in Windeln gelegt, der Affe ebenso; das Kind wurde am Tisch mit dem Löffel gefüttert und trank aus einer Tasse, der Affe ebenso; das Kind schlief im Gitterbett, der Affe ebenso. Und wie endete das Experiment? Erlernte der Schimpanse die menschliche Sprache? Nein. Das Forscherehepaar behauptete zwar, Viki könne »Mama«, »Papa«, »Tasse« und »Auf« artikulieren, unglücklicherweise verstand diese Wörter aber niemand außer den beiden. Wirklich bemerkenswert entwickelte sich dagegen der Sohn der Familie. Der Junge wurde ein regelrechter Klettermax, schnitt sonderbare Grimassen, schmatzte und stieß so beängstigende Grunzlaute aus, dass sich Freunde der Familie um das Wohl des Kindes ernsthaft sorgten. Es galt ursprünglich, einen Affen zu einem Menschen zu erziehen, und nun hatte man den Sohn zu einem Affen erzogen. Der Versuch wurde vorzeitig abgebrochen, weil er deutlich machte: Schimpansen bleiben Schimpansen, egal wie menschlich man sie erzieht.

Darüber hinaus führt diese Anekdote einen wesentlichen Unterschied vor Augen, dessen Tragweite vor über 50 Jahren niemandem so richtig klar war: Schimpansenkinder sind frühreifer und zunächst auf ihre Art cleverer als Menschenkinder. Menschenkinder sind dagegen vor allem eines: Imitationskünstler. Auf diese beim Menschen unendlich stark ausgeprägte Fähigkeit zur Imitation machte mich der Psychologe Michael Tomasello aufmerksam. Meine Ausführungen in diesem Kapitel stützen sich zu einem beträchtlichen Teil auf seine Ideen, die er in dem Buch *Die kulturelle Entwicklung des menschlichen Denkens* dargelegt hat.[100]

Michael Tomasello ist einer von 4 Direktoren am Max-Planck-Institut für Evolutionäre Anthropologie in Leipzig und beschäftigt sich, wie auch schon zuvor an der Emory Universität in Atlanta, mit der Frage, was den menschlichen Geist ausmacht und wie dieser entstanden ist. Die geistige Entwicklung von Schimpansen- und Menschenkindern zu vergleichen, ist sein wissenschaftlicher Zugang. Seine Vorstellungen darüber, wie das menschliche Denken entstanden ist, lassen sich folgendermaßen zusammenfassen: Menschen identifizieren sich mit anderen Menschen viel stärker als andere Lebewesen mit ihren Artgenossen. Diese Identifikation *ich bin wie er* beginnt schon sehr früh im Babyalter. Daraus entsteht die Fähigkeit, das Verhalten anderer zu imitieren. Hinzu kommt, dass Eltern ihre Kinder aktiv unterrichten – ein weiteres menschliches Charakteristikum. Imitation und Unterricht verhindern, dass kulturelle Erfindungen, die im Laufe vieler Generationen gemacht wurden, wieder verloren gehen. Später kommt die geplante Zusammenarbeit zwischen Individuen noch dazu. Diese 3 Formen des kulturellen Lernens bilden nach Meinung des Max-Planck-Psychologen die Voraussetzung, damit Kultur entsteht.

»Im Alter von 9 Monaten sind Babys Imitationsmaschinen«, sagt Michael Tomasello. »Sie imitieren in den folgenden 2 Jahren einfach alles, und zwar haargenau, auch wenn es unsinnig erscheint.«

Es gibt dazu verblüffende Video-Aufnahmen von den Wissenschaftlern. In einem Versuch wird sowohl einem zweijährigen Kind als auch einem Schimpansen vorgeführt, wie man mit einem Rechen ein Objekt heranangeln kann. Dabei geht der Psychologe, der das Ganze vormacht, nicht gerade clever vor, im Gegenteil, er demonstriert das Verfahren sehr umständlich. Anschließend dürfen die 2 Probanden versuchen, an das Objekt zu kommen. Dabei zeigt sich ein frappierender Unterschied: Der Schimpanse schnappt sich den Rechen und versucht, auf seine Art ans Ziel zu gelangen – wobei er im Test sogar besser abschneidet als der Psychologe. Das Kind hingegen handelt genauso umständlich wie sein großes Vorbild. Man könnte daraus, beeindruckt von der Leistung des Menschenaffen, schließen, dass der Schimpanse intelligenter ist als das Kind.

»Aber das stimmt natürlich nicht«, erklärt Tomasello. »Die beiden Arten verfolgen schlicht unterschiedliche Lernstrategien. Was der Schimpanse macht, bezeichnen wir als *Emulationslernen*. Das Verhalten, welches das Kind gezeigt hat, ist reines *Imitationslernen*.«

»Versteht der Schimpanse, dass es eine einfachere Lösung gibt als die vom Psychologen demonstrierte?«, frage ich.

Tomasello schüttelt den Kopf: »Der Schimpanse sieht das Ziel, und da will er selbst hin. Das Kind sieht den Menschen, und da ein Erwachsener normalerweise klüger handelt als es selbst, macht es durchaus Sinn, dessen Verhalten zu imitieren.«

»Versteht denn das Kleinkind, was der Erwachsene tun wollte?«

»Ja«, antwortet Tomasello. »In diesem Alter verstehen Kinder bereits die Absichten anderer Menschen. Ich erzähle Ihnen ein Beispiel: Sie öffnen vor den Augen eines Ein- oder Eineinhalbjährigen ein Milchfläschchen und schenken den Inhalt in ein Glas. Dabei passiert (absichtlich) ein kleiner Unfall, und sie schütten das Glas Milch aus. Wenn Sie danach den gleichen Versuch mit einem Kind machen, wird es das Fläschchen öffnen und die Milch ins Glas schütten, ohne das Glas umzustoßen. Es hat also Ihre Absicht verstanden. Und dazu sind Kinder sicher schon mit 9 Monaten in der Lage.«

Den Unterschied kann man also kurz folgendermaßen formulieren: Schimpansen wollen ans Ziel kommen. Kinder wollen Menschen verstehen.

»Wie kommt es zu diesem zwanghaften Drang zur Imitation?«, frage ich.

»Kinder beginnen ab einem Alter von 9 Monaten, sich mit anderen zu identifizieren«, erklärt Tomasello. »Sie verstehen dadurch, dass andere Menschen *so sind wie ich,* dass sie Absichten haben *so wie ich* und dass sie ihre Aufmerksamkeit gemeinsam auf äußere Dinge lenken können.«

Menschen erschaffen so eine *geteilte Intentionalität:* »Ich bin so wie du, du hast Absichten wie ich«. Dadurch können Kinder etwas vom Standpunkt anderer lernen, und indem sie sich an die Stelle der Erwachsenen versetzen, kommen sie zum Verständnis, wie sie die Objekte ihrer Kultur (Spielzeug, Löffel, Gabel, Schuhe etc.) gebrauchen können, aber auch zu den sozialen Gepflogenheiten ihrer Kultur (Kleidungsstil, was man vom eigenen und anderen Geschlecht erwartet, was gut und was böse ist etc.). Und Erwachsene können infolge dieser geteilten Intentionalität ihre Kinder *lehren:* ein spezifisch menschliches Verhalten, dessen unermesslichen Wert man am leichtesten einschätzen kann, wenn man Schimpansen in freier Wildbahn beobachtet.

Beispielsweise verwenden Schimpansen in ihrem gesamten Verbreitungsgebiet Werkzeuge, und der versierte Umgang damit erfordert jahrelanges Üben. In der Eingangshalle des Max-Planck-Instituts für Evolutionäre Anthropologie liegen in einer Glasvitrine zwei »Holztrümmer«, das eine diente Schimpansen als Hammer, das andere als Amboss. Diese Werkzeuge stammen aus dem Tai-Wald im westafrikanischen Land Elfenbeinküste. Durch den jahrelangen Gebrauch – die Schimpansen zertrümmern darauf hartschalige Palmnüsse – hat sich auf dem Amboss eine Kuhle in der Mitte gebildet. In anderen westafrikanischen Regionen schleppen die Menschenaffen Steine über große Entfernungen, um mit diesen als Amboss und Hammer hartschalige Nüsse knacken zu können.

Ein Schimpansenkind erringt im Alter von 3,5 Jahren erste Erfolge im Knacken der Nüsse. Doch es dauert oft noch einmal so lange, bis sie die Technik völlig heraushaben. Sie stibitzen zwar immer wieder Früchte von ihrer Mutter, meist gucken sie aber in all den Jahren nur zu, oder sie nehmen Steine und werkeln so lange damit herum, bis die Nussschale offen ist. Aber die Schimpansenmutter demonstriert nicht und greift nicht korrigierend ein. Genauso ist es im Gombe-Nationalpark mit dem Termitenangeln. Die Schimpansenmütter rupfen von einem Busch einen Zweig ab, entfernen sorgfältig die Blätter, führen die Angelrute durch ein Loch in den Termitenhügel ein, und sobald sich einige Insekten daran verbissen haben, ziehen sie den Zweig heraus, um die Tiere zu fressen. Die Schimpansenkinder sitzen jahrelang daneben, schauen zu, wollen mitnaschen und versuchen im Laufe der Jahre, das krabbelnde und beißende Getier zu erwischen. Manchmal benutzen Schimpansen dünne Zweige, um mit dieser Sonde aus den Langknochen ihrer Jagdbeute das Mark herauszustochern. Aber es ist immer wieder das gleiche Schema: Schimpansenkinder imitieren nicht, und sie bekommen keinen Unterricht. In gewisser Hinsicht bekommt ein Schimpanse von seiner Mutter nicht mehr geliefert als eine Vorstellung, was zu tun ist. Wie man das Werkzeug jedoch zweckmäßig handhabt, muss es selbst herausfinden. Der Gebrauch eines Werkzeugs bedeutet so für jede Schimpansen-Generation einen Neubeginn.

Versuchen wir uns auf der Grundlage dieser Erkenntnisse ein Bild zu machen, wie die ersten Steinwerkzeuge entstanden sind. Irgendein Vormensch entdeckte vor rund 2,5 Millionen Jahren oder etwas früher, dass man Steine auf simple Art zurechtschlagen kann. Seine Kinder besaßen – anders als Schimpansen – bereits die neuronale Ausstattung, dieses Verhalten zu »kopieren«.

Wenn wir unseren Blick noch einmal auf Kleinkinder richten, so scheinen diese schon mit 8 Monaten über eine Fähigkeit zu verfügen, die man als *Objektpermanenz* bezeichnet. In diesem Alter sind die Stirnlappen (und das Arbeitsgedächtnis) so weit herangereift, dass die Kinder zu der Einsicht gelangen, dass Mama oder ein Spielzeug auch dann noch existieren, wenn diese aus dem Blickfeld verschwunden sind. Nur wenige Monate später verstehen sie auch – wie oben beschrieben – die Absicht eines Erwachsenen, wenn dieser aus einer Flasche Milch in ein Glas schenkt; ein kleiner »Unfall« wird bereits als solcher erkannt. Einjährige sind also »Kopieranstalten«, welche die Absichten anderer nachvollziehen können.

»Bedeutet das«, frage ich Michael Tomasello, »dass der erste Mensch, *Homo habilis,* die geistige Ausstattung eines heute Einjährigen hatte?«

Tomasello lacht.

Der amerikanische Anthropologe Alan Walker behauptet, der Turkana-Junge habe vor 1,6 Millionen Jahren den Geist eines heute Einjährigen besessen.[101]

»Hat ein *Homo habilis* die Werkzeugherstellung so gelernt, wie heute ein Einjähriger etwas lernt?«, wiederhole ich meine Frage.

»Okay, es gibt da noch einen zweiten Punkt, über den wir sprechen müssen, bevor ich Ihre Frage beantworten kann«, antwortet Tomasello. »Bekanntlich hat jede Münze zwei Seiten. In unserem Fall ist *Imitation* die eine Seite, das *Lehren* die andere. Was Kinder heute lernen, wird ihnen ja von Erwachsenen beigebracht. Kinder lernen also nicht nur durch Zuschauen und Imitation, sondern ein bestimmtes Verhalten wird ihnen von den Eltern immer wieder vorgeführt, und wenn etwas nicht klappt, werden sie korrigiert. Eltern wollen ja, dass ihre Kinder etwas lernen. Ein einjähriger moderner Mensch wächst in einem solchen sozialen Umfeld heran. Ein *Homo habilis*-Kind hat diese Hilfestellung sicher nicht bekommen. Also, um auf Ihre Frage zurückzukommen: Ich glaube nicht, dass der erste Mensch so gelernt hat wie heute Einjährige. Ich glaube, dass *Homo habilis* nur herumgegangen ist und die anderen beobachtet hat.«

»Das heißt«, frage ich, »wenn heute ein Kleinkind auf einer Insel sich selbst überlassen bliebe, dann würde es sich ohne Unterricht und ohne kulturelle Erfahrung entwickeln wie ein *Homo habilis* vor 2,5 Millionen Jahren?«

»Nein, nein, es würde nicht überleben«, erwidert Tomasello. »Es ist eindeutig so, dass sich Menschen nur in einem spezifisch menschlichen Umfeld zu Menschen entwickeln. Und dieses soziale Umfeld ist mit Menschen entstanden.«

Wir Menschen können also nur in einer sozialen Gemeinschaft von anderen Menschen unsere Entwicklung zum Menschen durchmachen. Das eine gibt es nicht ohne das andere.

Als unsere Vorfahren begannen, Larven und andere energiereiche tierische Nahrung zu essen – die sie mit Energie und mehrfach ungesättigten Fettsäuren versorgte – wuchs ihr Gehirn. Sie lernten, primitive Werkzeuge herzustellen und diese zu kopieren. Vor 2,5 Millionen Jahren ist das Gehirn dieses Urahnen so weit angewachsen, dass wir ihn als *Homo,* als Mensch, bezeichnen. Und dieser Mensch sollte noch eine halbe Ewigkeit lang »nur« durch Imitation lernen.

Landläufig wird Imitation als etwas Minderwertiges erachtet: Ein Künstler schafft etwas Neues, alles andere ist gering geschätzte Kopie. Doch Menschen sind so gut im Imitieren, dass sie Erfindungen augenblicklich patentieren lassen müssen, damit die Idee nicht sofort nachgeahmt wird. Und wie wir gesehen haben, ist diese Fähigkeit charakteristisch menschlich. Ich wage zu behaupten, dass darin ein bedeutender Unterschied liegt zwischen Menschen und Vormenschen. Diese biologische Ausstattung erlaubte es *Homo habilis,* seine Artgenossen als intentionale Wesen zu verstehen, die Absichten hatten und Ziele verfolgten. Damit wurde ein Prozess in Gang gebracht, der aus einem gewöhnlichen Menschenaffen einen *domestizierten Affen* machte.

51

Wie kam es also zu dieser ausgeprägten Fähigkeit des Menschen zur Imitation? Eine mögliche Antwort darauf fand vor 10 Jahren Giacomo Rizzolatti in seinem Labor an der Universität Parma. Der italienische Neurobiologe hatte Makaken Mikroelektroden ins Gehirn implantiert, um zu erfassen, welche Nervenzellen aktiv sind, wenn die Versuchstiere nach kleinen Gegenständen greifen. Als er eines Tages lediglich ein Stück Holz in die Nähe eines der Affen rückte, begann das Messgerät plötzlich auszuschlagen. Rizzolatti staunte: Warum, fragte er sich, feuerten die Nervenzellen wie wild, obwohl das Tier doch ruhig dasaß und keinen Finger krümmte? Zunächst dachte er an einen Fehler an der Apparatur. Doch als er den Vorgang mehrmals wiederholte, schlug das Messgerät immer wieder aus. Diese Nervenzellen wurden allein schon dadurch erregt, dass der Makake jemand anderen bei einer Handlung beobachtete.[102] Rizzolatti bezeichnete diesen Typ Nervenzelle bezeichnenderweise als *Spiegelneuron*.

Das Besondere an diesen Spiegelneuronen ist, dass sie nur dann aktiv sind, wenn eine Hand nach einem Objekt greift oder ein Stück Nahrung im Mund verschwindet. Ein Objekt, das einfach auf dem Tisch herumliegt, reicht nicht aus, um Spiegelneuronen zu aktivieren, ebenso wenig wie zielloses Herumfuchteln mit der Hand in der Luft.

Was würde also passieren, fragte sich Rizzolatti, wenn er einen Apfel auf die Tischplatte legt, davor als Sichtschutz ein Stück Karton stellt und dann mit seiner Hand in Richtung Apfel greift? Würde der Affe die *Absicht* erkennen? Und tatsächlich begann der Zeiger des Messgerätes, auch dieses Mal auszuschlagen. Diese Spiegelneuronen feuerten also immer dann, wenn damit eine absichtsvolle Handlung verbunden war.

Beim Menschen gibt es nur indirekte Hinweise auf die Existenz von Spiegelneuronen.[103] Ein wesentlicher Unterschied zu den Makaken-Zellen scheint zu sein, dass diese Spiegelneuronen beim Menschen auch auf bedeutungslose Bewegungen reagieren – also zum Beispiel auf einfaches Herumfuchteln mit der Hand. In den vergangenen 2 Jahrzehnten hat der Psychologe Andrew Meltzoff, herauszufinden versucht, ab welchem Alter Kinder beginnen, andere nachzuahmen. Ein berühmt gewordenes Foto zeigt Meltzoff, wie er vor einem 6 Wochen alten Baby steht und die Zunge herausstreckt. Und das Baby macht es ihm nach und streckt ebenfalls die Zunge heraus. Babys kommen also schon als kleine »Kopieranstalten« zur Welt.

Mit diesen Spiegelneuronen lässt sich erklären, wie ein Kind visuelle Information in Wissen umwandelt. Jedes Mal, wenn es einen Erwachsenen bei einer (sozialen) Handlung beobachtet, vollzieht es diesen Akt im Geist nach – das Kind übt sozusagen »offline«. Auf diese Weise lernen Menschen, sich in andere einzufühlen und deren Absichten nachzuvollziehen. Unser Verständnis von zwischenmenschlichen Beziehungen hängt entscheidend von der Fähigkeit ab, die Beweggründe anderer zu verstehen: Wer tut was wem und warum? Dazu simulieren neuronale Netzwerke permanent – automatisch und unbewusst – sämtliche Handlungen und Emotionen, die wir wahrnehmen.[104] Wenn man einen Boxkampf beobachtet, kann man die Schläge, die der andere Boxer einstecken muss, subjektiv nachempfinden, da im Geist nachvollzogene schmerzhafte Erfahrungen (wenigstens zum Teil) dieselben Nervenschaltkreise aktivieren wie tatsächliche Schmerzen. Einen anderen Menschen beim Gähnen zu beobachten, führt dazu, dass man selbst gähnt. Diese Spiegelung führt also dazu, dass wir uns mit anderen identifizieren: Handelnder und Beobachter befinden sich dann in ganz ähnlichen neuronalen Zuständen.[105]

52

Aufgrund dieser Fähigkeit zur Identifikation schreiben erwachsene Menschen unablässig anderen bestimmte Gemütszustände zu: *Sie freut sich. Das Kind schämt sich. Es ist traurig. Ist er heute schlecht gelaunt?* Wir meinen sogar zu wissen, dass sich ein Hund »freut«, wenn er mit dem Schwanz wedelt, dass sich eine Katze »wohlfühlt«, wenn sie ausgestreckt auf dem Sofa liegt und schnurrt, dass ein Schwein »panisch vor Angst« quiekt, wenn es in den Schlachthof geführt wird. Gedanken und Gefühle anderer zu lesen, ist für uns Menschen so selbstverständlich, dass sich erst vor 25 Jahren Psychologen mit der Frage beschäftigten, ob auch andere Tierarten als der Mensch diese Fähigkeiten besitzen. David Premack führte dafür die Bezeichnung *Theory of Mind* ein. Die deutsche Übersetzung *Theorie des Geistes* oder *Theorie des Denkens* trifft die Bedeutung nicht ganz, denn mit *Mind* sind auch Gefühle, Wünsche und Absichten gemeint.

Die *Theory of Mind* ermöglicht einem Menschen, sich in den anderen hineinzuversetzen und die Welt mit dessen Augen zu sehen. Als Folge können Menschen sich fragen: *Was würde er an meiner Stelle tun? Was weiß er, was ich über ihn weiß, was kann er nicht wissen und wie soll ich entsprechend handeln?* Solch ein Satz mutet zunächst an, als hätte man einen Knoten in seinen Hirnwin-

dungen. Und doch stellen Menschen fortwährend derartige Überlegungen an, und zwar nicht nur Militärstrategen, Mitglieder von
Geheimdiensten und Schachweltmeister. Das ewige Bemühen, den
Geistes- und Gemütszustand anderer zu verstehen und mitunter
zu manipulieren, beginnt bereits im Kinderzimmer.

Machiavelli in Pampers? Nicht ganz, denn Kinder werden nicht
mit dieser Fähigkeit geboren, sie reift vielmehr im Laufe der Jahre
langsam im Gehirn heran.

Ende der siebziger Jahre des vergangenen Jahrhunderts kam
den beiden Psychologen Heinz Wimmer und Josef Perner die Idee,
zu überprüfen, ab welchem Alter Kinder verstehen, *dass andere
etwas anderes wissen als sie selbst* und dass sie dieses Wissen dazu verwenden können, um andere zu manipulieren.

»Schlagen Sie einfach ein Märchenbuch der Gebrüder Grimm
auf«, sagt Josef Perner, der heute zum Vorstand des Psychologischen Instituts an der Universität Salzburg gehört. »Da geht es
die ganze Zeit um Betrug und Gegenbetrug. Denken Sie nur an das
Märchen von *Hänsel und Gretel:* Die Eltern wollen die Kinder
heimlich im Wald aussetzen, sodass diese nicht mehr zurückfin-
den. Aber Hänsel und Gretel haben das Gespräch der Eltern gehört
und wissen nun, dass diese sie täuschen wollen. Allerdings wissen
die Eltern nicht, dass die Kinder das wissen. Als sie in den Wald
gehen, lässt Hänsel als Gegenmaßnahme die Steinchen fallen, damit sie von allein den Weg nach Hause finden ...«

»Und später täuscht Hänsel die blinde Hexe, indem er ihr den
Knochen statt seinen Finger aus dem Stall hinhält«, füge ich hinzu.

»Ganz genau«, sagt Perner schmunzelnd.

Zwei Männer erzählen sich ein Märchen!

»Damit hat unsere Forschung begonnen«, so Perner. »Heinz
Wimmer und ich wollten herausfinden, ab welchem Alter Kinder
diese komplizierten Geisteszustände zu verstehen beginnen.«

In den folgenden Jahren begann die psychologische Forschung
an der *Theory of Mind* bei Kindern zu boomen. Den Standardtest
zeigt mir Perner auf einem Videofilm; die erste Sequenz zeigt den
Test mit einem Dreijährigen, die zweite mit einem Vierjährigen.

Der Psychologe sitzt mit seinem kleinen Probanden vor einem
Puppenzimmer. Mitspieler sind 2 Figuren, nämlich Maxi und Lisa.
Lisa legt eines ihrer Kleidchen in einen Schrank und verlässt dann
für einen Moment das Puppenzimmer. In dieser Zeit nimmt der

schlimme Maxi das Kleidchen und versteckt es in einer Schublade. Dann kommt Lisa wieder herein. Der Psychologe fragt nun das Kind: »Wo wird Lisa gleich nach dem Kleidchen suchen?« Der Dreijährige schaut etwas ratlos und antwortet dann: »In der Schublade.« Der Vierjährige grinst den Psychologen an und sagt: »Im Schrank; die Lisa weiß ja nicht, dass der Maxi es da rübergelegt hat.«

Man könnte meinen, im Gehirn eines Vierjährigen befinde sich ein Schalter, der umgelegt wird, und plötzlich sei die *Theory of Mind* da. Aber das stimmt natürlich nicht. Diese Fähigkeit reift langsam im kindlichen Gehirn heran. Ihre Anfänge liegen in der Fähigkeit zur Imitation begründet und in der Fähigkeit, dass bereits Einjährige die Absichten anderer erkennen. (Erinnern wir uns nur an das Beispiel mit der Milchflasche: Wenn der Erwachsene etwas Milch verschüttet, ahmt das Kind diesen »Unfall« nicht nach.) Diese *intentionalen Fähigkeiten,* die Voraussetzung dafür sind, dass man die Vorhaben anderer erkennt, nehmen im Laufe der ersten Lebensjahre stetig zu. Mit der fortschreitenden Entwicklung ihrer sprachlichen Fähigkeiten lernen Kinder schließlich auch die unterschiedlichen Perspektiven kennen:

Ich
Ich – du – er.
Ich mache – du machst – er macht.
Ich will, dass du machst.
Ich glaube, dass er will, dass du machst.

Das Verstehen dieser unterschiedlichen Perspektiven als Folge der Sprachentwicklung mündet im Auftauchen der *Theory of Mind* im Alter zwischen 3,5 Jahren und 4,5 Jahren.

Man muss kein Entwicklungspsychologe sein, um an dieser Stelle die Frage zu stellen, ob Kinder in diesem Alter auch beginnen zu lügen.

Das sei etwas unklar, antwortet Josef Perner, aber es gebe tatsächlich Hinweise darauf, dass Kinder ungefähr mit 4 Jahren zu lügen beginnen. Absichtliches Lügen setzt voraus, dass man versteht, was man mit Lügen erzielt – nämlich dass man im anderen einen *falschen Glauben* erzeugen kann.

Josef Perner erzählt in diesem Zusammenhang von einem Test, dessen Ablauf aus der Sicht eines Dreijährigen schlicht und ergreifend eine Gemeinheit sein muss.

Teilnehmer sind eine böse Puppe und ein Kind. Auf dem Tisch liegen einige unterschiedlich schöne Aufkleber. Der Psychologe fragt das Kind:»Welchen möchtest du am liebsten?« Das Kind schaut sich die bunten Aufkleber an und zeigt dann erwartungsvoll auf seinen Lieblings-Sticker. Dann wird der bösen Puppe gesagt, sie dürfe zuerst wählen. Und prompt nimmt die böse Puppe den Lieblings-Sticker. Wenn man diesen Versuch mit einem Vierjährigen oder Fünfjährigen wiederholt, zeigt dieser in der Regel schon beim zweiten Durchgang auf einen anderen Aufkleber. Aber ein Dreijähriger zeigt immer wieder auf seinen Lieblings-Aufkleber. Manchmal sind die Kinder regelrecht frustriert, weil sie schon wissen, dass ihnen die böse Puppe gleich wieder den Sticker vor der Nase wegschnappt. Einige versuchen sogar, das zu verhindern, indem sie sich an den Aufkleber klammern. Ihre Hilflosigkeit bricht einem das Herz. Aber auch wenn der Psychologe den Versuch ein fünftes Mal wiederholt, zeigen sie wieder auf ihren Lieblings-Sticker. Lügen funktioniert nicht in diesem Alter!

»Ein Vierjähriger weiß hingegen, dass er in der bösen Puppe einen *falschen Glauben* auslösen kann, indem er vorgibt, einen anderen Sticker lieber zu mögen«, sagt Perner.

Ab nun kennt ein Kind den Unterschied zwischen Sein und Schein. Es ist die Zeit, da der Weihnachtsmann aufhört zu existieren, weil das Kind merkt, dass Onkel Rudi dahinter steckt.

Die großen geistigen Entwicklungssprünge sind damit für ein Kind abgeschlossen. Was folgt, ist im Wesentlichen eine mehrjährige Phase intellektueller Reifung, in der das Kind zwar auch noch vieles lernen muss, aber es sind keine *Sprünge* mehr. Wie wir im vorigen Kapitel erfahren haben, steigt der Energieverbrauch vor allem im Stirnhirn noch bis zum achten Lebensjahr an, um danach abrupt abzufallen. In diesen Jahren lernt das Kind seine Aufmerksamkeit zu fokussieren und sein Verhalten zu kontrollieren. Außerdem reift das Selbstbewusstsein heran. Es beginnt logisch zu denken und Probleme durch Vernunft zu lösen. Ein Erstklässler, der sich noch mit dem Sammeln von Buchstaben abmüht, scheint von den Fähigkeiten eines Erwachsenen meilenweit entfernt. In Wahrheit sind alle zukünftigen Hürden, die es noch zu nehmen gilt, nichts im Vergleich zu den bisherigen Errungenschaften.[106]

53

Und wie steht es mit Menschenaffen? Haben Schimpansen eine *Theory of Mind,* können sie sich mit anderen identifizieren? Oder ist auch das eine spezifisch menschliche Domäne?

Die Antworten darauf sind umstritten. Ein Großteil der Wissenschaftler behauptet »Nein«; einige sagen: »Wir wissen es nicht«; und nur eine Hand voll Forscher glaubt, dass Schimpansen sich in die Welt anderer hineindenken können.

Ich habe *Viki* schon kurz erwähnt und die Frage gestellt, was wäre, wenn ein Schimpansenkind in derselben Umwelt aufwüchse wie ein Mensch. Wenn Menschen das Schimpansenkind lehrten, wie man mit Objekten und Symbolen umgeht, und wenn sie es im Falle eines Fehlers korrigierten, würde dann der Affe lernen, mit Symbolen umzugehen, oder gar Sprache lernen? Viki versagte – scheinbar.

Sprache galt und gilt den meisten als *das* Merkmal unserer Spezies. Nach dieser Auffassung verfügt einzig und allein der Mensch über Sprache. Es hat daher im Laufe des vergangenen Jahrhunderts mehrere Experimente gegeben, Orang-Utans, Gorillas und vor allem Schimpansen Sprache beizubringen. Es waren durchweg amerikanische Psychologen, die sich auf dieses Unternehmen einließen. Cathy Hayes, die mit ihrem Mann jahrelang das Schimpansenmädchen Viki großzog, schrieb bezeichnenderweise ein Buch mit dem Titel *The Ape in Our House* (Der Affe in unserem Haus). Bald schon stellte sich bei diesem und anderen Versuchen heraus, dass Menschenaffen Symbole verstehen – und Sprache ist nichts anderes als symbolische Kommunikation. Viki riss zum Beispiel jedes Mal, wenn sie mit dem Auto in der Gegend spazieren gefahren werden wollte, ein Foto mit einem Auto aus einem Magazin und legte es den Hayes vor die Nase. Eine andere Schimpansin namens *Washoe,* die von Roger Fouts die amerikanische Gebärdensprache erlernte, beschimpfte ihren Lehrer als einen »Scheißkerl«, wenn sie auf ihn wütend war. Dabei verwendete sie wörtlich den Begriff »schmutzig«, der ihr beigebracht worden war, damit sie aufs Töpfchen ging und nicht einfach irgendwo im Raum ein Häufchen hinlegte, und den Vornamen »Roger«. »Schmutzig« war bald alles, was Washoe missfiel: Die Katze in der Nachbarschaft, mit der sie auf Kriegsfuß stand, die Leine, die sie nicht tragen wollte, wenn sie ausging, sogar die Polizisten am Straßenrand waren »Scheißkerle«, die sie vermutlich ihrer Uniformen wegen nicht ausstehen konnte.[107] Es erübrigt sich zu erwähnen, dass diese Assoziationen von Washoe spontan produziert wurden.

Bei all diesen Schilderungen handelte es sich um die bei Wissenschaftlern so unbeliebten Anekdoten, nicht nachprüfbare Just-so-Storys von scheinbar verblendeten Affenliebhabern. Im Jahr 1979 bereitete schließlich ein New Yorker Psychologe den Sprachexperimenten ein Ende. Herbert Terrace organisierte sich ein Schimpansenkind und versuchte eigenhändig, diesem die Gebärdensprache beizubringen. Obwohl Nim Chimsky (eine Wortkreation aus dem englischen *chimpanzee* für Schimpanse und dem Familiennamen des Linguisten Noam Chomsky) zahlreiche Gebärden lernte, kam Terrace zu dem Schluss, dass der Affe nur seinen Trainer auf simple Weise imitiere.[108] In der Folge versiegten die staatlichen Fördergelder auf Jahre hinaus.

Es ist schon merkwürdig: Vor einem Vierteljahrhundert wurden sämtliche Sprachstudien mit Menschenaffen eingestellt, beziehungsweise sie verloren die finanzielle Unterstützung, weil ein Psychologe zu dem Schluss gelangt war, dass Nim Chimsky »nur« imitierte. Und heute gehen führende Kognitionswissenschaftler davon aus, dass genau diese unbändige Fähigkeit zur Imitation die Grundlage der kulturellen Evolution des menschlichen Geistes ist.

Nach Michael Tomasello beispielsweise, der seit Jahrzehnten die Geisteswelt von Kleinkindern und Schimpansen erforscht, verleiht uns dieser penetrante menschliche Nachahmungsdrang die Fähigkeit, uns in der frühen Kindheit in die Geisteswelt anderer hineinzuversetzen: *Ich bin so wie er. Du bist so wie ich.* Als ich ihn frage, ob auch Schimpansen über eine *Theory of Mind* verfügen, zögert er zunächst, dann sagt er schließlich: »Nein«.

Noch vor wenigen Jahren hätte Tomasello *ohne zu zögern* mit »Nein« geantwortet. Aber so ist das mit Schimpansen und mit Menschen: Je mehr wir über die beiden Arten lernen, desto stärker verschwimmen die Grenzen.

Was Schimpansen abzugehen scheint, ist der *geteilte Aufmerksamkeitsraum*, die Fähigkeit, ihre Aufmerksamkeit gemeinsam auf Dinge zu lenken, um gemeinsam Ziele umzusetzen. Nicht, dass diese Menschenaffen keine Ziele hätten. Sie verstehen auch bis zu einem gewissen Grad die Absichten ihrer Gefährten; sie erkennen, wenn diese frustriert oder zufrieden sind und was sie gleich tun werden. Aber sie können nicht in die Gedankenwelt der anderen hineinschauen und gemeinsam Pläne schmieden. Was das bedeutet, lässt sich am besten am Beispiel der Jagd erklären.

Schimpansen verbringen viel Zeit am Boden. Wenn sie Kolobus-Affen in den Baumkronen wahrnehmen und eines der Schimpansen-Männchen Appetit auf Fleisch bekommt, starrt es in den Baum, wo die Äffchen herumturnen. Die übrigen Schimpansen erkennen diese Absicht und starren ebenso in den Baum. Plötzlich steht das Männchen auf und nähert sich den Kolobus-Affen. Die anderen Schimpansen klettern in die Nebenbäume, um als Treiber zu agieren oder der fliehenden Beute den Weg abzuschneiden. So ziehen sie den Kreis immer enger. Hat ein Schimpanse ein Äffchen erwischt, frisst er das Fleisch weitgehend alleine auf; Schimpansen teilen nicht gerne. Diese Jagden zeigen zwar eine Form der Zusammenarbeit, aber die Menschenaffen setzen sich nicht zusammen und schmieden einen Plan, wie man die Jagd am besten angeht, sondern jeder entscheidet in dem Augenblick für sich, was er wann tut.

Menschen vermögen auch die Gedanken anderer zu lesen. Sie wissen, welches Ziel der andere anstrebt, wenn er aufsteht, selbst wenn dieses Ziel räumlich oder zeitlich in der Ferne liegt. Das ist ein wesentlicher Unterschied!

Stellen Sie sich vor, Sie haben Ihrer Frau eine Tasse Kaffee gebrüht und im Wohnzimmer auf den Tisch gestellt. Sie nimmt das Kaffeelöffelchen, schaut herum und steht plötzlich wortlos auf, um in die Küche zu gehen. Sie brauchen wahrlich kein Hellseher zu sein, um zu wissen, dass Sie die Zuckerdose vergessen haben und Ihre Frau diese nun holt. Menschen verstehen also, was im Kopf anderer vorgeht; das funktioniert sozusagen intuitiv, weil wir andere *als geistbegabte Wesen, wie wir es sind,* wahrnehmen. Und dieses Verständnis führt zu qualitativ neuen Möglichkeiten, voneinander zu lernen.

Aber wie erwähnt, je mehr wir über Schimpansen in Erfahrung bringen, desto stärker verschwimmen die Grenzen. Wahrscheinlich ist es ein Fehler, immer alles über einen Kamm zu scheren und zu behaupten, Schimpansen seien so und Menschen anders.

Ein ausgezeichnetes Beispiel hierfür ist ein kleiner Schimpanse, der just zu jener Zeit, als Herbert Terrace gegen die Sprachversuche mit Menschenaffen querschoss, an der Georgia State University in Atlanta heranwuchs und unser Verständnis von der Entwicklung von Sprache revolutionieren sollte.

Genauer gesagt ist *Kanzi* ein Bonobo, Vertreter einer zweiten in Zentralafrika lebenden Schimpansen-Art. Seine Mama heißt *Matata,* seine menschliche Gouvernante Sue Savage-Rumbaugh.

Leiter des Forschungsinstituts war damals jener Duane Rumbaugh, der mit dem Transfer-Index-Test eine Art Intelligenz-Test für Affen erfunden hatte. Ihm war klar geworden, dass man Tieren gegenüber die »richtigen« Fragen stellen und die »richtige« Technologie anwenden muss, wenn man »richtige« Antworten bekommen wollte. Was sollten Sprachversuche mit Menschenaffen, sagte sich Rumbaugh, wenn deren Stimmapparat nicht dafür gebaut ist? Er führte daher einen Computer mit einer Symboltastatur in seinem Forschungsinstitut ein, um mit den Schimpansen kommunizieren zu können. Das Gerät sah zu jener Zeit noch aus wie ein großer Paravent, davor stand ein Hocker aus Plexiglas, auf dem ein Schimpanse saß und mit seinen klobigen Fingern die Tasten betätigte. Diese Lexigramme, wie die Symbole bezeichnet wurden, standen beispielsweise für die Namen der Forscher und der Schimpansen, aber auch für Apfel, Banane, Salat, Zucker, Nudeln, Kiwi, für Waschlappen, Lärm, Schüssel, Handtuch, für kitzeln, tragen, hinaus, hinein, kalt usw. Es waren also alle möglichen konkreten und abstrakten Begriffe darunter.

Die Ergebnisse aus diesen Experimenten wirkten zunächst nicht sehr überzeugend. Die Schimpansen waren einfach nicht ganz bei der Sache – ihnen fehlte der »geteilte Aufmerksamkeitsraum«, also das beim Menschen schon so früh in der Kindheitsentwicklung vorhandene Bewusstsein, auf die Handlungen anderer zu achten.

Einer der Schimpansen, die an diesem Projekt teilnahmen, war Matata. Sie war in den Regenwäldern des Kongogebietes für die Pharmaindustrie gefangen worden und hatte das Glück, dass sie als erwachsene Bonobo-Frau an das Sprachforschungszentrum in Atlanta abgegeben wurde. Matata kam also aus dem Regenwald schnurstracks in ein psychologisches Forschungslabor. Und genauso verhielt sie sich auch – als stammte sie aus einer anderen Welt. Kein Wunder, dass sie eine miserable Schülerin abgab.[109]

Doch Matata hatte während des Unterrichts immer ihr Baby bei sich. Und im Alter von 2,5 Jahren streckte der Kleine plötzlich sein Händchen aus und drückte auf der Tastatur herum, um sich ein

Cola und ein paar M&M-Bonbons zu bestellen. Den Forschern blieb beinahe die Luft weg, denn im Unterschied zu seiner Mutter hatte Kanzi die ganze damalige Palette an Lexigrammen intus.[110]

Kanzis kommunikative Fähigkeiten kamen scheinbar aus heiterem Himmel und sollten weitreichende Folgen haben. Der kleine Menschenaffe öffnete großen Affenforschern die Augen. Und Sue Savage-Rumbaugh stellte augenblicklich jegliche Form von frontalem Sprachunterricht ein.

Heute benutzt Kanzi aktiv zwischen 200 und 250 Lexigramme, wobei er nach Angabe von Duane Rumbaugh wesentlich mehr gesprochene Wörter versteht: »Sicher mehr als tausend.«[111] Und Sue Savage-Rumbaugh fügt hinzu: »Es geht nicht nur um Wörter. Sprache ist soziale Interaktion, und ob Kanzi einen Satz verstanden hat, erkennen wir auch an seiner entsprechenden Reaktion: Manchmal antwortet er einfach mit ›Ja‹ oder ›Nein‹ und führt dann die richtige Handlung aus oder auch nicht, oder er sagt uns: ›Ich verstehe die Frage nicht‹.«[112]

Der ehemalige Paravent ist inzwischen zu einer tragbaren Tastatur geschrumpft, die man aufklappen kann wie einen bunten Bildband. Wenn Kanzi durch den zum Sprachzentrum gehörenden Wald spaziert (man sollte eher sagen »rollt«, denn infolge seines riesigen M&M-Konsums hat er inzwischen die Ausmaße eines Kleinlastwagens erreicht), nimmt er diese Tastatur mit und führt oft gedankenverloren Selbstgespräche, indem er auf den Symbolen kommentiert, was er vorhat, wo er hingehen will, was er denkt.

Hat Kanzi also in seinem kleinen Gehirn (sicher unter 400 Kubikzentimeter) ein winziges »Sprachorgan«, von dem wir nichts wissen? Oder sollten wir nicht vielmehr davon ausgehen, dass es beim heranreifenden Gehirn von Menschenaffenkindern – genau wie bei Menschenkindern – sensible Phasen gibt, während der sich die spezifischen Fähigkeiten entwickeln?

Vor einigen Jahren zeigte Sue Savage-Rumbaugh auf einer Konferenz in Paris einen Film über ihren »gelehrigen Schüler«. Zu sehen ist Kanzi, vor sich auf dem Tisch eine große Geburtstagstorte mit 20 brennenden Kerzen darauf. Als Sue mit einem breiten Lachen ruft: »Los Kanzi, blas die Kerzen aus!«, beginnt dieser aus Leibeskräften zu pusten. Alle bis auf 2 Kerzen erlöschen. Er pustet und pustet, aber die Flammen wollen nicht ausgehen. Kanzi überlegt kurz, verschwindet aus dem Bild, ist Sekunden später mit einem Handtuch zurück und beginnt damit herumzufächeln, bis die Kerzen verlöschen. Eine durchaus beeindruckende Vorstellung.

Natürlich könnte man argumentieren: *Befehle kann ich auch meinem Hund geben, das verrät gar nichts über Sprache.* Und genau hier hakte der ebenfalls anwesende Herbert Terrace ein, der 25 Jahre zuvor die Sprachforschungsversuche mit Menschenaffen zu Fall gebracht hatte. Als jemand, der Wissenschaft von außen betrachtet, erkennt man schnell das dahinter stehende Prinzip. Für Forscher wie Sue Savage-Rumbaugh und Duane Rumbaugh ist Kanzi seit 25 Jahren ein Familienmitglied, und so reden sie auch von ihm. Aber genau das kreiden ihnen »exakt« arbeitende Forscher als unwissenschaftlich an. Für Herbert Terrace und viele andere Psychologen ist Kanzi in erster Linie ein Forschungsobjekt, mit dem Experimente durchgeführt werden, die exakten wissenschaftlichen Bedingungen zu entsprechen haben. (Allerdings wurde Terrace selbst von Linguisten nachgesagt, dass er seine Sprachversuche mit einem geistig minderbemittelten Schimpansenkind durchgeführt habe, da Nim Chimsky allein in einem winzigen Käfig dahinvegetieren musste – Genie, dem kleinen Mädchen aus Los Angeles, nicht unähnlich.)

Sicher werden nicht alle Schimpansen in Forschungsinstituten so schlecht behandelt. Aber wir sollten uns im Klaren darüber sein, dass es zumindest 3 Gruppen von Menschenaffen gibt, die Psychologen und Verhaltensforschern als Studienobjekte dienen. Zum einen sind das wilde Schimpansen in ihrer natürlichen Umwelt in den Wäldern Afrikas. Zum anderen Schimpansen, die in Zoos und Forschungslabors auf übliche Weise in Käfigen und Gehegen gehalten werden. Und diesen »ungehobelten Typen« mag tatsächlich die geteilte Intentionalität abgehen! Aber es gibt auch noch diese kleine Gruppe von Schimpansen in Atlanta, die unter kultivierten Bedingungen aufwächst – und diese Schimpansen sind im wahrsten Sinn des Wortes »kultivierte Affen«.* Sie verstehen Sprache, weil ihr Nervensystem in einer sprachlichen Umwelt gereift ist, sie passen auf und hören zu.[113]

Wahrscheinlich werden Sie jetzt fragen: »Können denn diese kultivierten Affen sprechen?« Nein, können sie nicht ... so würde

---

* Duane Rumbaugh bezeichnet sie wörtlich als »encultured apes«, was mit »akkulturierte Affen« ins Deutsche übersetzt wird. Ich bevorzuge den Ausdruck »kultivierte Affen«.

zumindest ein Großteil der Wissenschaftler antworten und argumentieren, dass den Tieren der »Sprachinstinkt« oder sonst irgendeine geheimnisvolle Hirnstruktur fehle, über die nur der Mensch verfüge. Außerdem sei ihr Sprechapparat, Kehlkopf und Rachen, anatomisch dafür nicht ausgerüstet. Genau das habe ja auch das Schimpansenkind Viki bewiesen.

Aber Sue Savage-Rumbaugh ist auch hier anderer Meinung. Sie behauptet, dass Kanzi sehr wohl Sprache artikulieren könne. Diese höre sich nur nicht an wie Englisch, daher verstehe kaum jemand Kanzi.[114] Auch das erinnert frappierend an Viki, deren 4 Worte nur die Hayes verstanden haben wollten.

Aber heute steht den Wissenschaftlern mit den Computersymbolen natürlich ein Referenzsystem zur Verfügung, sodass man Vergleiche anstellen kann.

Das verbale Problem für die Schimpansen ist laut Savage-Rumbaugh, dass sie keine Konsonanten artikulieren können. Konsonanten fungieren als eine Art Stopplaute, die dem Redefluss eine Struktur geben. Da Kanzis Äußerungen diese »Eckpfeiler« fehlen, klingen sie eher wie ein einheitliches Quietschen oder ein hohes Pfeifen.

»Ich möchte Erdnuss.« – »Ich möchte Zwiebel.« – »Ich möchte Rosine.« Savage-Rumbaugh spielt mir die Töne vor. Ich höre nur ein helles »Quiequiequiequie«. Für das ungeübte Ohr klingt das eine wie das andere. Kanzi verwendet eigentlich die Symboltastatur, um seine »Bestellung aufzugeben«, und artikuliert dazu nach einem immer wiederkehrenden tonalen Muster: »Ich möchte Erdnuss.« – »Ich möchte Zwiebel.« – »Ich möchte Rosine.« Irgendwann hat Sue Savage-Rumbaugh – nach eigenen Angaben – diese Äußerungen verstanden.

»Wenn Sie als Amerikaner oder Deutscher nach China fahren, verstehen Sie zunächst auch kein Wort«, argumentiert sie. »Wenn Sie aber einige Monate dort gelebt haben, ändert sich das, dann ist Ihnen der Sprachklang vertraut geworden, und Sie verstehen einige Redewendungen.«

Vielleicht sollte ich an dieser Stelle erwähnen, dass nicht nur Kanzi diese Form der Sprache beherrscht, sondern auch seine Schwester Panbanisha, die ihn sogar mit ihren sprachlichen Fähigkeiten übertrifft, und inzwischen auch die Bonobo-Kinder Nyota, Maisha, Nathan und Elykia. Sie alle sind von Geburt an in einer sprachlichen Umwelt groß geworden.

»Worüber unterhalten sich denn die Bonobos?«, frage ich Savage-Rumbaugh.

»Oh, das sind ganz alltägliche Dinge, beispielsweise dass ein Hund bellt und dass sie sich fürchten. Oder was häufig passiert: ›Da kommt Besucher! Besucher kommt! Bringt Bananen! Hurra, Bananen! Ich liebe Bananen!‹ Und dergleichen mehr.«

Was immer man davon halten mag, die meisten Wissenschaftler haben für diese Erklärungen bloß ein geringschätziges Lächeln übrig. Der Mensch ist ein Mensch ist ein Mensch ist ein Mensch …

Verstehen Sie mich nicht falsch: Ich will Schimpansen nicht zu Menschen erklären. Ein ausgewachsener Schimpanse hat nicht mehr Hirnmasse als ein neugeborenes Menschenbaby. Da muss ein Unterschied sein!

Viele vertreten mit geradezu religiösem Eifer die Ansicht, dass nur der Mensch über Sprache und Moral verfüge. Aber Schimpansen sind wie unser Spiegelbild – sie verdeutlichen uns, dass wir keine Engel sind und unser Geist nicht vom Himmel gefallen ist. *Wir sind von den Zehenspitzen bis zum Scheitel Affen – besondere Affen, domestizierte Affen, aber Affen.* Kanzi & Co. mögen keine voll ausgereifte Sprache besitzen so wie wir Menschen (*full-blown language,* wie es Forscher nennen) und keine voll ausgereifte Moral, aber das hieße ohnedies wieder, aus Schimpansen Menschen zu machen. Gerade bei diesen »kultivierten Typen aus Atlanta« sollten wir allerdings nicht vergessen, dass Gehirne plastisch sind und sich speziell während der sensiblen Phasen an ihre Umwelt anpassen – ganz gleich, ob 350 Kubikzentimeter klein oder 1400 Kubikzentimeter groß. Kultur programmiert Gehirne!

54

Im Folgenden wollen wir der Frage nachgehen, seit wann der Mensch über Sprache verfügt. Dass Kanzi Grundlagen beherrscht, hängt damit zusammen, dass er in einer sprachlichen Umwelt aufgewachsen ist und sein kleines Gehirn in Ansätzen die Regeln gelernt hat. Aber dem *Homo habilis* stand ein solches Umfeld vor 2,5 Millionen Jahren sicher nicht zur Verfügung. Wie kam also der Mensch zur Sprache?

Die in der Literatur beschriebenen Szenarien zur Entstehung der Sprache lassen sich in 3 Gruppen einteilen. Erstens: Sprache entsteht in den verschiedenen Populationen des *Homo sapiens* erst nach seiner geografischen Ausbreitung, also in den vergangenen 50 000 Jahren. Zweitens: Sprache entsteht schon mit dem Auftauchen des *Homo sapiens* vor 200 000 Jahren. Drittens: Sprache hat sich irgendwann in den vergangenen 2,5 Millionen Jahren aus einem primitiven Vorläufer gebildet – aus einer *Protosprache*.

Anhänger der Thesen 1 und 2 folgen zumeist dem »Ganz-oder-gar-nicht-Szenario«. Viele Linguisten, die ich kennen gelernt habe, argumentieren so, da sie sich eine »primitive« Sprache nicht vorstellen können. Archäologen und Prähistoriker verbinden gern das plötzliche Auftauchen von Kunst (wie Höhlenmalerei) mit dem Erscheinen von Sprache. Darüber hinaus ist These Nummer 2 bei Genetikern sehr beliebt, da sie gut mit der vermuteten Entwicklung des modernen Menschen vor rund 200 000 Jahren zusammenpasst. Hingegen neigen Anthropologen zu These Nummer 3. Demnach hat sich Sprache langsam über einen sehr langen Zeitraum entwickelt.

Sie sehen schon: Auch objektive Wissenschaftler erachten häufig das für wichtig, was dem eigenen Fach zu Glanz und Gloria verhilft. Ebenso bedeutend ist, dass viele Forscher völlig damit ausgelastet sind, die rasanten Fortschritte im eigenen Fach zu überblicken, sodass nur wenige es schaffen, über den Rand ihres Spezialgebietes hinauszuschauen.

Man findet natürlich für jede dieser Thesen Argumente. Diese mögen ins eigene Weltbild passen oder auch nicht. Ich persönlich bevorzuge es, mir das Gehirn genauer anzuschauen und Vergleiche zu anderen Affenarten zu ziehen. Wenn man Sprache nicht als übernatürliches Phänomen betrachtet, sondern als Teil unseres biologisch entstandenen kognitiven Apparates, scheint mir dieser Ansatz am sinnvollsten.

Vor einiger Zeit sorgte der italienische Neurobiologe Giacomo Rizzolatti für Aufregung, als er berichtete, *Echo-Spiegelneuronen* entdeckt zu haben, die Teil des menschlichen akustischen Systems seien. Vereinfacht gesagt, sind diese spezialisierten Nervenzellen aktiv, wenn Menschen Sprache hören. Rizzolatti schrieb weiter, im Gehirn von Makaken kämen diese Echo-Spiegelneuronen nicht vor.[115] Mein erster Gedanke damals war: *Wenn das stimmt, besitzen wir vielleicht tatsächlich ein Sprachorgan.*

Um zu verstehen, was es mit diesen Echo-Spiegelneuronen auf sich hat, müssen wir ein wenig ausholen. Bei Makaken befinden sich Spiegelneuronen unter anderem im linken Stirnlappen, in einer Region, die als F5 bezeichnet wird und die beim Menschen dem Broca-Areal entspricht. Ein Teil dieser spezifischen Nervenzellen ist nur dann aktiv, wenn ein Makake einen anderen Affen dabei beobachtet, wie dieser seine Lippen für eine Lautäußerung verformt. Rizzolatti nennt diese Nervenzellen *kommunikative Spiegelneuronen*. (Die benachbarten Spiegelneuronen sind nur dann aktiv, wenn der andere Affe an etwas herumnagt oder -lutscht – sie stehen also mit der Nahrungsaufnahme in Zusammenhang.) Hört hingegen ein Makake die Rufe eines anderen Affen oder schreit er selbst, sind tiefer gelegene, für Emotionen zuständige Hirnteile aktiv, nicht aber die Spiegelneuronen.

Natürlich besitzen auch wir Menschen diese emotionale Schiene, etwa wenn wir erschrecken und dabei »Uh!« ausrufen oder wenn ein Baby, das sich nicht wohl fühlt, schreit. Diese Laute kommen sozusagen aus der Tiefe. Doch sowohl beim Sprechen als auch bei Gesten – etwa bei der Gebärdensprache – ist das Broca-Areal im linken Stirnlappen aktiv. Wenn man beispielsweise eine Testperson in einem funktionellen Magnetresonanztomographen (fMRT) auffordert, Mund- oder Handbewegungen eines anderen Menschen zu imitieren, sind Spiegelneuronen im Broca-Areal aktiv. Es hat sich also beim Menschen, wie es scheint, ein Teil dieser Spiegelneuronen von Mund- und Handbewegungen unabhängig gemacht und auf die Imitation von Lauten (beziehungsweise Sprechen und Gebärden) spezialisiert – eben diese Echo-Spiegelneuronen. Giacomo Rizzolatti legt somit glaubhaft dar, dass aus Gesten des Affen letztlich die Sprache des Menschen entstanden sei.[116] Diese Annahme ist zwar nicht neu, aber der Italiener bietet mit dem Spiegelneuronen-Modell zum ersten Mal auch eine profunde neurobiologische Erklärung.

Tatsächlich ist auch bei Kleinkindern dieser Zusammenhang zwischen Gestik und Sprache gut erkennbar. Noch bevor Kinder zu plappern beginnen, strecken sie ihre Finger aus, um zum Beispiel auf einen Hund zu zeigen, schauen dann ihre Eltern an und geben ein »Ah« von sich. Dieses *Zeigen* ist eine typisch menschliche Eigenschaft, um so die Aufmerksamkeit mit anderen teilen zu können. (Und die Eltern antworten darauf ordnungsgemäß mit »Wauwau«.) Bei anderen Affen-Arten ist dieses Verhalten nicht auszumachen. Wie verläuft die Sprachentwicklung eines Kindes weiter? Ungefähr mit einem Jahr beginnt ein Kind, Einwort-Sätze zu verwenden, so genannte *Holophrasen*. Beispielsweise bedeutet »rauf« in Verbindung mit hochgestreckten Armen »Ich möchte hochgehoben werden«; und »mehr« heißt mit Blick auf den Kakao »Ich will mehr Kakao«. Diese Holophrasen stehen also *für* etwas, genauso wie das Zeigen. Nur wenige Monate später, im Alter von etwa 1,5 Jahren, macht dann die Sprachentwicklung einen gewaltigen Sprung. Das Kind lernt von nun an – statistisch betrachtet – alle 2 Stunden ein neues Wort, bis es erwachsen ist. Und es beginnt, diese Wörter zusammenzufügen: zunächst 2, aber schon bald mehr Wörter. Mit rund 4 Jahren, wenn das Kind den Perspektivenwechsel beherrscht und über eine *Theory of Mind* verfügt, verwendet es komplette, grammatikalisch weitgehend richtige Sätze.

Der Max-Planck-Psychologe Michael Tomasello erklärt mir den Zusammenhang zwischen dem Zeigen und der Sprache folgendermaßen: »Wenn Sie zu mir ins Zimmer kommen, kann ich sagen: ›Setzen Sie sich hier auf den Sessel‹, oder ich kann auf den Sessel deuten, und Ihnen wird klar sein, dass Sie sich da hinsetzen sollen. In diesem Fall müssen Sie meine Gedanken lesen können, um zu wissen, was ich Ihnen sagen will, und dazu brauchen Sie eine *Theory of Mind*.«[117]

Sprache könnte also so entstanden sein, dass zunächst ein Spiegelneuronen-System auf Zeigen reagierte – wie schon bei Makaken. Und irgendwann im Laufe der Evolution der Menschenaffen oder tatsächlich nur des Menschen trat dann ein Echo-Spiegelneuronen-System hinzu, das auf Laute reagierte, die ursprünglich bei den Gesten zu hören waren.[118]

Aber wie verhält es sich nun mit Kanzi? Besitzt dieser kultivierte Schimpanse eine kleine Anzahl dieser Echo-Spiegelneuronen, da er Sprache zumindest in Ansätzen beherrscht? Oder passen sich Spiegelneuronen, die es weit verteilt im Affengehirn zu geben scheint, einfach den Anforderungen der Umwelt an? Braucht man dazu nur eine bestimmte Menge an Spiegelneuronen, eine »kritische Masse«, die Makaken noch nicht aufweisen?

Darauf gibt es derzeit keine klare Antwort. Zum Glück, wie ich meine. Denn um diese zu erhalten, müsste man einem Menschenaffen im Tierversuch Elektroden ins Gehirn bohren und schauen, was sich tut. Beim Menschen funktioniert der Nachweis indirekt über bildgebende Computerverfahren; aber diese lassen sich mit Schimpansen nur schwer durchführen.

Auf den Einfluss der Umwelt auf die Hirnreifung (beziehungsweise auf geistige Prozesse wie Sprache) hat erst vor kurzem eine Forschergruppe um Hélène Coqueugniot von der Universität Bordeaux und Jean-Jacques Hublin vom Max-Planck-Institut für Evolutionäre Anthropologie in Leipzig hingewiesen. Die Wissenschaftler berechneten die Geschwindigkeit, mit der das Gehirn von Makaken, Menschenaffen und Menschen reift. Die Ergebnisse verglichen sie dann mit der mutmaßlichen Hirnreifung von *Homo erectus*.[119]

Bei Makaken ist das Gehirn bei der Geburt bereits zu 70 Prozent ausgereift. Hingegen kommt ein Schimpanse mit nur 40 Prozent des Hirnvolumens zur Welt, das er als Erwachsener haben wird. Ein neugeborener Mensch bringt es nur auf 25 Prozent. Das heißt, im Unterschied zu niederen Affen reift das Gehirn beim Menschen, aber auch bei Menschenaffen größtenteils erst *nach* der Geburt. Ebenso interessant ist die Frage, wie lange nach der Geburt die Umwelt auf die Hirnreifung einwirken kann. Das Gehirn eines Schimpansenkindes hat bereits nach einem Jahr 80 Prozent seiner endgültigen Größe erreicht. Hingegen beträgt die Hirngröße eines einjährigen Menschen gerade mal 50 Prozent; bei einem Zehnjährigen sind es schon 95 Prozent, die restlichen 5 Prozent reifen in den folgenden 10 bis 20 Jahren und betreffen vor allem das Stirnhirn.

Aus diesen Zahlen lässt sich zweierlei schließen: Erstens finden beim Menschen drei Viertel des Hirnwachstums außerhalb des mütterlichen Bauches statt – in einer Umwelt, die von Kultur getragen wird. Zweitens steht ein Schimpanse in Bezug auf seine Hirnreifung im Alter von einem Jahr ungefähr an dem Punkt, an dem sich ein Schulkind befindet. Wissenschaftler, die also Sprachversuche mit einem Schimpansenkind anstellen und es nicht von Geburt an in einer sprachlichen Umwelt aufwachsen lassen, sind einfach zu spät dran. Und genau aus diesem Grund erbringen Kanzi & Co. sprachliche Leistungen, die für andere Menschenaffen unerreichbar sind.

Noch einmal: Wir wissen derzeit nicht, ob nur der Mensch Echo-Spiegelneuronen hat oder ob alle Menschenaffen diese in mehr oder weniger großer Anzahl besitzen. Klar ist, dass Menschenaffen in Ansätzen sprachliche Leistungen erbringen können.

(Nicht nur Schimpansen, es gibt auch Sprachversuche mit Gorillas und Orang-Utans.) Nicht wegdiskutieren lässt sich die Tatsache, dass das Hirnwachstum *nach* der Geburt den Unterschied beim Denkvermögen ausmacht.

Welche Bedeutung hat das nun alles für die Evolution des Menschen und seiner Sprache? Hublin und Coqueugniot haben das Hirnvolumen eines *Homo erectus*-Kindes errechnet, das vor 1,8 Millionen Jahren im Alter von einem Jahr auf Java gestorben ist.* Sie stellten fest, dass das Hirnvolumen des Kindes zum Zeitpunkt seines Todes 72 bis 84 Prozent eines erwachsenen *Homo erectus* betrug. Das heißt, sein Hirnwachstum war ähnlich schnell abgeschlossen wie das von Schimpansen. Die Forscher schließen daraus, dass der frühe Urmensch über geringere geistige Fähigkeiten verfügt hat als heute lebende Menschen, was nicht weiter überraschend ist, und dass eine komplexe Sprache, wie wir sie heute kennen, erst später in der Evolution aufgetreten ist.[120]

Aber was bedeutet »später«? Vor 700000 Jahren, vor 200000 Jahren oder vor 50000 Jahren? Vielleicht erinnern Sie sich an den in Kapitel II beschriebenen Turkana-Jungen. Dieser *Homo erectus*-Junge starb vor etwa 1,6 Millionen Jahren an den Ufern des heutigen Turkana-Sees im Norden Kenias. Einer seiner Entdecker, der Amerikaner Alan Walker, war der Meinung, dieser Urmensch hätte die geistigen Fähigkeiten eines einjährigen Kindes von heute gehabt. Verfügte dieser Junge ansatzweise über Sprache – ähnlich wie Kanzi?

Höchstwahrscheinlich nicht. Kanzi wuchs in einer modernen, von Sprache geprägten Umwelt auf; eine solche stand dem Turkana-Jungen nicht zur Verfügung.

Was waren also die geistig-kulturellen Voraussetzungen für die Entstehung von Sprache? Entwerfen wir dazu ein kurzes Szenario. Sprache war zu Beginn höchstwahrscheinlich eine simple Form symbolischer Kommunikation, ähnlich den Holophrasen, die Kleinkinder benutzen.

»Eine solche Holophrase ist ein Symbol, das für einen ganzen Satz steht.« Michael Tomasello versucht, mir deutlich zu machen, dass es sich dabei nicht nur um ein einfaches Wort handelt. »In der

---

* Eine kleine Ungenauigkeit meinerseits, die mir die Forscher sicherlich nachsehen werden. Tatsächlich wurde die Schädelkapazität berechnet, da sich die weiche Hirnmasse natürlich nicht 1,8 Millionen Jahre hält.

Kindersprache kann ›Milch‹ heißen: ›Gib mir Milch‹ oder ›Ich will Milch‹ oder ›Die Katze trinkt Milch‹. Und ich stelle mir vor, dass archaische Menschen beispielsweise ›Blob‹ für ›Büffel‹ verwendeten. Und vom Kontext abhängig, kann das bedeuten: ›Lauf, Büffel greift an!‹ oder ›Komm, gehen wir Büffel jagen‹.«[121]

Der folgende, logische Schritt in der Sprachevolution wäre das Aneinanderfügen von zwei Wörtern. Der Linguist Derek Bickerton von der Universität von Hawaii spricht in diesem Fall von einer *Protosprache*. Den Begriff bezieht er dabei auf die Sprache der kultivierten Schimpansen, auf Pidgin, auf die Zweiwort-Phase von Kindern und auf die nach der sensiblen Phase unvollständig ausgebildete Sprache von »Wolfskindern« wie Genie.[122]

Auch heutige Kinder machen die Entwicklungssprünge von der Anwendung von Holophrasen zur Protosprache und zur komplexen Sprache durch. Die Protosprache ermöglicht ihnen, die unterschiedlichen Perspektiven kennen zu lernen, also dass andere Menschen Dinge anders sehen und ein anderes Wissen haben als sie selbst. Das heißt, erst wenn sie im Alter von 4 Jahren Sprache weitgehend beherrschen, schaffen es Kinder, die Gedanken anderer zu lesen – sie erarbeiten sich gleichsam ihre *Theory of Mind*. (Aus diesem Grund hatte das »Wolfsmädchen« Genie auch Probleme, die Worte »Ich« und »Du« zu unterscheiden. Auch autistische Kinder haben Schwierigkeiten, sich mit andern zu identifizieren und die Perspektiven anderer zu übernehmen.)

Erst mit einer komplexen Sprache können Menschen ihre Gedanken austauschen, ihre Wünsche miteinander teilen, von ihren Gefühlen erzählen, die gemeinsame Zukunft planen und von der guten alten Zeit träumen. Wenn Sie so wollen, hat erst die Erfindung der Sprache uns zum Menschen gemacht. Ich meine hier buchstäblich zum *Menschen* und nicht zum *Homo sapiens*. Dieser Unterschied soll anhand der folgenden Zeilen verdeutlicht werden.

Seit wann der *Homo sapiens* existiert, ist leicht zu beantworten: seit rund 200 000 Jahren. Aber seit wann existiert der *Mensch*? Nun, ein »modernes Verhalten«, das sich unter anderem in hoch entwickelter Kunst wie Malerei, Körperschmuck und Musik ausdrückt, legt der moderne Mensch erst seit etwa 40 000 Jahren an den Tag. Hingegen gibt es die *Gattung* Mensch, also *Homo*, bereits seit 2,5 Millionen Jahren.

Und Sprache? Wenn erst diese uns zum Menschen macht, seit

wann gibt es dann Sprache? Sind die Holophrasen und Zweiwort-Sätze, die ein- und zweijährige Kinder verwenden, Sprache? Ist das, was der »kultivierte Bonobo« Kanzi beherrscht, Sprache? Und Genie, das »Wolfsmädchen«... verfügt sie über Sprache? Besaßen Urmenschen, die sich nur mittels Holophrasen und später mittels einer Protosprache verständigten, Sprache?

Um zu zeigen, wie sehr die Antwort auf all diese Fragen von *Ihnen* selbst abhängt – davon, wie *Sie* Menschsein und Sprache definieren –, möchte ich an dieser Stelle noch eine Anekdote wiedergeben, die mir Duane Rumbaugh einmal erzählte.

Vor einigen Jahren trat eine Mitarbeiterin, die ein paar Tage in Urlaub gewesen war, ihren Arbeitstag im Sprachforschungszentrum von Atlanta an. Kanzi tollte gerade mit Panbanisha herum, als diese Mitarbeiterin zu den Bonobos kam. Nach einer kurzen Begrüßung schnappte sich Panbanisha ihre Sprachtastatur und drückte ganz aufgeregt darauf die Symbole für »Big scare, fire!« (Große Aufregung, Feuer!) Die junge Frau hatte keine Ahnung, was das bedeutete, und so forderte einer der anwesenden Wissenschaftler Panbanisha auf, der Frau zu zeigen, was am Vortag passiert war. Eine Kerosinkartusche war explodiert, und es hatte gebrannt – ein relativ harmloser Zwischenfall, der aber unter den Schimpansen für viel Aufregung gesorgt hatte.

»Ist das nicht merkwürdig?«, fragt Duane Rumbaugh. »Panbanisha hat diesen Vorfall niemand anderem erzählt, außer dieser einen Mitarbeiterin, die in Urlaub gewesen war und davon nichts gewusst haben konnte.«[123]

Sprache? Protosprache? Nichts dergleichen, weil es sich um eine Anekdote handelt? Sie sehen schon: Der Satz »Erst die Erfindung der Sprache hat uns zum Menschen gemacht« sagt zwar vieles über unser menschliches Wesen und unsere Geisteshaltung aus, bringt uns aber nicht weiter bei der Klärung der Frage, wann und wie Sprache in die Welt kam. Die Antwort darauf hängt einfach von Ihnen selbst ab!

Wenn ich Ihnen mit diesem Buch das Rüstzeug mitgegeben habe, um sich selbst ein Bild machen zu können, dann habe ich mein Ziel erreicht. Wer auch immer genau angibt, seit wann der Mensch über Sprache verfügt – man kann die Zahlen (zumeist zwischen 50 000 Jahren und 200 000 Jahren) in vielen Büchern lesen –, erzählt Ihnen von seiner eigenen Ideologie. Hoffentlich steht dann auch dabei, warum er oder sie dieses oder jenes glaubt. Vergessen Sie nicht: Wissenschaftler produzieren zwar viele objektive Daten, aber deren Interpretation ist eine Glaubensfrage.

55

Vielleicht sollte ich es Ihnen selbst überlassen, sich aus dem bisher Gesagten ein Bild zu machen: über die Evolution des Gehirns, der Sprache und über unsere Domestikation. Wie es sich für einen Sachbuchautor gehört, habe ich mich bis jetzt bemüht, Ihnen eine Darstellung zu liefern, die sich durch Fakten so gut es eben geht untermauern lässt. Bei der Themenvielfalt, die in den vergangenen Kapiteln bearbeitet wurde, ist das gar nicht so einfach: Stellen Sie einem Anthropologen eine Frage zum Neandertaler, und Sie bekommen 2 Antworten. Befragen Sie 3 Neurobiologen zum Broca-Areal, und Sie bekommen 4 Antworten. Fragen Sie 5 Wissenschaftler nach ihrer Meinung zur Evolution der Sprache, und Sie enden im Chaos. Aber so ist das mit der Wissenschaft – gestern noch für wahr Gehaltenes stellt sich vielleicht schon morgen als falsch heraus.

Ich möchte Ihnen aber auch nicht meine eigene Sichtweise vorenthalten, wenn Sie es schon bis zum Ende des Buches geschafft haben. Beginnen wir also wieder am Anfang. Jetzt, da Sie die Grundlagen alle kennen, wird Ihnen sicher klar sein, warum ich den Menschen für einen *domestizierten Affen* halte.

Es gibt viele Modelle, die zu erklären versuchen, warum der Mensch so ein großes Gehirn hat. Eine seit vielen Jahren einflussreiche Idee lautet: Affen leben in hochkomplexen Sozialsystemen, in denen politisch taktierende Individuen hohe Ansprüche an die Rechenleistung des Gehirns stellen. (Wenn Sie mir nicht glauben, dass Affen *politisch* taktieren, lesen Sie die herrlichen Bücher von Frans de Waal.[124]) Das ist schön und gut und vermutlich auch richtig, erklärt aber nicht, warum nur eine einzige von 180 Affenarten ein so riesiges Gehirn entwickelt hat. Warum ausgerechnet der Mensch?

Mir scheint, jedem Tier würde in auswegloser Situation ein wenig mehr Grips von Nutzen sein, und dem Überlebenden brächte dieser einen Fortpflanzungsvorteil. Wir sollten uns also lieber Gedanken über die limitierenden Faktoren machen, die verantwortlich dafür sind, dass die hochsozialen Schimpansen, Gorillas, Paviane, Husarenaffen etc. kein größeres Gehirn haben.

Zumeist wird die Versorgung mit ausreichend Kalorien als limitierender Faktor angesehen. Sobald aber Vormenschen an Fleisch und anderes tierisches Eiweiß gelangten, sei es durch die Jagd oder Aasfresserei, konnte auch ihr Gehirnvolumen zunehmen; zusätzlich erlaubte die kalorienreiche Nahrung eine Verkürzung des Darms, wodurch abermals mehr Energie für das Gehirn frei wurde.

Der Haken an dieser These ist, dass diese Vormenschen kleine, langsame, wehrlose Kreaturen waren, die selbst für jedes Raubkätzchen eine hübsche Mahlzeit abgaben. Wie sollten diese Vormenschen dann zu ausreichend Fleisch kommen?

Einen möglichen Ausweg zeigt der britische Ernährungswissenschaftler und Hirnspezialist Michael Crawford. Sein Argument: Der limitierende Faktor für das Hirnwachstum sei in Wahrheit DHA.[125] Affen könnten diese mehrfach ungesättigte Fettsäure, die ein Grundbaustein des Denkapparates ist, nicht selbst in ausreichendem Maße aus der pflanzlichen Nahrung synthetisieren. Besonders reich an DHA ist Meeresgetier, weswegen Crawford und einige seiner Kollegen davon ausgehen, dass sich die Entwicklung zum Menschen an den Küsten der Ozeane vollzogen hat. Vormenschen hätten demnach an den Stränden Krebse und Muscheln gefressen, mit Händen kleine Fische gefangen und Vogeleier eingesammelt. Mit der darin enthaltenen DHA konnte ihr Gehirn wachsen. Unglücklicherweise gibt es über diese Spekulation hinaus nicht einen einzigen anthropologischen Anhaltspunkt, der diese These stützen könnte – nie wurde je ein Skelettteil eines Vormenschen in Küstennähe entdeckt.

Nach Ansicht vieler Anthropologen lebten Vormenschen im Inneren Afrikas notgedrungen in der Nähe von Flüssen und Seen. Eine Möglichkeit wäre, dass sich unsere Ahnen Krebse, Muscheln, Schnecken und Fische aus dem Süßwasser holten. Aber niemand weiß derzeit, ob diese Tiere die mehrfach ungesättigte Fettsäure in ausreichender Konzentration enthalten, um das Hirnwachstum zu ermöglichen.

In Fliegenmaden kommen mehrfach ungesättigte Fettsäuren jedenfalls in rauen Mengen vor. (Die beiden Anthropologen Gerald Takehisa-Silvestri und Martin Grassberger sprechen nicht nur von DHA; es gibt mehrere dieser Fettsäuren, die alle verbindet, dass sie unaussprechliche Namen haben und am Aufbau des Nerven-gewebes beteiligt sind.) Auch im Hinblick auf Kalorien kann eine Hand voll Maden es ohne weiteres mit mehreren Hamburgern aufnehmen. Darüber hinaus machte diese Larven dem Vormenschen niemand streitig – selbst Hyänen interessieren sich nur für das verwesende, stinkende Fleisch, nicht aber für diese umherkrabbelnden, speckigen Kalorienbomben.

Wären Gorillas oder Schimpansen auf die Idee gekommen, mehrfach ungesättigte Fettsäuren über Larven sicherzustellen, dann wäre es dennoch mit ihrem Hirnwachstum bald zu Ende gewesen. Denn bei über 600 Kubikzentimetern Volumen könnte ihr Gehirn nicht ausreichend gekühlt werden. Vormenschen hatten an diesem Punkt der Evolution das sagenhafte Glück, dass ihre Ahnen bereits zu Zweibeinern geworden waren. Und im Zuge der Adaptierung an den aufrechten Gang war ein neues Gefäßsystem entstanden, das der Hirnkühlung diente.

In der Zeit *vor* 2,5 Millionen Jahren muss sich die Umwelt in Afrika, wie schon mehrere Male zuvor, verändert haben. Das Klima wurde trockener, und eine der aufrecht gehenden Hominiden-Arten reagierte auf diese Veränderungen mit verstärkter Kooperation. Vergleicht man heutige Menschen mit anderen Tierarten, dann sind wir *kooperative Brüter* – ganz ähnlich afrikanischen Wildhunden. Wenn diese hochsozialen Tiere auf die Jagd gehen, bleiben einige Weibchen zurück im Lager, um auf die Kleinkinder aufzupassen. Diese Weibchen werden dann von der zurückkehrenden Meute mit Nahrung versorgt. Bei heutigen Jäger-und-Sammler-Gesellschaften funktioniert die Arbeitsteilung ähnlich. Wenn eine Buschmannfrau hochschwanger ist oder ein kleines Kind zu versorgen hat, ist sie lange Zeit an das Lager gebunden. Der Mann bringt dann zwar mehr Nahrung heim, aber nicht annähernd soviel, dass er seine Frau und mehrere Kinder ausreichend versorgen könnte. Der Mann als heroischer Jäger und fürsorglicher Familienversorger war also niemals mehr als die Wunschvorstellung chauvinistischer männlicher Wissenschaftler. Wo immer man sich bei Naturvölkern umsieht, sind es die Frauen, die ausreichend Nahrung für die Familie herbeischaffen.

Die *Großmutterhypothese* als Antwort darauf, wer den Müttern während der langen reproduktiven Phase zur Hand geht, ist zugegebenermaßen spekulativ. Aber sie ist die einzig gute, empirisch abgesicherte Erklärung, die wir derzeit haben. Und vor allem:

Wenn die Großmutter ihrer Tochter bei der Versorgung der Enkelkinder hilft, macht sie sich gleichsam selbst unabkömmlich, und die Natur fördert so das hohe Alter, das Menschen erreichen. Erst diese Zusammenarbeit ermöglichte es dem Menschen, ein Methusalem-Alter zu erreichen.

Es stellt sich also die Frage, wann sich als Folge der ökologischen Umweltänderungen auch die soziale Umwelt änderte. Vielleicht mit dem Erscheinen des ersten Menschen (*Homo habilis*)?

Tatsächlich tauchen in diesem Zeitraum vor 2,5 Millionen Jahren die ersten Steinwerkzeuge auf. Aber es waren noch derart primitiv behauene Steine, dass man als Laie diese kaum von sonstigem Geröll unterscheiden kann. Müsste ich einen Tipp abgeben, was auf geistig-sozialer Ebene passiert ist, würde ich behaupten: Mit *Homo habilis* hat die Fähigkeit zur *Imitation* in der Welt der Hominiden Einzug gehalten. Ähnlich wie es ein Kleinkind heute tut, ahmte der erste Mensch vor 2,5 Millionen Jahren seine Gefährten nach. Das klingt nicht berauschend, ist aber der Grundstein für die weitere Evolution des Menschen.

Viele Anthropologen sehen in *Homo erectus* den ersten richtigen Menschen. Dieser Urmensch, der in Afrika vor rund 1,8 Millionen Jahren in Erscheinung trat, hatte einen ausgesprochen modernen Körperbau, mit einem Gehirn, das doppelt so groß war wie das eines Vormenschen.

Mit *Homo erectus* erlebte die Werkzeugkultur einen ersten Höhepunkt – denn die Faustkeile, die massenweise produziert wurden, waren echtes Handwerkszeug. Reden Sie einmal mit einem Prähistoriker über diese zweiseitig behauenen Allzweckgeräte, die aussehen wie große steinerne Tränen … Sie werden glauben, ein Juwelier erzähle Ihnen von einem kunstvoll geschliffenen Edelstein. Dabei waren diese Faustkeile keine Einzelstücke, zu Millionen liegen sie in ganz Afrika, in Teilen Asiens und Europas herum. Der Unterschied zu den früheren Oldowan-Werkzeugen des *Homo habilis* ist offensichtlich: Er liegt in der Feinheit, mit der die späteren Faustkeile produziert wurden – und dennoch waren sie fast industriell gefertigte Massenware.

Ich stelle mir daher vor, dass *Homo erectus*-Kinder schon eine »Lehre« durchliefen. Wenn man sich in einem Lager heutiger Jäger und Sammler aufhält, dann sieht man, dass die Kinder von klein auf mit Pfeil und Bogen herumlaufen und auf alles Jagd machen, was sich bewegt. Das sind natürlich Spielzeug-Bögen, die sie verwenden, und auch die Jagd ist Spiel. Aber diese Kinder ahmen die Erwachsenen nicht mehr nur nach, sondern sie bekommen im Laufe vieler Jahre komplizierte Handgriffe *gezeigt:* wie man Pfeile und Pfeilspitzen macht, wie man das Holz für die Bögen einkerbt und die Sehnen daran befestigt. Ganz ähnlich stelle ich mir vor, dass *Homo erectus*-Kindern von Erwachsenen beigebracht wurde, wie man diese »Schweizermesser der Altsteinzeit« richtig herstellt.

Kommen wir also zurück auf die Frage, wann sich als Folge der ökologischen Umweltveränderungen (vor 2,5 Millionen Jahren) auch die soziale Umwelt änderte. Meine Antwort lautet: Mit *Homo erectus*. Wenn wir eine Antwort darauf suchen, wann die ersten fixen Paarbeziehungen auftauchen, wann sich familienähnliche Strukturen herausbilden, in denen sich Männer um ihre Frauen und Großmüttern um ihre Enkelkinder kümmern, dann landen wir vermutlich bei *Homo erectus*.

Für uns Menschen heute klingt es geradezu banal, dass dieser Urmensch begonnen haben soll, seine Kinder zu unterweisen, weil es für uns eine Selbstverständlichkeit ist, dass wir unsere Kinder anleiten und sie korrigieren, wenn etwas schief geht. Aber im gesamten Tierreich ist dieses Verhalten einmalig. Nichts und niemand auf der Welt lehrt seinen Nachwuchs – außer dem Menschen.

. Die Folgen sind *dramatisch:* Durch Imitation, Unterricht und Zusammenarbeit, sagt der Max-Planck-Psychologe Michael Tomasello, komme es zu einem *kumulativen kulturellen Effekt*. (Eine umgangssprachlich geläufigere Bezeichnung scheint mir *kultureller Schneeballeffekt* zu sein.) Jede Generation baut auf dem Wissen aller vorhergehenden Generationen auf. Kein Mensch erfindet etwas von Grund auf neu: Der Vorschlaghammer aus Eisen hat ein Steinbeil als Vorläufer und dieses den 2,5 Millionen Jahre alten »Hammerstein«. Imitation und Unterricht sorgen für die genaue Weitergabe des kulturellen Wissens – sie stellen damit eine Art *Wagenheber* dar, wie es Tomasello nennt, der verhindert, dass einmal gemachte Erfindungen in Vergessenheit geraten. Menschen müssen so das Rad (den Hammer und alle anderen kulturellen Erfindungen) nicht immer wieder neu erfinden. Jede Generation »erbt« das kulturelle Wissen ihrer Vorfahren.

Auf den ersten Blick mag es daher überraschen, dass die Faustkeil-Kultur des *Homo erectus* rund 1 Million Jahre lang mehr oder minder unverändert währte. Für uns Menschen im Computerzeitalter, die wir kaum noch mit der technologischen Entwicklung Schritt halten können, sind das Schwindel erregende Zeiträume: 1 Million Jahre, während derer sich anscheinend nichts tut! Aber wir sollten nicht vergessen, dass die rasende Geschwindigkeit, mit der »Entwicklung« heute vonstatten geht, ein spezifisches Merkmal der vergangenen 100 Jahre ist. In der Altsteinzeit, als aus dem Affen der kulturbegabte Mensch entstand, herrschte unendliche, gähnende Langsamkeit.

Verfügte dieser Urmensch also bereits über Sprache und über eine *Theory of Mind?* Nein, ich glaube nicht. Zumindest nicht bei seinem Erscheinen vor 1,8 Millionen Jahren. Allerdings beherrscht der Urmensch vor spätestens 700 000 Jahren das Feuer, und in der griechischen Mythologie, wo Prometheus dem Göttervater Zeus die Flammen raubt und sie dem Menschen überlässt, symbolisiert dieser Akt den Zugang des Menschen zur Erkenntnis. Treffender kann man es nicht ausdrücken. Denn in der Folge hat sich der Mensch als biologische Spezies erheblich verändert – viele Anthropologen tragen diesem Umstand Rechnung, indem sie nun vom *archaischen Homo sapiens* sprechen. Es muss also in diesem Zeitraum gewesen sein, dass sich unsere Art vom Tier zum Menschen entwickelt hat.

Die Folgen sind vor 400 000 Jahren deutlich zu erkennen: Der *archaische Homo sapiens* benutzt komplexe Jagdwaffen, bewohnt Lager, ist ein geschickter Handwerker und verwendet Symbole. An diesem Punkt der Evolution ist der Mensch längst kein wildes Tier mehr, kein gewöhnlicher Affe unter 180 anderen Arten. Alles deutet darauf hin, dass seine Kultur und seine Fähigkeit, symbolisch zu denken, bereits so komplex waren, dass er mit seinem Handeln die eigene Evolution längst selbst vorantrieb. Der Prozess der Selbstdomestikation war längst im Gange.

In der Biologie wird mit dem Begriff *Domestikation* (lateinisch *domus* für *Haus*) eine Veränderung im Erbgut einer Tier- oder Pflanzenart beschrieben. Der indische Elefant, auf dem Sie im Urlaub reiten können, ist gezähmt, nicht jedoch domestiziert; ebenso können Sie einen Wolf zähmen, er wird aber immer ein wildes Tier bleiben. Ihr Hund hingegen ist domestiziert, sein Erbgut wurde durch die selektive Zuchtwahl des Menschen verändert.

Doch die Bedeutung von Begriffen ändert sich bekanntlich im

Laufe der Zeit. Im 17. Jahrhundert galten nur Menschen als *domestiziert;* der Ausdruck wurde im Sinne von *kultiviert* oder *einem Haushalt zugehörig* verwendet.[126] Heute verbindet man in der Anthropologie mit diesem Begriff häufig den Übergang vom Jäger-und-Sammler-Dasein zur Sesshaftwerdung:[127] Der Mensch baut sich ein Haus aus Lehm und Stein und domestiziert Tiere und Pflanzen. Domestikation und die Erfindung der Landwirtschaft kommen so häufig in einem Atemzug daher.

Dabei wird leicht vergessen, dass auch Jäger und Sammler ein »Heim« haben – nur eben nicht aus Lehm oder Stein gebaut. Auch Jäger und Sammler ziehen nicht permanent in der Gegend umher, sondern bleiben mit ihrem Lager an Ort und Stelle, solange es die Umstände erlauben. So hängen beispielsweise die Umzüge der Hadzabe-Buschleute in Tansania in erster Linie von der Verfügbarkeit von Wasser ab. Der Wildbestand spielt eher eine untergeordnete Rolle, denn erstens sind die Männer recht mobil und zweitens stammt der überwiegende Teil der Nahrung sowieso von Wurzeln, welche die Frauen auch noch im trockensten Boden finden. So vergehen oft viele Monate, bis eine Gruppe ihren Lagerort wechselt.

Die Hütten der Hadzabe gleichen dabei keineswegs den schön gebauten Unterkünften, die man aus Filmen und völkerkundlichen Museen kennt. Um ehrlich zu sein, sie erinnern ein wenig an Vogelnester. Gebaut aus dornigen Agavenblättern und stacheligen Akazienästen, wirken sie ziemlich luftig. Sie dienen auch nicht primär der Aufbewahrung von Hab und Gut, sondern als sichere Schlafstätte zum Schutz vor Raubtieren. Das Camp als Ganzes ist eine künstlich geschaffene Umwelt – ähnlich wie Ihr Haus und Garten. Ich nehme an, Sie haben auch keine Lagerhalle gebaut, um Ihre Möbel darin zu horten, sondern ein Heim, in dem Sie mit Ihrer Familie leben, von wo Sie morgens zur Arbeit gehen und wohin Sie abends zurückkehren. Auch Jäger und Sammler ziehen von ihrem Lager aus los zum Sammeln und zum Jagen und kehren dorthin zurück. Hier wird gekocht, werden Felle gegerbt, wird Werkzeug hergestellt und all das gemacht, was man woanders auf der Welt zu Hause auch tut. Ein Hadzabe-Camp ist ein »offenes Haus«, in dem ein reges Kommen und Gehen von Menschen aus anderen Lagern herrscht; hier wird getratscht, gefeiert, gestritten, und es werden Kranke gepflegt.

Sie sehen schon, in so einem Camp von Jägern und Sammlern

geht es nicht anders zu als im Haus einer westlichen Großfamilie. Nur die Umstände erfordern es, dass sie etwas öfter umziehen.

Was mit diesem Bild verdeutlicht werden soll: Die Sesshaftwerdung des Menschen war kein Ereignis, das von heute auf morgen geschah. Es war vielmehr ein Prozess, der sich über hunderttausende Jahre erstreckte. Menschen wohnten schon unendlich lange in Behausungen, bevor sie Viehzüchter und Bauern wurden.

Vor 400 000 Jahren lebte der Mensch in Hütten, schützte sich mit Kleidung vor Kälte, benutzte spezialisierte Fernwaffen wie hölzerne Speere, machte Fleisch durch Kochen oder Braten leichter verdaulich, durch Räuchern haltbar und bereitete Wildgemüse im Feuer zu. Vermutlich war der *archaische Homo sapiens* auch der erste Mensch mit Kunst und Ritualen. (Der Prähistoriker Dietrich Mania ist überzeugt, dass ein mit Steinen und Knochenstücken gepflasterter Platz in Bilzingsleben rituellen Handlungen diente.[128]) Dieser Urmensch war zweifellos ein kulturbegabtes Wesen, das über Sprache verfügte und die Gedankenwelt seiner Gefährten verstand – zumindest bis zu einem gewissen Grad.

Wenn Sie mich jetzt fragen, ob das endlich eine komplexe Sprache war und eine vollentwickelte *Theory of Mind,* so muss ich mit einer genauen Antwort passen.

Vielleicht war es eine Protosprache, die dem, was der Bonobo Kanzi beherrscht, nicht unähnlich ist. Aber vergessen wir auch hier wieder nicht, dass Kanzi in einer Umwelt mit Sprache aufgewachsen ist. Kanzi ist so gesehen eine Art »Zeitreisender«. Ihm dient Sprache als geistiges Sprungbrett – das ihn aber nicht höher katapultieren kann, als es sein kleines Gehirn zulässt. Hingegen war der Mensch von Bilzingsleben ganz ein Kind seiner Zeit – zwar mit einem riesigen Gehirn, das aber in seiner Welt der Protosprache gefangen war. Mit allen Konsequenzen: Wenn Michael Tomasellos These stimmt, dann hatten archaische Menschen noch keine *Theory of Mind.* Denn diese wird durch Sprache hervorgebracht, dadurch, dass Kinder die unterschiedlichen Perspektiven lernen. Und ohne *Theory of Mind* hatten sie demnach auch nur die Moral und das *Selbst*-Bild eines Vierjährigen von heute.

Wir sollten an dieser Stelle allerdings nicht vergessen, dass Sprache, *Theory of Mind* und Moral nicht nur die Spitze des Turmes sind, sondern dass es darunter auch noch ein tragendes Gemäuer und ein Fundament gibt. Und vielleicht wuchsen diese Mauerteile ja auch in unterschiedlicher Geschwindigkeit in die

Höhe – was eine Erklärung dafür wäre, dass wir uns aus den Bausteinen, die wir haben, nur so schwer ein Bild machen können.

Sofern die oben beschriebene These zutrifft, entstand komplexe Sprache irgendwann zwischen 200 000 Jahren und 100 000 Jahren in Afrika, bevor der moderne Mensch sich aufmachte, die Welt zu besiedeln. Aus diesem Grund habe alle Kulturen die gleiche komplexe Sprache und erwerben alle Kinder, die sich auf normale Weise entwickeln, die gleichen sprachlichen Fertigkeiten – weil alle Menschen dieser Erde die gleiche biologische, kognitive und kulturelle Ausstattung in sich tragen.[129]

Nachbemerkung

Gombe-Nationalpark, Tansania, Frühjahr 2004. Auf schmalem Pfad geht es in das Kasakela-Tal hinein. Nach etwa 20 Minuten biegt Kadaha, mein tansanischer Guide, rechts ab. Wir durchqueren, von Stein zu Stein hüpfend, den Kasakela-Bach und steigen den steilen Hang hinauf in Richtung Miombe-Wäldchen – ein von den Schimpansen bevorzugter Rastplatz. Die schweißtreibende Wanderung dauert gerade eine Stunde, und wir haben erst den halben Weg hinter uns. Kadaha pflückt eine orangefarbene Mpapa-Frucht von einem Strauch.

»Schimpansen fressen das gerne«, sagt Kadaha. Er reicht mir eine Frucht zum Kosten und beißt selbst in eine zweite. Der Geschmack erinnert an ein Fruchtbonbon, wäre da nur nicht der weiße, klebrige Saft.

Plötzlich steht Frodo vor uns. Lautlos wie ein Schatten ist er aus dem Unterholz gekommen und setzt sich in 3 Meter Entfernung vor uns hin. Ich bin im ersten Moment nur überrascht, doch so nah vor einem wilden Schimpansen überkommt einen auch schnell ein Gefühl aus Staunen und Bangen.

»*Das* soll Frodo sein?«, sage ich zu Kadaha. Ich habe den einst mächtigen und in der Kasakela-Gruppe gefürchteten Frodo von einem früheren Besuch als großes, schwarzhaariges, selbstsicheres Ungeheuer in Erinnerung, und jetzt steht da ein angegrautes, klappriges Gerippe vor mir.

Plötzlich bewegen sich am Wegrand die Äste, und ein zweiter Schimpanse taucht auf. Dann noch einer, und noch einer … Im Gebüsch müssen noch weitere sein, es raschelt überall, wir scheinen umzingelt. Schließlich ertönt ein Lachen aus dem Wald. Lachende Schimpansen? Auf einmal biegen sich wieder die Äste auseinander, und vor mir stehen zwei beige gekleidete Gestalten. Es sind die tansanischen Forschungsassistenten, die der Schimpansenhorde mit Block und Bleistift buchstäblich über Stock und Stein folgen.

Da wir jetzt inmitten der Schimpansengruppe stehen, gehen wir den Hang ein Stück hinunter – es ist Vorschrift in Gombe, mindestens 10 Meter Abstand zu den Menschenaffen zu halten, um nicht etwa Krankheiten auf sie zu übertragen. Aber Frodo steht auf und folgt uns dicht auf den Fersen. (Wie soll da einer vorschriftsmäßig Abstand halten!)

»Er sucht jetzt oft die Nähe von Menschen«, flüstert Kadaha. »Ich glaube, er fühlt sich dann sicherer.«

»Sicherer?«, frage ich erstaunt. »Wird er bedroht?«

»Von den anderen Männchen«, antwortet Kadaha.

Und dann erzählt er mir den Grund, warum Frodo so schreckhaft wirkt: Vor einem dreiviertel Jahr war das Alpha-Männchen krank und hatte sich einige Tage lang allein im Wald zurückgezogen. Diese Zeit nutzten die anderen Männchen, um den Tyrannen zu stürzen. Sie bildeten Koalitionen, und als Frodo, noch von der Krankheit geschwächt, zurückkam, fielen sie über ihn her und verprügelten ihn. Es war also ein klassischer Putsch, wodurch Frodo, der Mächtige, aus seinem Amte verjagt wurde. Aber das ist ein dreiviertel Jahr her, und Frodo wirkt noch immer eingeschüchtert.

»Komisch«, sage ich. »Ich habe Frodo einst als tobsüchtigen Rabauken kennen gelernt, vor dem sich alle klein gemacht haben, inklusive der Menschen.«

Jane Goodall hat er einmal am Arm gepackt und durch den Wald geschleift, ein anderes Mal hat er ihr beinahe das Genick gebrochen. Erst vor kurzem habe ich gehört, dass er sogar den Tier-Cartoon-Zeichner Gary Larson verprügelt hat – was mich einigermaßen amüsiert. Frodo konnte wirklich Angst und Schrecken verbreiten, und jetzt sitzt dieses Gerippe ein paar Meter von mir entfernt.

»Ja«, sagt Kadaha mit seiner heiseren Stimme. »Die anderen Männchen begleichen jetzt alte Rechnungen. Schimpansen haben ein wirklich gutes Gedächtnis.«

Irgendein Schimpanse bricht schließlich auf und marschiert den Hang hinauf, die anderen folgen. Ich habe keine Ahnung, ob einer ein Zeichen für den Aufbruch gegeben hat oder ob dahinter eine Eigendynamik steckt. Kadaha bedeutet mir mit dem Kopf, dass wir der Gruppe folgen sollen. Sobald wir losgehen, steht auch Frodo auf und folgt uns, hinter ihm ein Pulk weiterer Schimpansen. Der Wald, den wir durchqueren, wird zeitweise dichter, dann lichtet er

sich wieder. Ein umgestürzter Baumriese hat eine Lichtung geschlagen. Einige der Schimpansen vor uns hüpfen über den dicken
Stamm, andere zwängen sich unten durch. Gerade als ich mich darüber bugsiere, deutet einer der Forschungsassistenten neben sich
auf den Boden. Eine riesige Schlange, der Körper so dick wie der
Arm eines Bodybuilders, kriecht in Zeitlupentempo ins Gebüsch.

»Python«, flüstert Kadaha.

Frodo, der uns zögern sieht, marschiert arglos weiter. Und
dann – wie vom Blitz getroffen – sträuben sich ihm die Haare. Er
stellt sich auf die Hinterbeine, reißt die Arme hoch und brüllt
»HuuuUUUHH!«

Von einer Sekunde auf die andere ist im Wald der Teufel los.
Alle Schimpansen, die in der Nähe sind, kommen angestürmt,
richten sich in 2, 3 Metern Entfernung vor dem Python auf,
strecken die Arme von sich und brüllen ebenfalls »HuuuUU-
UHH!«

Einer nach dem anderen führen sie dieses Ritual durch, alle sollen die potenzielle Gefahr sehen!

Es ist schon merkwürdig: »HuuuUUUHH!« ist ein sehr speziel-
ler Schrei. Jeder Schimpansenforscher, der diesen hohen Ruf aus
weiter Entfernung hört, weiß, dass da einer auf eine Schlange
gestoßen ist. Genau genommen bedeutet der Ruf nicht *Schlange,*
er ist also kein Wort, sondern eher eine Holophrase, die soviel bedeutet wie: *Achtung, eine Schlange, kommt alle her, und schaut
euch die Gefahr an!* Sonderbarerweise scheint bei Schimpansen
nur diese einzige Holophrase zu existieren, aber keine für Leopard,
Adler, Mensch oder für Mpapa-Frucht. Wäre es nicht auch für wilde Schimpansen praktisch, wenn sie ein »bisschen« Sprache hätten? Glauben Sie nicht auch, dass Sprache für wilde Schimpansen
einen Fortpflanzungsvorteil darstellen würde? Stellen Sie sich nur
vor: Frodo hätte sich an ein paarungswilliges Weibchen heran-
gepirscht, sie zum Gästehaus an den Strand des Tangajika-Sees geführt und gesagt: »Schau mal, Süße, der da drinnen ist Gary Larson, den habe ich gestern verprügelt.«

Aber Schimpansen bringen nicht mehr als *Schlange* über ihre
Lippen – so ist das eben mit Affen, die nicht domestiziert sind.

Dank

Nach all den vielen Monaten, die ich alleine in meiner »Höhle« verbracht habe, um dieses Buch zu schreiben, bin ich endgültig beim nettesten Teil angelangt – bei der Danksagung. Als ich mir während des Schreibens Gedanken darüber machte, wer in der Danksagung in die erste Reihe gehört, wurde die Namensliste immer länger. Irgendwann kam mir dann die Idee, an dieser Stelle einen alten Burgenländerwitz zu erzählen. Burgenländer sind in Österreich das, was in Deutschland die Ostfriesen sind. Sie wissen schon – die Begriffsstutzigen. Ich denke aber, als gebürtiger Burgenländer kann ich es mir erlauben, Ihnen folgende Scherzfrage zu stellen: Warum sind im Burgenland die Autobusse nur 2 Meter lang, aber 20 Meter breit? Antwort: Weil jeder in der ersten Reihe sitzen will. Zugegeben, der Witz sprüht nicht gerade vor Esprit, aber in meiner Jugend haben wir herzhaft darüber gelacht.

Das Problem hat sich in den letzten Monaten des Schreibens überraschend einfach gelöst. Der Platz neben dem »Fahrer« des literarischen Busses gebührt zweifelsfrei meinem alten Freund Udo Somma, der so viel in dem Text herumgekritzelt hat, dass ich ernsthaft gedroht habe, ihn als Mitautor anzuführen. Somma zeichnet außerdem für die grafische Darstellung verantwortlich (mit Ausnahme der Abbildungen 1, 2, 4 und 5). Hinzu kommt, dass er mir für die Hirngrafiken seinen Kopf »geliehen« hat – zu sehen in Kapitel V.

Mein besonderer Dank gilt auch der Äthiopiengruppe, allen voran Horst Seidler, der diese anthropologischen Expeditionen organisiert und mich eingeladen hat, daran teilzunehmen. Ohne ihn hätte ich nicht einmal darüber nachgedacht, ein Buch zum Thema Hirnevolution zu schreiben. Gerald Takehisa-Silvestri hat mich während der abendlichen Stunden in Galili mit Engelsgeduld zu überzeugen versucht, dass man Fliegenmaden nicht hoch genug würdigen kann – mit Erfolg. Ihm und Martin Grassberger, einem der weltweit führenden Experten für Fliegenmaden, danke ich für ein einmaliges kulinarisches Erlebnis.

Den übrigen Mitgliedern der Äthiopienrunde danke ich dafür, dass sie mich zweimal jeweils 4 Wochen lang ertragen haben – auch keine Kleinigkeit: Markus Bernhard, Luca Bondioli, Glenn Conroy, Alfred Ebenbauer, Dean Falk, Peter und Roswitha Faupl, Philipp Günz, Michael Jesner, Ottmar Kullmer, Roberto Macchiarelli, Philipp Mitteröcker, Hermann Prossinger, Wolfram Richter, Oliver Sandrock, Katrin Schäfer, Phillip Strauss, Gerald Takehisa-Silvestri, Christoph Urbanek, Bence Viola, David Weaver, Gerhard Weber. Und stellvertretend für unsere zahlreichen äthiopischen Freunde: Abdillahi Idle Libah.

Mein besonderer Dank gebührt auch dem Neuroinformatiker Werner Gruber, der das Buch komplett gegenlas und mir 2 Skizzen zum Abdruck überließ, sowie all jenen, die ganze Kapitel des Manuskripts auf inhaltliche Fehler durchsahen – was wesentlich mehr Arbeit ist, als man gemeinhin glaubt. Die meisten der genannten Personen standen auch für lange Interviews zur Verfügung. In alphabetischer Reihenfolge: Michaela Arndorfer, Günter Bräuer, Yves von Cramon, Georg Goldenberg, Martin Grassberger, Josef Perner, Anja Petersen, Gerald Takehisa-Silvestri, Gerhard Weber und Rainhard Werth.

Dafür, dass ich ihre Zeit beanspruchen durfte, sei es für klärende und meist lange Gespräche oder für sonstige Hilfestellungen, bedanke ich mich bei folgenden Personen: Leslie Aiello, Anthony Collins, Michael Crawford, Nancylou Conklin-Brittain, Theo Feher, Frodo und den Schimpansen von Gombe, Jane Goodall, Kadaha, Sonja Kotz, Dieter Kruska, Tom Lorimer, Dietrich Mania, Frank W. Marlowe, Gerd Müller, Naftal, Svante Pääbo, Harald Pauli, Helmut Pockberger, Giacomo Rizzolatti, Sue Savage-Rumbaugh, Adam Siguasi und der Hadza-Gruppe, Hartmut Thieme, Michael Tomasello und Peter Wheeler.

Mein Dank gilt auch den Redakteuren des Österreichischen Rundfunks (Ö1), insbesondere Nora Aschacher und Franz Tomandl, die meine Arbeit, aus der sich dieses Buch ableitet, seit vielen Jahren unterstützen, und Karin Lehner, die mich mit dem Walter Verlag in Verbindung brachte.

Last but not least danke ich Mathilde Fischer, die von Anfang an dieses Projekt forciert und an den Erfolg dieses Buches geglaubt hat – möge sie Recht behalten.

Anmerkungen

1 Deacon, T., *The Symbolic Species*, Allen Lane The Penguin Press, 1997
2 Goodall, J., Interview vom Januar 2004
3 Rumbaugh, D., Interview vom August 1998
4 Allard, M. et al., *Jeanne Calment: From Van Gogh's Time to Ours*, Thorndike Press, 1999
5 Goldberg, E., *Die Regie im Gehirn*, VAK Verlag, 2002 (übersetzt von Andrea Viala)
6 Johanson, D. und Edey, M., *Lucy: Die Anfänge der Menschheit*, Ullstein Verlag, 1984 (übersetzt von Hans-Jürgen Baron von Koskull)
7 Wong, K., Wer waren die ersten Hominiden?, *Spektrum der Wissenschaft*, Dossier 1/2004
8 Begun, D., Das Zeitalter der Menschenaffen, *Spektrum der Wissenschaft*, Dossier 1/2004
9 Walker, A. und Shipman, P., *The Wisdom of Bones*, Weidenfeld & Nicolson, 1996
10 Ebd.
11 Ebd.
12 *Journal of Human Evolution* 38, 2000. *American Scientist*, vol. 92, 2004
13 Rieder, H., Der große Wurf der frühen Jäger, *Biologie in unserer Zeit*, Nr. 3, 2003
14 Gutin, J. C., Getting the Point, *EARTH*, 1998
15 Tattersall, I., *The Last Neanderthal*, Nevraumont Publishers, 1995
16 *Science*, vol. 304, S. 725
17 Aposporos, D., Auf der Jagd nach Ruhm, *National Geographic*, 7/2004
18 Schmitz, R. und Thissen, J., *Neandertal: Die Geschichte geht weiter*, Spektrum Akademischer Verlag, 2000
19 Tattersall, I., *The Last Neanderthal*, Nevraumont Publishers, 1995
20 *Nature*, vol. 423, S. 737
21 Gibbons, A., *Science*, vol. 300, S. 162
22 *New Scientist*, 14. Juni 2003
23 Pääbo, S., *Nature*, vol. 421, 2003
24 Pääbo, S., Interview vom 28. August 2003
25 Mania, D., Der Urmensch von Thüringen, *Spektrum der Wissenschaft*, 10/2004
26 Klein, R. und Edgar, B., *The Dawn of Human Culture*, Wiley & Sons, 2002
27 Blumenschine, R. und Cavallo, J., *Spektrum der Wissenschaft*, 12/1992
28 Diamond, J., *Der dritte Schimpanse*, S. Fischer Verlag, 1994 (übersetzt von Volker Englich)

29 Ebd. (Niemand anders hat diese Zusammenhänge so schön einem breiten Publikum erklärt wie Jared Diamond in seinem Buch *Der dritte Schimpanse,* S. Fischer Verlag, 1994.)

30 Klein, R. und Edgar, B., *The Dawn of Human Culture,* Wiley & Sons, 2002

31 Johanson, D. und Edgar, B., *Lucy und ihre Kinder,* Spektrum Akademischer Verlag, 1998

32 Takehisa-Silvestri, G., *A New Model for an Ecological Niche for Early Hominids in Respect to Diet,* Diplomarbeit, Anthropologisches Institut der Universität Wien, 2002

33 Stinson, S., Early Childhood Health in Foragers, in: Ungar, P. und Teaford, M., *Human Diet: Its Origin and Evolution,* Bergin & Garvey, 2002

34 Aiello, L. und Wheeler, P., The Expensive Tissue Hypothesis, *Current Anthropology,* 1995. Sowie Aiello, L. et al., In Defence of the Expensive Tissue Hypothesis, in: Falk, D. und Gibson, K., *Evolutionary Anatomy of the Primate Cerebral Cortex,* Cambridge University Press, 2001

35 Milton, K., *Spektrum der Wissenschaft,* 10/1993

36 Ebd.

37 Foley, R., *Menschen vor Homo sapiens,* Thorbecke Verlag, 2000 (übersetzt von Beate Mittmann). Sowie Falk, D. und Gibson, K., *Evolutionary Anatomy of the Primate Cerebral Cortex,* Cambridge University Press, 2001. Und Jerison, H. J., Paleoneurology and the Evolution of Mind, *Scientific American,* 1/1976

38 Rumbaugh, D. M. und Washburn, D. A., *Intelligence of Apes and Other Rational Beings,* Yale University Press, 2003

39 Gibson, K. et al., Bigger is Better: Primate Brain Size in Relationship to Cognition, in: Falk, D. und Gibson, K., *Evolutionary Anatomy of the Primate Cerebral Cortex,* Cambridge University Press, 2001

40 Lewin, R. und Foley, R., *Principles of Human Evolution,* Blackwell, 2004. Sowie: Conroy, G., *Reconstructing Human Origins,* W. W. Norton, 1997

41 Marlowe, F., persönliche Kommunikation, 18. August 2004

42 MPI for Evolutionary Anthropology, Feeding Ecology Conference, 17. bis 19. August 2004

43 O'Connell, J. F. et al., Grandmothers and the Evolution of Homo erectus, *JHE* 36 (1999)

44 Kristen Hawkes, James O'Connell und Nicholas Blurton Jones haben zahlreiche Studien zu dem Thema verfasst und viele davon auf ihre Homepage ins Internet gestellt: www.anthro.utah.edu

45 O'Connell, J. F. et al., Male Strategies and Plio-Pleistocene Archaeology, *JHE* (2002) 43

46 Hawkes, K. et al., Hunting and Nuclear Families, *Current Anthropology* 42, 2001

47 Ebd.

48 Kaplan, H. und Robson, A., The Emergence of Humans, *PNAS online,* 16. Juli 2002

49 Hawkes, K., Grandmothering, Menopause, and the Evolution of Human Life Histories, *PNAS,* Feb. 1998

50 Blaffer Hardy, S., *Mutter Natur,* Berlin Verlag, 2000 (übersetzt von Andreas Paul, Ellen Vogel, Karin Hasselblatt, Matthias Reiss und Monika Schmalz)

51 Williams, G. und Nesse, R., *Warum wir krank werden,* C. H. Beck Verlag, 1997 (übersetzt von Susanne Kuhlmann-Krieg)

52 Oeppen, J. und Vaupel, J., Broken Limits to Life Expectancy, *Science*, vol. 296, 2002. Sowie www.demogr.mpg.de

53 Stinson, S., Early Childhood Health in Foragers, in: Ungar, P. und Teaford, M., *Human Diet: Its Origin and Evolution*, Bergin & Garvey, 2002

54 Robine, J. M. und Vaupel, J., Supercentenarians: Slower Ageing Individuals or Senile Elderly?, *Experimental Gerontology* 36, 2001

55 Hawkes, K., Grandmothers and the Evolution of Human Longevity, *AJHB* 15, 2003

56 Marlowe, F., persönliche Kommunikation, 18. August 2004

57 MPI for Evolutionary Anthropology, Feeding Ecology Conference, 17. bis 19. August 2004

58 Grassberger, M. und Fleischmann, W., *Erfolgreiche Wundheilung durch Maden-Therapie*, Karl F. Haug Fachbuchverlag, 2002

59 Takehisa-Silvestri, G., *A New Model for an Ecological Niche for Early Hominids in Respect to Diet*, Diplomarbeit, Anthropologisches Institut der Universität Wien, 2002

60 Harris, M., *Wohlgeschmack und Widerwillen*, Klett-Cotta, 1988 (übersetzt von Ulrich Enderwitz)

61 Ebd.

62 Allen, J. et al., *American Scientist*, vol. 92, 2004

63 Markowitschs, H. J., *Dem Gedächtnis auf der Spur*, Primus Verlag, 2002. Der Titel von Henrys Biografie lautet: *Memory's Ghost: The Strange Tale of Mr. M. and the Nature of Memory* (herausgegeben von Philip Hilts)

64 Allen, J. et al., *American Scientist*, vol. 92, 2004

65 Borgstein, J. et al., *The Lancet*, vol. 35, 2002

66 Gruber, W. und Kratky, K. W., Synchronisation of Integrate and Fire Oszillators, *EMCSR*, 1998

67 *Brain, Facts & Figures* findet man auf der Homepage des Neuroinformatikers Werner Gruber unter http://brain.exp.univie.ac.at

68 Spitzer, M., *Lernen*, Spektrum Akademischer Verlag, 2002

69 Sacks, O., *Eine Anthropologin auf dem Mars*, Rowohlt Verlag, 1995 (übersetzt von Hainer Kober, Alexandre Métraux und Jutta Schust)

70 Green, C., Classics in the History of Psychology, http://psychclassics. yorku.ca/

71 Düweke, P., *Kleine Geschichte der Hirnforschung*, C. H. Beck, 2001

72 Lieberman, P., On the Nature and Evolution of the Neural Bases of Human Language, *AJPA*, Suppl. 35, 2002

73 Spitzer, M., *Lernen*, Spektrum Akademischer Verlag, 2002

74 Wiesel, T. N., Postnatal Development of the Visual Cortex and the Influence of Environment, *Nature*, 299, 1982

75 Koizumi, H., The Concept of »Developing the Brain«: A New Natural Science for Learning and Education, *Brain & Development* 26, 2004

76 Spitzer, M., *Lernen*, Spektrum Akademischer Verlag, 2002

77 Pinker, S., *Der Sprachinstinkt*, Kindler Verlag, 1996 (übersetzt von Martina Wiese)

78 Ebd.

79 Spitzer, M., *Lernen*, Spektrum Akademischer Verlag, 2002

80 Goldberg, E., *Die Regie im Gehirn*, VAK Verlag, 2002 (übersetzt von Andrea Viala)

81 Damasio, A., *Descartes' Irrtum*, dtv, 1997 (übersetzt von Hainer Kober)

82 Damasio, H., *Science*, 264, 1994

83 Goldberg, E., *Die Regie im Gehirn*, VAK Verlag, 2002 (übersetzt von Andrea Viala)

84 Ebd.

85 Ebd.

86 Fuster, J., Frontal Lobe and Cognitive Development, *Journal of Neurocytology* 31, 2002

87 Koizumi, H., The Concept of »Developing the Brain«: A New Natural Science for Learning and Education, *Brain & Development* 26, 2004

88 Goldberg, E., *Die Regie im Gehirn*, VAK Verlag, 2002 (übersetzt von Andrea Viala)

89 Fuster, J., Frontal Lobe and Cognitive Development, *Journal of Neurocytology* 31, 2002

90 Allen, J. et al., *American Scientist*, vol. 92, 2004

91 Cantalupo, C. und Hopkins, W. D., Asymmetric Broca's Area in Great Apes, *Nature*, 414, 2001. Gannon, P. J. et al., Asymmetry of Chimpanzee Planum Temporale: Humanlike Pattern of Wernicke's Brain Language Area Homolog, *Science*, 279, 1998. Rizzolatti, G., persönliche Kommunikation, 2004. Falk, D. und Gibson, K., *Evolutionary Anatomy of the Primate Cerebral Cortex*, Cambridge University Press, 2001. Siehe darin die Beiträge von Preuss, T. M., Gilissen, E., Gannon, P. und Semendeferi, K.

92 Rumbaugh, D. M. und Washburn, D. A., *Intelligence of Apes and Other Rational Beings*, Yale University Press, 2003

93 Koizumi, H., The Concept of »Developing the Brain«: A New Natural Science for Learning and Education, *Brain & Development* 26, 2004

94 Pääbo, S., *Science*, vol. 291, 16. Feb. 2001

95 Eliot, L., *Was geht da drinnen vor*, Berlin Verlag, 2001 (übersetzt von Barbara Schaden)

96 Chugani, H. T. et al., Positron Emission Tomography Study of Human Brain Functional Development, *Annals of Neurology* 22, 1987

97 Eliot, L., *Was geht da drinnen vor*, Berlin Verlag, 2001 (übersetzt von Barbara Schaden)

98 Rymer, R., *Das Wolfsmädchen*, Hoffmann und Campe, 1996 (übersetzt von Almuth Dittmar-Kolb)

99 Ebd.

100 Tomasello, M., *Die kulturelle Entwicklung des menschlichen Denkens*, Suhrkamp, 2002 (übersetzt von Jürgen Schröder)

101 Walker, A. und Shipman, P., *The Wisdom of Bones*, Weidenfeld & Nicolson, 1996

102 Ayan, S., Spieglein, Spieglein macht Verstand, *Gehirn & Geist* 2/2004

103 Rizzolatti, G. und Craighero, L., The Mirror-Neuron System, *Annu. Rev. Neurosci.*, 2004. »Indirekte Hinweise« bedeutet: durch EEG, MEG und TMS (persönliche Kommunikation)

104 Gallese, V., The Manifold Nature of Interpersonal Relations, *Phil. Trans. R. Soc. Lond. B*, 2003

105 Ayan, S., Spieglein, Spieglein macht Verstand, *Gehirn & Geist* 2/2004

106 Eliot, L., *Was geht da drinnen vor*, Berlin Verlag, 2001 (übersetzt von Barbara Schaden)

241

107 Fouts, R., Interview in München, 1998

108 Rumbaugh, D. M. und Washburn, D. A., *Intelligence of Apes and Other Rational Beings,* Yale University Press, 2003

109 Ebd.

110 Savage-Rumbaugh, S. und Lewin, R., *Kanzi – der sprechende Affe,* Droemer Knaur Verlag, 1995 (übersetzt von Sebastian Vogel)

111 Rumbaugh, D., Interview vom August 1998 in Altenberg. Savage-Rumbaugh, S., Interview vom 2. April 2000, Language Evolution Conference, Paris

112 Savage-Rumbaugh, S., persönliche Kommunikation, 2004

113 Rumbaugh, D., Interview vom August 1998 in Altenberg

114 Savage-Rumbaugh, S., Interview vom 2. April 2000, Language Evolution Conference, Paris

115 Rizzolatti, G. und Craighero, L., The Mirror-Neuron System, *Annu. Rev. Neurosci.,* 2004

116 Ebd.

117 Tomasello, M., Interview vom 17. Juni 2004, Leipzig

118 Rizzolatti, G. und Craighero, L., The Mirror-Neuron System, *Annu. Rev. Neurosci.,* 2004

119 Coqueugniot, H. et al., Early Brain Growth in Homo Erectus and Implications for Cognitive Ability, *Nature,* vol. 431, 2004

120 Ebd.

121 Tomasello, M., Interview vom 17. Juni 2004, Leipzig

122 Bickerton, D., Interview vom 2. April 2000, Language Evolution Conference, Paris

123 Rumbaugh, D., Interview vom August 1998 in Altenberg

124 de Waal, F., *Chimpanzee Politics,* Jonathan Cape, 1982 (*Unsere haarigen Vettern,* 1983). *Der gute Affe,* dtv, 2000 (übersetzt von Inge Leipold)

125 Crawford, M., persönliche Kommunikation, 2004

126 Leach, H., Human Domestication Reconsidered, *Current Anthropology* 44, 3/2003

127 Wilson, P. J., *The Domestication of the Human Species,* Yale University Press, 1988

128 Mania, D., Der Urmensch von Thüringen, *Spektrum der Wissenschaft,* 10/2004

129 Tomasello, M., *Die kulturelle Entwicklung des menschlichen Denkens,* Suhrkamp, 2002 (übersetzt von Jürgen Schröder)

Literatur

Dem interessierten Leser, der sich mit der Evolution des menschlichen Gehirns eingehender auseinander setzen will, möchte ich folgende allgemein verständliche Überblickswerke empfehlen. Wissenschaftliche Publikationen finden sich an jeweiliger Stelle in den Quellenverweisen.

- *Lucy und ihre Kinder* von Donald Johanson und Blake Edgar, Spektrum Akademischer Verlag, 1998 (übersetzt von Sebastian Vogel). Ein wunderschöner Bildband; darüber hinaus bietet der kluge Text von Lucys Entdecker einen hervorragenden Überblick zum Thema »Evolution des Menschen«.
- *Mutter Natur* von Sahrah Blaffer Hardy, Berlin Verlag, 2000 (übersetzt von Andreas Paul, Ellen Vogel, Karin Hasselblatt, Matthias Reiss, Monika Schmalz). Die Autorin beleuchtet die weibliche Seite der Evolution; unbedingt lesenswert.
- *Lernen* von Manfred Spitzer, Spektrum Akademischer Verlag, 2003. Wer verstehen will, wie unser Gehirn funktioniert, sollte dieses Buch keinesfalls auslassen.
- *Was geht da drinnen vor?* von Lise Eliot, Berlin Verlag, 2001 (übersetzt von Barbara Schaden). Eine anschauliche Beschreibung, wie sich die geistigen Fähigkeiten eines Kindes entfalten und was sich dabei im Gehirn abspielt.
- *KANZI, der sprechende Schimpanse* von Sue Savage-Rumbaugh und Roger Lewin, Droemer Knaur, 1997 (übersetzt von Sebastian Vogel). Eine populäre Darstellung zu Kanzis sprachlichen Fähigkeiten. Die wissenschaftliche Fortsetzung liegt mit *Intelligence of Apes and Other Rational Beings* von Duane M. Rumbaugh and David A. Washburn vor, Yale University Press, 2003.
- *Die kulturelle Entwicklung des menschlichen Denkens* von Michael Tomasello, Suhrkamp Verlag, 2002 (übersetzt von Jürgen Schröder).

Wer sich für das Überleben der Schimpansen in der Wildnis einsetzen möchte, findet im Internet zwei empfehlenswerte Adressen.

- Die Homepage der Schimpansenforscherin Jane Goodall lautet: www.janegoodall.org (bzw. in Deutschland www.janegoodall.de und in Österreich www.janegoodall.at)
- Das Max-Planck-Institut für Evolutionäre Anthropologie in Leipzig ist Europa-Repräsentant der Wild Chimpanzee Foundation: www.wildchimps.org

Abbildungen:

Mit freundlicher Genehmigung
von Martin Grassberger, Werner Gruber,
Udo Somma und Peter F. Weber

Abbildungsnachweis:

Register